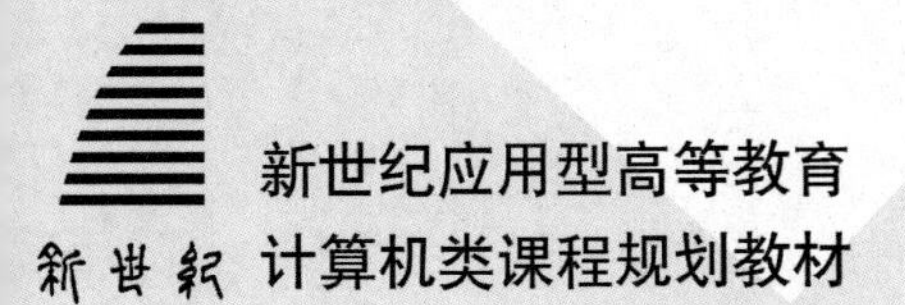

新世纪应用型高等教育
计算机类课程规划教材

新信息技术导论

Introduction
To New Information Technology

主　编　许艳春　张文硕　江天仿
副主编　马玉英　谢术芳　张敬芳
　　　　王晓红　李铁奇

大连理工大学出版社

图书在版编目(CIP)数据

新信息技术导论 / 许艳春，张文硕，江天仿主编
. -- 大连 ：大连理工大学出版社，2019.9(2023.9 重印)
ISBN 978-7-5685-2201-4

Ⅰ. ①新… Ⅱ. ①许… ②张… ③江… Ⅲ. ①电子计算机－高等学校－教材 Ⅳ. ①TP3

中国版本图书馆 CIP 数据核字(2019)第 187943 号

新信息技术导论
XIN XINXI JISHU DAOLUN

大连理工大学出版社出版
地址:大连市软件园路 80 号　邮政编码:116023
发行:0411-84708842　邮购:0411-84708943　传真:0411-84701466
E-mail:dutp@dutp.cn　URL:https://www.dutp.cn
大连益欣印刷有限公司印刷　　大连理工大学出版社发行

幅面尺寸:185mm×260mm　印张:13.75　字数:316 千字
2019 年 9 月第 1 版　　2023 年 9 月第 7 次印刷

责任编辑:王晓历　　责任校对:李明轩
封面设计:对岸书影

ISBN 978-7-5685-2201-4　　定　价:41.80 元

21世纪已经全面进入信息时代，信息科技给人类的生产以及生活带来了深刻的变革，信息产业已经成为推动国家经济发展的主导产业。信息科技领域颠覆性技术层出不穷、发展迅速、渗透力强、影响面广，对形成新产业、新业态和塑造引领型发展具有重大意义。

新一代信息技术产业是我国政府实施制造强国战略第一个十年的行动纲领，《中国制造2025》提出的十大重点发展领域之一。随着新一轮工业革命的到来，云计算、大数据、物联网等新一代信息技术在未来制造业中的作用越发重要，推动新一代信息技术产业向技术高端化、企业品牌化、应用泛在化、区域协同化发展，为加快构建高精尖经济结构提供有力支撑。

为了适应当前应用型本科教育教学改革的新形势，并着眼于高层次技术技能型专门人才对新一代信息技术课程学习的需求，编者对教材的编写思路和大纲进行了深入细致的研讨，并一致认为，只有通过课程、教材、教学模式和评价体系的创新，才能实现人才培养方式的转变，进而提高学生的职业道德与职业能力。遵循这一指导思想，编者将新一代信息技术发展的新动态与长期积累的教学经验进行了深度融合，设计课程标准并组织教材内容。

本教材的内容紧跟时代步伐，针对新一代信息技术领域进行全面系统的介绍，尽可能涵盖新信息技术的主要内容，使学生对新一代信息技术有深刻的认识。本教材分为8章，主要包括智能终端、移动互联技术、大数据技术、云计算技术、物联网技术、虚拟现实技术、人工智能和信息安全等内容。教材内容都是经过精心挑选和组织的，具有很强的针对性、实用性和可靠性。此外，教材力求取材合理、深度适当、内容实用、通俗易懂，并对关键点进行配图说明，以便学生自学。

本教材随文提供视频微课供学生即时扫描二维码进行观看，实现了教材的数字化、信息化、立体化，增强了学生学习的自主性与自由性，将课堂教学与课下学习紧密结合，力图为广大读者提供更为全面并且多样化的教材配套服务。

教材编写团队深入推进党的二十大精神融入教材，充分认识党的二十大报告提出的“实施科教兴国战略，强化现代人才建设支撑”精神，落实“加强教材建设和管理”新要求，在教材中加入思政元素，紧扣二十大精神，围绕专业育人目标，结合课程特点，注重知识传授、能力培养与价值塑造的统一。

本教材采用校企合作，共同开发，以能力体系取代知识体系，凸现教育链、人才链与产业链、创新链有机衔接的职业教育类型教材，彰显职教特色，产教协同培育应用型人才。

本教材由许艳春、张文硕、江天仿主编，由马玉英、谢术芳、张敬芳、王晓红、李铁奇任副主编，济南博赛网络技术有限公司董良参与编写。编写分工如下：第4章由许艳春编写，第7章由张文硕编写，第6章由江天仿编写，第2章由马玉英编写，第3章由谢术芳和董良编写，第8章由张敬芳编写，第5章由王晓红和董良编写，第1章由李铁奇编写。

在编写本教材的过程中，编者参考、引用和改编了国内外出版物中的相关资料以及网络资源，在此表示深深的谢意！相关著作权人看到本教材后，请与出版社联系，出版社将按照相关法律的规定支付稿酬。

限于水平，书中仍有疏漏和不妥之处，敬请专家和读者批评指正，以使教材日臻完善。

编 者

2019年9月

所有意见和建议请发往：dutpbk@163.com
欢迎访问高教数字化服务平台：https://www.dutp.cn/hep/
联系电话：0411-84708445 84708462

目　录

第1章 智能终端

随着移动互联网的快速崛起，人工智能、5G、大数据、云计算等全新技术的发展和应用，消费者需求的重心已经从简单的建立连接和实现语音沟通转变为实时获取各种形式的信息内容和服务。移动智能终端就成为各项全新技术融合的产物，成为人类历史上第四个渗透广泛、普及迅速、影响巨大、深入人类社会生产、生活、娱乐等各个方面的终端产品。

1.1 智能终端的相关概念

智能终端作为简单通信设备伴随移动通信发展已有几十年的历史。自 2007 年开始，智能化引发了移动终端迅速崛起，从根本上改变了终端作为移动网络末梢的传统定位。移动智能终端迅速转变为互联网业务的关键入口和主要创新平台，新型媒体、电子商务和信息服务平台，互联网资源、移动网络资源与环境交互资源的最重要枢纽，其操作系统和处理器芯片甚至成为当今整个 ICT 产业的战略制高点。智能手机、平板电脑、可穿戴设备、智能家居、移动智能车载、智能会议系统等智能终端设备正在以方便快捷的方式改变着我们获取信息的途径和生活的方式。下面我们来了解一下智能终端相关概念。

1.1.1 智能终端的定义

智能终端拥有接入互联网能力，通常搭载各种操作系统，可根据用户需求定制化各种功能。生活中常见的智能终端包括移动智能终端、车载智能终端、智能电视、可穿戴设备等。智能终端即移动智能终端的简称，由英文 Smart Phone 及 Smart Device 翻译而来。

以智能手机为代表的智能终端正在快速地普及，很多人都已经用上了智能终端，开始享受智能化应用给我们生活带来的改变。除了手机、平板电脑这些产品之外，我们看到现在生活中的很多产品都也逐渐开始了智能化的趋势。手机与电视可以进行互联；通过手机上的客户端我们可以远程控制空调；安卓系统被装进了冰箱之中……互联网是工业革命以来人类最伟大的技术发明之一，它实现了任何人之间可靠的、近乎零成本的信息传递，短短二十年时间就重塑了我们的生活方式。如今，新一代信息技术催生了大数据、云计算、物联网和人工智能等层出不同的新概念和产物，VR/AR、AI 等新一代技术打开了智能终端创新的全新大门。智能终端已不仅仅局限在智能手机、智能门锁、智能音箱、陪伴式机器人、智能汽车、智能电视等智能终端产品，智能终端已经变得非常普及，产品形态也变得更加丰富多彩。在个人与家庭领域，预计 2025 年个人智能终端数将达 400 亿，平均每人将拥有 5 个智能终端，20%的人将拥有 10 个以上的智能终端。

1.1.2 智能终端的应用范围

近年来，随着人工智能理论和技术日益成熟，其应用领域也不断扩大，语言识别、图像识别、刷脸识别、无人汽车与机器人等 AI 技术不断冲击着人们的传统认知。毫无疑问，人工智能将极大地改变人们未来的生活图景。可穿戴设备能帮助我们随时了解自己的身体健康状况，实时监测血糖、血压、心率等各项指标。在不久的将来，智能终端将实时采集我们的信息，并按照我们的意图执行任务以及反馈，成为我们生活中不可或缺的一部分。我们的工作、生活的各个角落都有各种智能终端的身影，它们为我们的工作效率、生活便利性带来了极大的提升。相比传统终端更多是数据采集和传输，智能终端对于特征数据的抓取和数据预处理能力大大提高。现在各行各业都看到了未来智能化的趋势，尤其是安防、无人驾驶、可穿戴设备、智能家居、智能机器人、智能会议、智能学习、智能车载、智能医疗、智能控制、智能农业等。未来，AI 算法、应用及开放平台三者只有实现深度融合才能带来功耗更低、性能更强的 AI 应用的智能终端。智能终端与 AI、5G、大数据、云计算等全新技术的融合，将有助于智能终端探索全新的应用场景。在行业垂直领域的探索和发掘，将为智能终端产业带来全新的市场机遇。AI 时代计算存储解决在边缘终端。随着在终端配置高速计算单元和大容量闪存，智能终端将具有更强的计算、存储、数据压缩能力，这一趋势将减少云计算通用处理器和网络传输带宽的压力，为未来物联网的发展做好铺垫。

目前，智能终端运营管理体系包括测试入库、产品发布、渠道组织等多个方面，智能终端厂商已有 156 家，入库产品 420 款，其中包括 4G 多形态的 12 种品类，智慧家庭的 22 种品类，物联网行业的 4 种品类。智能终端已在智慧建筑、智慧社区、智慧园区、智能工厂、车联网及智慧交通、智慧物流、智慧能源、智慧环保、智慧医疗健康、智慧教育、智慧旅游、智慧政务、智慧零售、智慧安全应急、智慧水务、智慧金融、智慧信用、智慧农林、智慧媒体社交等场景得到广泛应用，对构建智慧城市和智慧社会的智能微服务空间起到奠基性作用，同时通过与边缘端、云端的远程耦合构建出完整的智慧应用系统，这些应用系统已经成为生产、生活必不可少的组成部分。这也是智能终端市场呈现空前繁荣状态的深刻原因。

智能终端的应用如图 1-1 所示。

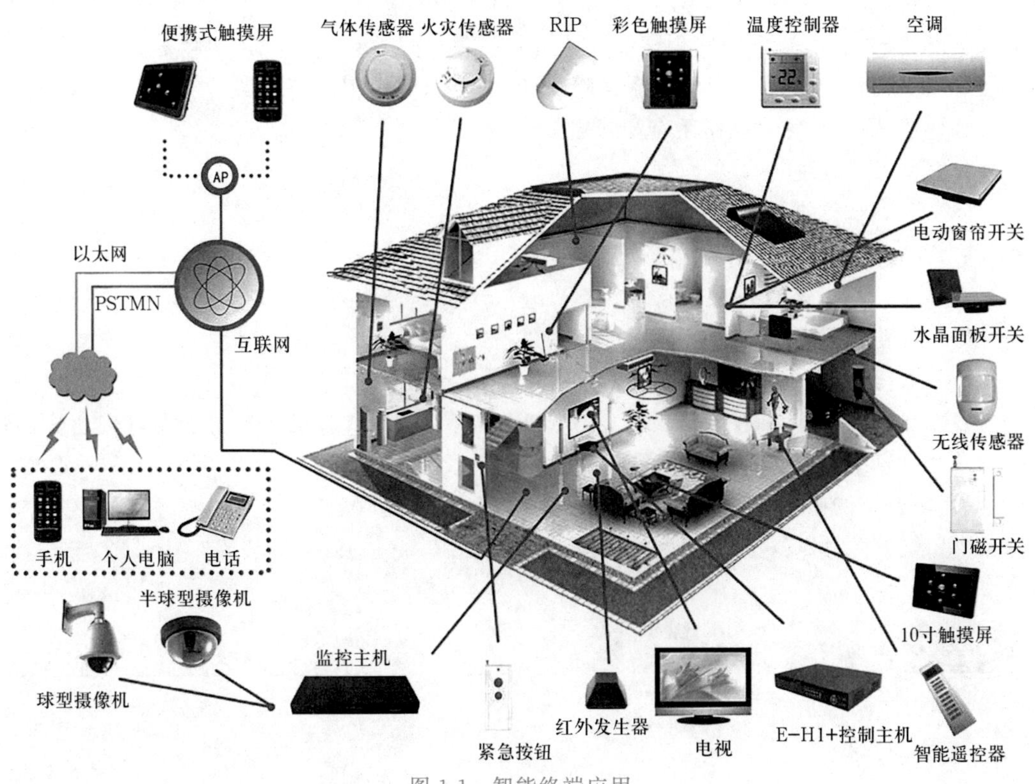

图 1-1　智能终端应用

1.1.3　智能终端的特点

1. 移动性,实时性

移动智能终端突破了人机交互的信息传递“瓶颈”,实现了随时随地的信息传递。随着 4G、5G 等技术的不断成熟和大规模应用,手机与移动网络之间的数据传输速率已经实现指数级增长,手机本身的运算速度也显著提升,然而人与终端间的信息传输速率并没有明显增强。

2. 硬件可靠性

移动智能终端的每一个处理单元都可以看作一个单独的计算机系统,运行着不同的程序。每个从处理单元通过一定的方式与应用处理单元通信,接收应用处理单元的指令,进行相应的操作,并向应用处理单元返回结果。这些特定的处理单元芯片往往是以 ASIC 的形式出现的,但实际上仍然是片上计算机系统。例如,常用的 2.5 GHz 基带处理芯片实际上就是依靠内置的 ARM946 核执行程序来实现 GSM、GPRS、EDGE 协议的处理。

3. 软件可靠性

在智能终端的软件结构中,系统软件主要是操作系统和中间件。操作系统的功能是管理智能终端的所有资源。应用软件则提供供用户直接使用的功能，满足用户需求。从提供功能的层次来看，可以这么理解，操作系统提供底层 API，中间件提供高层 API，而应用程序提供与用户交互的接口。在某些软件结构中，应用程序可以跳过中间件，而直接调用部分底层 API 来使用操作系统提供的底层服务。

4. 网络互联功能

以平台型智能硬件为载体，按照约定的通信协议和数据交互标准，结合云计算与大数据应用，在智能终端、人、云端服务之间，进行信息采集、处理、分析、应用的智能化网络，具有高速移动、大数据分析和挖掘、智能感应与应用的综合能力，能够向传统行业渗透融合，提升传统行业的服务能力，连接百行百业，进行线上、线下跨界全营销。

5. 基于操作系统

智能终端的操作系统是一个庞大的管理控制程序，大致包括五个方面的管理功能：进程与处理机管理、作业管理、存储管理、设备管理、文件管理。中间件一般包括函数库和虚拟机，使得上层的应用程序在一定程度上与下层的硬件和操作系统无关。常见的智能终端操作系统有 Linux、Windows CE、Symbian OS、iPhone OS 等。

1.1.4 智能终端的分类

1. 智能手机

智能手机(Smartphones)，是指“像个人电脑一样，具有独立的操作系统，可以由用户自行安装软件、游戏、导航等第三方服务商提供的程序，通过此类程序来不断对手机的功能进行扩充，并可以通过移动通信网络来实现无线网络接入的这样一类手机的总称。”手机已从功能性手机发展到以 Android、IOS 系统为代表的智能手机时代，是可以在较广范围内使用的便携式移动智能终端，已发展至 5G 时代。智能手机除了具备手机的通话功能外，还具备了 PDA 的大部分功能，特别是个人信息管理以及基于无线数据通信的浏览器、GPS 和电子邮件功能。智能手机为用户提供了足够的屏幕尺寸和带宽，既方便随身携带，又为软件运行和内容服务提供了广阔的舞台，很多增值业务可以就此展开，如，股票、新闻、天气、交通、商品、应用程序下载、音乐和图片下载等。结合 5G 通信网络支持，智能手机的发展势必将成为一个功能强大，集通话、短信、网络接入、影视娱乐为一体的综合性个人手持终端设备。多任务功能和复制操作被认为是智能手机的标志之一，Symbian 和 MeeGo 操作系统都能很好地支持多任务切换以及程序后台运行，IOS 需要达到 IOS4 固件才支持多任务功能，而 Windows Phone 于 2011 年 2 月 15 日宣布将支持多任务运行。安卓手机以其自由开放源代码的特点而成为最热门的智能手机。智能手机处理器＝CPU(数据处理芯片)＋GPU(图形处理芯片)＋其他。智能手机处理器的架构的底层都是 ARM 的，就像我们说的 PC 的架构是 X86 的道理相同；ARM 同时还是一个公司，提供各种嵌入式系统架构给一些厂商，比如流行的 Cortex-A8 架构就是 ARM 公司推出的，很多高端旗舰智能手机的处理器都是基于这个架构。智能手机处理芯片厂商主要有德州仪器、苹果、三星、高通。智能手机如图 1-2 所示。

智能手机的开发需要用到控件。开发者在智能手机平台会遇到界面和交互如何展现的问题，控件解决了这个问题。相对于传统的设备，智能手机支持了手的触碰，因此智能手机控件侧重于触屏移动设备而设计功能。传统的控件，如按钮、文字框、日期等控件也增加了对智能手机平台的支持。但随着智能手机平台变得越来越复杂，人们的需求也越来越高——更美化的界面，更简洁快捷的操作，更方便的控件。在智能手机上开发更多的控件，使得智能手机上的开发编程一件轻松的事情。有效地帮助使用者创建移动应用程序。

2. 笔记本电脑

笔记本电脑又被称为“便携式电脑”，其最大的特点就是机身小巧，相比 PC 携带方便。虽然笔记本电脑的机身十分轻便，但在日常操作和基本商务、娱乐操作中，笔记本电脑完全可以胜任。笔记本与 PC 的主要区别在于其携带方便，对主板、CPU、内存、显卡、硬盘容量的要求都与 PC 不同等。笔记本电脑如图 1-3 所示。

图 1-2 智能手机

图 1-3 笔记本电脑

当今的笔记本电脑正在根据用途分化出不同的趋势，上网本趋于日常办公以及电影；商务本趋于稳定低功耗，获得更长久的续航时间；家用本拥有不错的性能和很高的性价比；游戏本则是专门为了迎合少数人群外出游戏使用的，发烧级配置，娱乐体验效果好，当然价格不低，电池续航能力也不理想。笔记本电脑常见的外壳用料有：合金外壳有铝镁合金与钛合金，塑料外壳有碳纤维、聚碳酸酯 PC 和 ABS 工程塑料。

(1)替代型

此类机型的笔记本电脑都拥有较强的性能，从硬件配置上来说，与高端 PC 不相上下。处理器一般使用的是桌面级处理器；固态硬盘或更高速硬盘；最高规格的笔记本电脑用专用显卡或桌面级显卡；15 英寸或者更大屏幕的显示屏；一个以上的内置蓝光光驱等。

由于体积大和重量高的缘故，也造成了此类机型的便携性比较差，重量多高于 3 kg。

此类机型比较适合对计算和图形性能要求非常高的游戏玩家或是从事图形设计的专业人士。其中的典型代表有 DELLAlienware 笔记本电脑，华硕 ROG 系列专业游戏本等。受全球不同区域用户的使用习惯所影响，此类机型在美国和欧洲市场更受欢迎，比如华硕 ROG 系列专业游戏本在美国的游戏本市场占有率就高达 80%以上。

(2)主流型

此类机型的笔记本电脑最为常见，是大部分潜在笔记本电脑用户的首选。从配置上来说可以满足各种需求，商务、办公、娱乐、视频、图像等功能的整合已经十分成熟。从便携性上来说，相对适宜的重量和成熟的开发模具，让使用者更加方便，属于整体性价比较高的一类机种。

除了拥有主流的配置之外，这类机型在体积、重量、电池续航方面也会寻找一个平衡点，从而满足日常应用的各种需求。在屏幕方面，此类笔记本电脑一般是配备 14～15 英寸屏幕。

在中国市场，这类机型一直占据着绝对主流的市场份额。像市场上热捧的联想小 Y、华硕 A 系列等，都是各品牌的市售主力军。对于学生用户和企业用户而言，此类机型通常都是首选。

(3)轻薄型

此类机型是介于主流型和超便携笔记本电脑间的类型，主要是针对追求性价比或者是对于性能和便携性要求较高的商务用户。从中国市场来看，此类机型还是很有市场的。

(4)轻薄型超极本

此类机型拥有的续航能力，不俗的商务娱乐性能，精彩的设计工艺，吸引了众多白领阶层人士。过去此类笔记本电脑多配备处理器制造商专门设计的低电压处理器，主频也会相对低一些，但功耗和发热量方面完全适合超轻薄笔记本的设计要求。随着技术的不断革新，以 11～13 英寸为主力的轻薄本同样能提供媲美主流型机种的优秀效能。与此同时，长效续航的节能特质，也在这类机型身上得到更好的展现。可选配的内、外置光驱，以及全面的扩展解决方案，使此类机型逐渐向主流型靠拢。华硕 U 系列、索尼 TX、宏碁 S3 系列等都是这类笔记本电脑的代表。尽管他们各自的定位、参数、工艺、理念不同，但轻薄而不失主流效能，是这类机型的优点。

(5)超便携

此类笔记本电脑拥有超小的体积。相对普通轻薄型机种更轻更薄更易于携带，甚至可以随意放进随身的包袋中。由华硕 EPC 始创的上网本，以及在 2011 年末英特尔力推的超极本 Ultrabook，以及小众的 UMPC、MID 等都归为这一类。此类机型一般配备 12 英寸以下的 LCD 显示屏；当尺寸低于 10 英寸时，称为 UMPC；低于 5 英寸时，称为 MID。绝大多数上网本都是用 IntelAtom N270/N280 处理器，部分会选择其他的处理器，如 Atom 和威盛的中国芯。

(6)翻转型

目前，平板笔记本是电脑领域的新潮类别，多合一的理念让平板笔记本既可以取代平板电脑，又可以当常规笔记本电脑使用，得到了不少消费者的青睐。从模式类别的角度考虑，显然是采用 360 度机身翻转设计的平板笔记本最合适。可以实现 360 度的翻转从而完成 4 种模式的变换，即笔记本模式、帐篷模式、站立模式以及平板模式，更多模式的变换可以满足更加丰富的使用场景。

在全球市场上，笔记本电脑有多种品牌，排名前列的有联想、华硕、戴尔(DELL)、ThinkPad、惠普(HP)、苹果(Apple)、宏碁(Acer)、索尼、东芝、三星等。

3. PDA 智能终端

PDA 智能终端又称为掌上电脑，可以帮助我们实现在移动中工作、学习、娱乐等。按使用来分类，分为工业级 PDA 和消费品 PDA。工业级 PDA 主要应用在工业领域，常见的有条码扫描器、RFID 读写器、POS 机等。工业级 PDA 内置高性能激光扫描引擎、高速 CPU 处理器、Windows CE5.0/Android 操作系统，具备超级防水、防摔及抗压能力。

PAD智能终端如图1-4所示。

PDA智能终端的主要功能特点如下：

- 外形小巧，轻便，耐用。
- 超长待机时间：可持续工作达8小时以上。
- 充电方便：采用USB口充电方式，无须专业的数据线，只要有USB口，可实现随时随地充电。
- 双电源模式：在主电池电量用尽、备用电池满电状态下，能保持待机6小时，可防止意外断电造成数据丢失等。
- 硬件功能模块可扩展：A.摄像头，200万～300万像素；B.GPS定位；C.高频/超高频RFID读写。
- 内置一维码/二维码扫描模块。
- 通信模式：WiFi通信、GPRS/GSM通信、蓝牙通信、3G(WCDMA)通信。
- 工业级设备，可防摔、防尘，可在高、低温下正常工作。
- 高数据处理能力：具备512 MB ROM内存、128 MB RAM内存和533 MHz CPU处理速度。最高支持16 GB的SD卡扩展。
- 3.2英寸彩色触控屏幕。
- 支持中文手写输入。

PDA智能终端广泛用于鞋服、快消、速递、零售连锁、仓储、移动医疗等多个行业的数据采集，支持BT/GPRS/4G/WiFi等无线网络通信。

4.平板电脑

平板电脑(Tablet Personal Computer，简称Tablet PC、Flat PC、Tablet、Slates)，是一种小型、方便携带的个人电脑，以触摸屏作为基本的输入设备。它拥有的触摸屏(数位板技术)允许用户通过触控笔或数字笔来进行作业而不是传统的键盘或鼠标。用户可以通过内建的手写识别、屏幕上的软键盘、语音识别或者一个真正的键盘(如果该机型配备的话)来输入信息。平板电脑如图1-5所示。

图1-4 PAD智能终端

图1-5 平板电脑

平板电脑由比尔·盖茨提出，支持来自Intel、AMD和ARM的芯片架构，从微软提出的平板电脑概念产品上看，平板电脑就是一款无须翻盖、没有键盘、小到放入女士手袋，但功能完整的PC。平板电脑分为ARM架构(代表产品为iPad和安卓平板电脑)与X86架构(代表产品为Surface Pro)，后者一般采用Intel处理器及Windows操作系统，具有完整的电脑及平板功能，支持exe程序。平板电脑的发展伴随着通信技术大发展日新月异，作为一项新兴技术，CDMA、CDMA 2000迅速风靡全球，全球CDMA 2000用户数已超过

2.56 亿，遍布 70 个国家的 156 家运营商已经商用 3G CDMA 业务。

平板笔记本在外观上，具有与众不同的特点。就像一个单独的液晶显示屏，只是比一般的液晶显示屏要厚一些，并在内部配置了硬盘等必要的硬件设备。其特点体积小而轻，可以随时转移它的使用场所，比 PC 具有移动灵活性。

平板笔记本的最大特点是触摸屏和手写识别输入功能，以及强大的笔输入识别、语音识别、手势识别能力，且具有移动性。同时也可以像普通电脑一样使用键盘和鼠标进行操作，也可以像普通的笔记本，随时记事，创建自己的文本、图表和图片。对关键数据最高等级的保护，包括加密文件系统，访问控制等。

5. 车载智能终端

车载智能终端，具备 GPS 定位、车辆导航、采集和诊断故障信息等功能，在新一代汽车行业中得到了大量应用，能对车辆进行现代化管理，车载智能终端如图 1-6 所示。

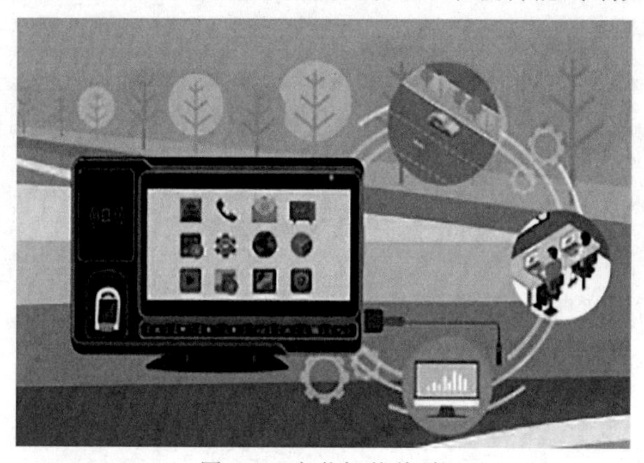

图 1-6　车载智能终端

车载智能终端将在智能交通中发挥更大的作用：

(1)实现对运行车辆的动态监控管理，通过 GIS 平台实时、准确显示车辆的动态运行状态。包括：车速、里程、到站离站时间、站名、运行路段、路况、火警、车辆故障、超速告警及超速提示、赖站告警及赖站提示、疲劳驾驶提示、自动报站等。主要用于公交、长途客车、定线物流车辆的智能管理。

(2)可以通过 GIS 平台实现对运行车辆的动态定位跟踪及监控，在公交及长途枢纽站实现运行车辆的集中调度。

(3)可以实现对电子站牌显示的信息进行实时、准确地控制。

(4)车载智能终端具有驾乘人员身份识别功能，驾乘人员均有一张存储有本人信息的 IC 卡(姓名、工号、路队编号)，驾乘人员当班时必须在车载智能终端读卡器刷卡，车载智能终端可通过对驾乘人员身份识别确定驾乘人员身份，由于车载智能终端输出控制直接控制车辆的点火电路，只有确认驾乘人员的真实身份后，驾乘人员才能启动车辆。在营运过程中，车载智能终端会自动将当班驾乘人员姓名、工号录入各类运行报表中。

(5)车载智能终端能自动采集、存储公交一卡通刷卡数据，经处理后可直接传送到计算中心。不需专门人员上车进行数据采集。

(6)车载智能终端具有 GPS 卫星定位功能，使终端具有里程定位和卫星定位两种定位功能，以适应不同用户需术。

(7)车载智能终端配备有应急事件处理装置，可构成“道路交通安全预警及救援系统”。车辆出现超速、疲劳驾驶时车载智能终端会自动向驾驶人员发出安全预警提示信息。如遇应急事件(交通事故、火警等)，驾乘人员或乘客可启动车载智能终端特定装置，车载智能终端自动发送求救信息到 122、119、120 等中心，并发出语音求救信息。中心将显示求救车辆的线路号、车号、发生事故路段、时间等内容，能实时、准确对事故车辆进行救援。如遇治安事件可及时抓拍，能发出语音预警。在长途客运和物流车辆管理中，如当班驾驶员连续驾车 4 小时(可人工设置)，车载智能终端会自动提示驾驶员休息。

6. 可穿戴设备

越来越多的科技公司开始大力开发智能眼镜、智能手表、智能手环、智能戒指等可穿戴设备产品。

(1)智能眼镜

智能眼镜，也称智能镜，是指像智能手机一样，具有独立的操作系统，可以由用户安装软件、游戏等程序；可通过语音或动作来完成添加日程、地图导航、与好友互动、拍摄照片和视频、与朋友展开视频通话等功能；并且可以通过移动通信网络来实现无线网络接入的这样一类眼镜的总称。

(2)智能手环

智能手环具有普通计步器的一般计步、测量距离、卡路里、脂肪等功能，同时还具有睡眠监测、高档防水、蓝牙数据传输、疲劳提醒等特殊功能。

(3)智能手表

智能手表除指示时间之外，还具有提醒、导航、校准、监测、交互等功能；显示方式包括指针、数字、图像等。

(4)智能戒指

智能戒指包括内置蓝牙、内置麦克风和耳机、存储卡，并支持语音、闹钟、NFC 移动支付、计步器、SOS 提醒等功能。

可穿戴设备如图 1-7 所示。

图 1-7　可穿戴设备

人们对网络的依赖日益增强，可穿戴设备强化了这种依赖性，当到处印刻着健康指数、行为习惯、生活偏好和工作履历痕迹的时候，个人隐私泄露的危险大大增加。可以获得的个人数据量越多，其中的隐私信息量就越大。只要拥有了足够多的数据，我们甚至可能发现关于一个人的一切。我们知道，互联网每时每刻都释放出海量数据，无论是围绕企业销售，还是个人的消费习惯、身份特征等，都变成了以各种形式存储的数据。这些海量数据通过数据整合、分析与挖掘，其所表现出的数据整合与控制力量已经远超以往。

7. 智能家居

智能家居是在互联网影响之下物联化的体现。智能家居通过物联网技术将家中的各种设备(如音频和视频设备、照明系统、窗帘控制、空调控制、安防系统、数字影院系统、影音服务器、影柜系统、网络家电等)连接到一起，提供家电控制、照明控制、电话远程控制、室内外遥控、防盗报警、环境监测、暖通控制、红外转发以及可编程定时控制等多种功能和手段。与普通家居相比，智能家居不仅具有传统的居住功能，兼备建筑、网络通信、信息家电、设备自动化，提供全方位的信息交互功能，甚至为各种能源节约资金。

智能家居的概念起源很早，但一直未有具体的建筑案例出现，直到 1984 年美国联合科技公司(United Technologies Building System)将建筑设备信息化、整合化概念应用于美国康涅狄格州(Connecticut)哈特佛市(Hartford)的 CityPlaceBuilding 时，才出现了首栋的“智能型建筑”，从此揭开了全世界争相建造智能家居的序幕。

家庭自动化(Home Automation)是指利用微处理电子技术，来集成或控制家中的电子电器产品或系统，例如：照明灯、咖啡炉、电脑设备、保安系统、暖气及冷气系统、视讯及音响系统等。家庭自动化系统主要是以一个中央处理器(Central Processing Unit，CPU)接收来自相关电子电器产品(外界环境因素的变化，如太阳初升或西落等所造成的光线变化等)的信息后，再以既定的程序发送适当的信息给其他电子电器产品。中央处理器必须透过许多界面来控制家中的电器产品，这些界面可以是键盘，也可以是触摸式屏幕、按钮、电脑、电话机、遥控器等；消费者可发送信号至中央处理器，或接收来自中央处理器的信号。

家庭自动化是智能家居的一个重要系统，在智能家居刚出现时，家庭自动化甚至就等同于智能家居，今天它仍是智能家居的核心之一，但随着网络技术及智能家居的普遍应用，网络家电/信息家电的成熟，家庭自动化的许多产品功能将融入这些新产品中去，从而使单纯的家庭自动化产品在系统设计中越来越少，其核心地位也将被家庭网络/家庭信息系统所代替。它将作为家庭网络中的控制网络部分在智能家居中发挥作用。最有名的家庭自动化系统为美国的 X-10。

家庭网络(Home Networking)，首先大家要把它和纯粹的“家庭局域网”分开来，我们在本书中还会提到“家庭局域网/家庭内部网络”这一名称，它是指连接家里的 PC、各种外设及与因特网互联的网络系统，它只是家庭网络的一个组成部分。家庭网络是在家庭范围内(可扩展至邻居、小区)将 PC、家电、安全系统、照明系统和广域网相连接的一种新技术。当前在家庭网络所采用的连接技术可以分为“有线”和“无线”两大类。有线方案主要包括双绞线或同轴电缆连接、电话线连接、电力线连接等；无线方案主要包括红外线连接、无线电连接、基于 RF 技术的连接和基于 PC 的无线连接等。

家庭网络相比起传统的办公网络来说，加入了很多家庭应用产品和系统，如家电设备、照明系统，因此相应技术标准也错综复杂，这里面也牵涉太多知名的网络厂家和家电厂家的利益，我们在智能家居技术一章中将对各种技术标准做详细介绍。家庭网络的发展趋势是将智能家居中其他系统融合进去，最终实现统一。

网络家电是将普通家用电器利用数字技术、网络技术及智能控制技术设计改进的新型家电产品。网络家电可以实现互连，组成一个家庭内部网络，同时这个家庭网络又可以与外部互联网相连接。可见，网络家电技术包括两个层面：首先就是家电之间的互联问题，也就是使不同家电之间能够互相识别，协同工作。第二个层面是解决家电网络与外部网络的通信，使家庭中的家电网络真正成为外部网络的延伸。

要实现家电间互联和信息交换，就需要解决：1. 描述家电的工作特性的产品模型，使得数据的交换具有特定含义；2. 信息传输的网络媒介。在解决网络媒介这一难点中，可选择的方案有：电力线、无线射频、双绞线、同轴电缆、红外线、光纤。认为比较可行的网络家电包括网络冰箱、网络空调、网络洗衣机、网络热水器、网络微波炉、网络炊具等。网络家电未来的方向也是充分融合到家庭网络中去。

信息家电（3C 或者说 IA）应该是一种价格低廉、操作简便、实用性强、带有 PC 主要功能的家电产品。它是利用电脑、电信和电子技术与传统家电（包括白色家电：电冰箱、洗衣机、微波炉等和黑色家电：电视机、录像机、音响、VCD、DVD 等）相结合的创新产品，是为数字化与网络技术更广泛地深入家庭生活而设计的新型家用电器，信息家电包括 PC、机顶盒、HPC、DVD、超级 VCD、无线数据通信设备、视频游戏设备、WebTV、Internet 电话等，所有能够通过网络系统交互信息的家电产品，都可以称之为信息家电。音频、视频和通信设备是信息家电的主要组成部分。另一方面，在传统家电的基础上，将信息技术融入传统的家电当中，使其功能更加强大，使用更加简单、方便和实用，为家庭生活创造更高品质的生活环境。比如模拟电视发展成数字电视，VCD 变成 DVD，电冰箱、洗衣机、微波炉等也将会变成数字化、网络化、智能化的信息家电。

从广义的分类来看，信息家电产品实际上包含了网络家电产品，但如果从狭义的定义来界定，我们可以这样做一简单分类：信息家电更多的指带有嵌入式处理器的小型家用（个人用）信息设备，它的基本特征是与网络（主要指互联网）相联而有一些具体功能，可以是成套产品，也可以是一个辅助配件。而网络家电则指一个具有网络操作功能的家电类产品，这种家电可以理解成是我们原来普通家电产品的升级。

信息家电由嵌入式处理器、相关支撑硬件（如显示卡、存储介质、IC 卡或信用卡等读取设备）、嵌入式操作系统以及应用层的软件包组成。信息家电把 PC 的某些功能分解出来，设计成应用性更强、更家电化的产品，使普通居民步入信息时代的步伐更为快速，是具备高性能、低价格、易操作特点的 Internet 工具。信息家电的出现将推动家庭网络市场的兴起，同时家庭网络市场的发展又反过来推动信息家电的普及和深入应用。

截止到 2013 年，全球范围内信息技术创新不断加快，信息领域新产品、新服务、新业态大量涌现，不断激发新的消费需求，成为日益活跃的消费热点。我国市场规模庞大，正处于居民消费升级和信息化、工业化、城镇化、农业现代化加快融合发展的阶段，信息消费具有良好发展基础和巨大发展潜力。我国政府为了推动信息化、智能化城市发展，也在 2013 年 8 月 14 日发表了关于促进信息消费扩大内需的若干意见，大力支持发展宽带普及、宽带提速，加快推动信息消费持续增长，这都为智能家居、物联网行业的发展打下了坚实的基础。

政策摘要:增强信息产品供给能力

鼓励智能终端产品创新发展。面向移动互联网、云计算、大数据等热点,加快实施智能终端产业化工程,支持研发智能手机、智能电视等终端产品,促进终端与服务一体化发展。支持数字家庭智能终端研发及产业化,大力推进数字家庭示范应用和数字家庭产业基地建设。鼓励整机企业与芯片、器件、软件企业协作,研发各类新型信息消费电子产品。支持电信、广电运营单位和制造企业通过定制、集中采购等方式开展合作,带动智能终端产品竞争力提升,夯实信息消费的产业基础。

1.2 智能终端的体系结构

一般而言,智能终端是一类嵌入式计算机系统设备,因此其体系结构框架与嵌入式系统体系结构是一致的;同时,智能终端作为嵌入式系统的一个应用方向,其应用场景设定较为明确,因此,其体系结构比普通嵌入式系统结构更加明确,粒度更细,且拥有一些自身的特点。智能终端体系结构分为硬件结构和软件结构。智能终端硬件结构如图 1-8 所示。

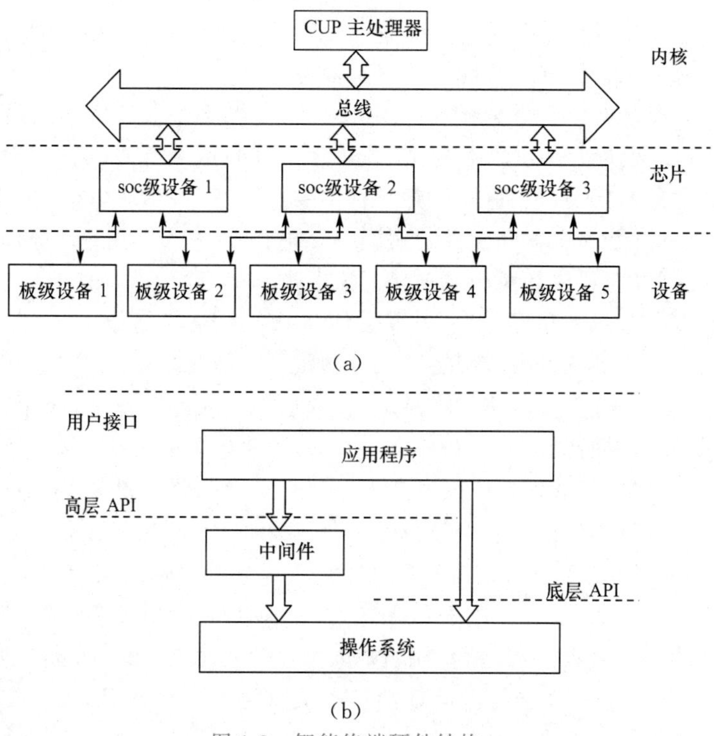

图 1-8　智能终端硬件结构

1.2.1 智能终端的硬件结构

抽象来说,以主处理器内核为核心,将智能终端硬件系统分为三个层次来进行描述,分别是主处理器内核、SoC级设备、板级设备。主处理器内核与SoC级设备使用片内总线互连,板级设备则一般通过SoC级设备与系统连接。

CPU和内部总线构成了一个一般的计算机处理器内核,提供核心的运算和控制功能。考虑到系统的成本和可靠性,一般会把一些常用的设备和处理器内核集成在一个芯片上,例如Flash控制器、Mobile DDR控制器、UART控制器、存储卡控制器、LCD控制器等。板级设备一般通过通信接口与主CPU连接,通常是一些功能独立的处理单元(如移动通信处理单元、GPS接收器)或者交互设备(如LCD显示屏、键盘等)。

板级设备是与处理器内核不在同一芯片上的其他设备。称其为板级设备,主要是从与主处理器内核关系的角度出发的,从架构上看,其本身可能也是一个完整的计算机系统,例如GPS接收器里也集成了ARM内核来通过接收的卫星信号计算当前的位置。板级设备通常使用数据接口与主处理器连接,例如,GPS接收器一般使用UART接口与主处理器交换数据。板级设备非常丰富,主要有以下几类:存储类如内存芯片、Flash芯片等;移动通信处理部分,主要提供移动通信的支持,包括基带处理芯片和射频芯片。基带处理芯片用来合成即将发射的基带信号,或对接收到的基带信号进行解码,一般是微处理器+数字信号处理器的结构,使用UART接口与主处理器相连接。射频芯片则负责发送和接收基带信号。

1.2.2 智能终端的软件结构

计算机软件结构分为系统软件和应用软件。在智能终端的软件结构中,系统软件主要是操作系统和中间件。操作系统的功能是管理智能终端的所有资源(包括硬件和软件),同时也是智能终端系统的内核与基石。关于操作系统的概述前文已述及,此处不再赘述。以Google主导的Android智能终端软件平台为例,在操作系统层次上为Linux。在中间件层次上,还可以细分为两层,下层为函数库和Dalvik虚拟机,上层为应用程序框架,通过该框架,可以将某个应用发布的服务为其他应用所使用。上层的应用程序使用下层提供的服务,来最终地为用户提供应用功能。

1.3 智能终端的技术体系

智能终端的技术涉及的方面非常广泛,包括了芯片技术、软件技术、交互技术(如数据获取技术)、电子技术(如能源管理技术)等。各种技术的应用,让智能终端的开发设计越

来越符合现阶段信息社会的发展要求，很好地满足了广大使用者对信息技术的需求。下面讲一下智能终端的几个关键技术。

1.3.1 智能终端的芯片技术

从硬件上看，智能终端普遍采用的还是计算机经典的体系结构——冯·诺依曼结构，即由运算器（Calculator，也叫算术逻辑部件 ALU）、控制器（Controller）、存储器（Memory）、输入设备（Input Device）和输出设备（Output Device）五大部件组成，其中的运算器和控制器构成了计算机的核心部件——中央处理器。智能芯片如图 1-9 所示。

图 1-9 智能芯片

一般而言，由于目前通信协议栈不断增多，多媒体与信息处理也越来越复杂，往往将某些通用的应用放在独立的处理单元中去处理，因而形成一种松耦合的主从式多计算机系统。

在底层芯片层，高通、华为海思、MTK 等厂商纷纷推出骁龙 845、麒麟 970、Helio P60 等针对 AI 功能的专用芯片，加强对人工智能/神经网络算法的适配，在细分领域不断深耕以方便上层系统的特定算法调用。在上层系统，华为、小米、OPPO、vivo、三星等厂商积极着手构建开放能力平台，以期最大限度地拥抱开发者，携手共建 AI 生态和良好秩序。旷视已将自身领先的计算机视觉技术赋能 vivo、OPPO、小米等手机厂商的最新机型，推出了 2D/3D 人脸识别解锁、智能打光、背景虚化、3D 表情等功能，同时旷视也与国际一流芯片厂商在推动 AI 算法深度融合芯片端的发展中达成战略合作，探索人工智能在移动智能终端产业多领域的生态布局。

智能终端是一个庞大的市场，而其背后的整个产业链包含众多环节，将是一个更加庞大的市场。历经数年发展，以 AI 芯片、AI 技术、AI 产品为圈层内容的智能终端产业生态已经形成。AI 芯片处于产业生态圈的最核心层，也是基础层，其次是技术层和应用层，智能终端广泛地存在于应用层。因此，AI 芯片的发展变化将对智能终端的消费起到重要的影响作用。

AI 芯片是智能终端的核心支撑，近两年不断取得技术突破，目前几乎是人工智能投资的最热点。随着 AI 芯片底层技术的进步以及相关产品的研发，我们不难预测智能终端将迎来消费的春天。以腾讯的开源终端侧 AI 软件框架 Ncnn 搭载智能手机为例，Ncnn 从设计之初就深刻考虑了手机端的部署和使用，提供了一个为手机端极致优化的高性能神经网络前向计算框架，开发者能够将深度学习算法轻松移植到手机端高效执行，开发出人工智能 App，将 AI 带到指尖。

在 AI 芯片落地应用到具体场景方面，行业总体处在一个由通用芯片向专用芯片转型的转折点上，各种细分场景的专用 AI 芯片仍比较匮乏，其中算力、功耗、价格等关键指标之间的相互约束，成为延缓专用芯片商用化进程的根本原因。以智能家居市场为例，在人工智能落地终端设备的过程中就会遇到这样的问题。

因此，专用人工智能芯片在智能家居领域的应用推广将会成为未来趋势，目前也有不少家公司在做类似的事情，云知声就是其中布局早，也是走在前列的一家。在其他与消费相关的服务领域，专用 AI 芯片特别是国产化 AI 芯片仍处于研发状态，并没有太成熟的产品推向市场。人们对服务品质提升的强烈愿望与产品的相对滞后已形成较为鲜明的矛盾，也正因为这种矛盾，未来以专用 AI 芯片为核心的智能终端将有巨大发展空间。

在整个产业生态中，当然也不能忽视产业生态圈的中间层——技术层，技术层包括知识图谱、语音识别、图像识别、虚拟现实、人机交互等方向，这些方向的能力成熟度将会直接影响 AI 芯片对消费领域作用的深度和广度。从长期来看，AI 芯片对智能终端消费的影响可能会是一个随着相关技术发展情况稍有波动的过程，但总体上是乐观的。

1.3.2 智能终端的软件技术

智能终端操作系统是技术核心，移动互联产业是一个覆盖很大的生态系统，这个产业链的方方面面都很重要。那什么是核心呢？很多移动互联是基础设施的提供者，它们和运营商一样重要。提供服务的无论是电子商务、搜索引擎或者社交媒体，各种各样的服务都很重要。此外，如今包括有电子提供终端设备等各种各样的终端设备，从大的屏幕到小的屏幕，各种各样的形式都有。当然提供核心硬件的，比如集成电路芯片以及一些器件也都很重要。还有各种各样的软件，云计算、大数据、操作系统等各种应用。在这个生态系统里面，最核心的可能是智能终端的操作系统。智能终端软件界面如图 1-10 所示。

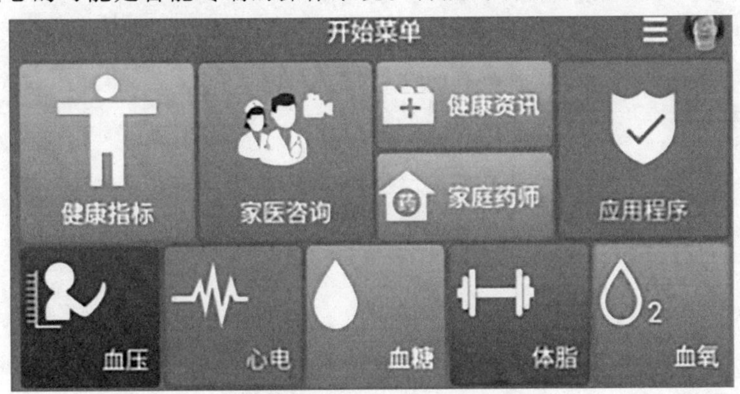

图 1-10 智能终端软件界面

使用智能终端的操作系统的主要因素有以下几点：

第一，从桌面终端到智能终端，智能终端操作系统以其灵活、高效、兼容性好等特点迅速发展，智能终端操作系统的技术已经赶上甚至超越了传统的桌面操作系统。

第二，智能终端操作系统是用户群体的核心。用户所使用的智能终端设备的各项功能是通过智能终端的操作系统来实现的。

第三，智能终端的操作系统具有占用硬件资源少、消耗功率低、工作效率高等特点。

1.3.3 智能终端的数据获取技术

随着4G、5G等技术的不断成熟和大规模应用，手机与移动网络之间的数据传输速率已经实现指数级增长，手机本身的运算速度也显著提升，然而人与终端间的信息传输速率并没有明显增强。例如，标准功能机的键盘为12个功能键，因此每次点击/输入，可以传输的信息量不到4比特；当移动终端进入智能机时代，触摸屏的信息输入速率得到了非常显著的提升，单次触击所获得的信息量约为20比特。但问题是，手机屏幕的尺寸天然存在上限，不能通过无限增大终端尺寸或增强屏幕解析度来提升信息输入的速率。而AI却可以让智能终端通过视频、音频等多种手段直接获取用户的意图，从而实现了在不需要用户额外手动操作的情况下，自动实现用户所希望的操作，极大提升了用户的信息输入速率。由AI带来的人与移动终端的信息传递速率和交互体验是前所未有的，这种革命式的改善必将驱使AI智能终端成为未来人手必备的设备。智能终端的关键功能领域——人工智能的相关技术在语音识别、语义理解、图像处理、图像超分辨率等方面已有诸多典型应用，相关算法也较为成熟。同时，在行为预测、用户感知等方面也在积极探索。“蓝皮书”从音频、视频、整机性能管理等三个关键方面阐述和探讨了AI技术如何赋能移动终端。

为移动终端的音频和视频装备AI技术，相当于让设备拥有了像人一样的耳朵和眼睛，这样设备就可以更自然、更主动地提供类人甚至“超人”的智能服务。在音频方面，语音识别、语义识别、语音合成、语音唤醒、声纹识别、富信息监测与识别等AI技术的成熟与应用，在打造手机智能语音助手、声文转换应用、歌曲音效处理等功能时将发挥重大作用；在图像和视频方面，人脸识别、物体和场景识别、AI拍照、图像边缘提取、文字识别等应用，为移动终端提供了在安全解锁、快捷支付、智能美颜、视频美化、阅读检索等功能方面的核心技术支持。

1.3.4 智能终端的能源管理技术

在我国，工业是能源消耗的大户，能源消耗量占全国能源消耗总量的70%左右，而不同类型工业企业的工艺流程、装置情况、产品类型、能源管理水平对能源消耗都会产生不同的影响。建设一个全厂级的集中统一的能源管理系统可以完成对能源数据进行在线采集、计算、分析及处理操作，从而实现对能源物料平衡、调度与优化、能源设备运行与管理等。

能源管理系统是企业信息化系统的一个重要组成部分，因此在企业信息化系统的架构中，把能源管理作为MES(Manufacturing Erection System，制造企业生产过程执行系统)中的一个基本应用构件，作为大型企业自动化和信息化的重要组成部分。Acrel(安科瑞)产品以实时数据库系统为核心，可以从数据采集、联网、能源数据海量存储、统计分析、查询等提供一个能源管理系统的整体解决方案，使公司调度管理人员可以在能源管控中心实时对系统的动态平衡进行直接控制和调整，达到节能降耗的目的。

典型能源管理系统架构包括能源调度管理中心、通信网络、远程数据采集单元等三级物理结构，符合基于基础自动化向信息化建设发展的原则。系统采用物联网、云计算、精细计量、数字传感等先进技术，能够实时、全面、准确地采集水、电、油、气等各种能耗数据，动态分析能耗状况、辅助制订并不断优化节能方案、智能控制耗能设备的最佳运行状态、实时准确地核算节能量，具有在线计量、监测、分析、控制、管理等功能，为用能单位实施定额控制、制定节能措施、提高节能效率、核定节能收益提供科学、有效的实时管控手段，是精细化、智能化、现代化的节能减排管理不可或缺的重要保障。它由智能终端、传输网络、数据中心、管理平台等主要部分构成。智能终端对处理器的基本要求主要有以下三点：

(1)高性能。智能终端发展非常迅速，新应用层出不穷，不少应用都要求智能终端有较高的性能，以便给用户提供完整的功能和较好的体验。

(2)高集成度。智能终端对尺寸非常敏感，因此，要求处理器具有较高的集成度，能在比较小的尺寸上集成更多的器件。这样不仅能够使整个终端尺寸得到控制，还能降低设计的复杂程度，提高系统的可靠性。

(3)低功耗。智能终端大都采用电池供电，对系统功耗非常敏感。因此，要求处理器有较低的功耗。

以上三点有的是相辅相成的，例如，高集成度往往意味着高性能；而有的则是相互矛盾的，例如，性能的提高往往会造成功耗的增加。这就要求设计人员根据应用场景，考虑三者的相互关系进行合理设计，使其达到平衡。

1.4 智能终端的现状以及发展趋势

智能终端是指具备开放的操作系统平台(应用程序的灵活开发、安装与运行)、接近PC的处理能力、高速接入能力和丰富的人机交互界面的移动终端，包括智能手机、平板电脑等。随着全球范围4G与5G的快速发展，世界整体步入移动互联网时代，网络的应用范围变得更加广泛，人们日常的工作、生活与网络的联系越来越紧密，移动智能终端成为移动互联网内容和应用的主要载体。

1.4.1 智能终端的现状

移动智能终端产业是将智能操作系统作为核心环节，以此为中心向上下游渗透，打造包含应用服务，软、硬件一体化的模式。而由于市场准入壁垒较低，产业链各环节的企业都想分一杯羹，智能终端厂商多元化、多样化的竞争态势已形成，再加上百度、小米、阿里巴巴等一大批互联网信息服务企业也开始进入智能终端制造行业，造就了我国移动智能终端加速发展的现状。

据 IDC 发布的报告显示，2019 年超过 65%的智能终端产品引入人工智能应用，包括手机、智能家居产品。更重要的是，2019 年超过 10%的商用终端产品也开始采用人工智能应用，商用办公助手成为新亮点。预计到 2022 年，将有 40%的商用终端产品采用人工智能。

随着生态系统的日益完善，终端计算性能后移成为未来发展的重要方向。预计 2019 年底将有 67%的智能家居设备接入家居互联平台。云游戏平台的建立将帮助降低对游戏终端设备的硬件要求，线上游戏将进一步趋于中心化，这对传统硬件厂商将带来冲击。在 VR/AR 市场，5G 将有效解决 VR 设备面临的延迟及成本问题，通过云端渲染技术降低对本地设备的硬件要求，线上 VR 游戏市场收入增速在 2019 年将达到 35%。2021 年，预计将有超过 10%的用户会考虑通过 5G 连接 VR 实现更完美的互动体验。在教育市场，2019 年有 20%的教育用户将会考虑虚拟化解决方案。人口老龄化趋势加速，未来十年，平均每年将造成终端出货 1%～2%的负面影响，其中尤其是在教育、儿童手表等市场。与此同时，中老年终端产品成为新亮点，2021 年，预计将有超过 22%的 65 岁以上老人考虑尝试平板电脑、智能家居、智能可穿戴设备等产品。商用操作系统平台竞争日益激烈，2019 年，超过 10%的商用客户由于更换成 Windows 10 操作系统而更换他们的电脑。国产化终端产品将浮出水面，预计在政府与相关大型企业中有 5%左右的客户会选择国产化终端。

1.4.2 智能终端的未来发展趋势

作为互联网应用服务的重要载体，移动智能终端的产品界定和种类随着技术的不断发展而进步，移动智能硬件产品体系已初步形成，硬件功能与应用生态加速完善。除了沿着智能手机、平板电脑等确定性路径快速成长，随着物联网等技术的强势推动，形式各样的终端类型层出不穷，作为新兴移动智能终端领域的可穿戴设备、智能家居、智能汽车、智能机器人、VR 设备等，都很有可能催生巨大的潜在市场。随着移动智能终端技术的快速演进、新兴产品不断出现，配件行业结构类型、市场边界也将持续拓展，而消费升级将引发消费者对相关品牌、设计、工艺的全新定位，材料新型化、功能丰富化、设计时尚化将成为行业未来的发展方向。以保护类配件为例，未来相关产品发展主要侧重于三个方面：

①产品设计更加新颖、材料新型化。随着保护类配件厂商对环保的重视及研发投入

的增加，新材料应用和结构设计将在保证外观的同时提供更好的抗摔、防刮、避震功能，重量和手感也将得到优化，提升保护类配件的实用性。

②功能丰富化。移动智能终端的高频使用将带动越来越多的保护类产品开始充当功能性配件的角色，更多的功能被集成在保护外壳上以提升智能手机应用体验。

③行业朝着时尚化发展。随着消费观念的改变，设计精湛的保护类配件能够有效提升消费者的时尚化、个性化特征，展示个人魅力，宣扬个性，将更加受到年轻一代消费者的喜爱。

在技术进步的推动下，智能终端在促进产业升级的同时，也在促进消费升级，深刻改变人们的日常生活和工作。从技术演进来看，智能终端的发展趋势将会体现在三个方面：

1. 随着人工智能芯片的发展和成熟，单个产品的智能化水平会有大幅提升，智能技术将会在多个单点得到突破，包括新型传感技术、新型多模态交互模式、新型数据编码及传输方法等。

2. 随着人工智能开源软件框架的发展，智能终端软件将在深度学习训练软件和推理软件两大类框架下迅速发展起来，这也将助力智能终端的自主化研发进程不断加速。

3. 随着5G等现代网络通信技术的商用进程加快，网络连接速度、实时性、成本等都将得到实质性改进，端端通信、端云通信以及端与边缘间的通信都将越发快捷、畅通及智能，也将催生出更多新型优质服务。

总的来看，人工智能芯片自主研发进程的加快，将有力促进国产智能终端市场的发展，智能终端的发展将成为经济社会发展的新动能，从而促进我国智能经济的形成与发展。

思考题

1. 智能终端的定义是什么？
2. 简要描述一下智能终端的特点。
3. 论述智能终端的应用和发展趋势。

第2章 移动互联技术

在我国互联网的发展过程中,PC 互联网已日趋饱和,移动互联网却呈现井喷式发展。近几年,随着全球信息技术的飞跃发展,尤其是我国"互联网+"的全面推进,信息化已经成为经济的重头戏。移动通信和互联网技术成为当今世界发展最快的两大产业,移动互联网是移动通信网络和传统互联网的一个融合,它包含了非常多的内容,比如说移动网络、移动终端以及应用服务等,所有的移动互联网用户基本上都是通过 4G 网络信号、5G 网络信号以及 WLAN 热点等移动通信网络接入互联网体系之中,所以说移动互联网实质上集合了多种创新应用业务和应用服务于一体。目前呈现出互联网产品移动化强于移动产品互联网化的趋势。

2.1 移动通信技术

21 世纪是信息化的时代,这必然会给迅猛发展的信息业和电信业带来新的机遇与挑战。移动通信是达到随时随地通信这一最终目的的有效手段,其发展的巨大潜力也越来越被人们所认识。

2.1.1 移动通信技术概述

"十三五"规划提出要支持新一代信息技术产业发展壮大,明确加快构建高速、移动、安全、泛在的新一代信息基础设施,推进信息网络技术广泛运用,形成万物互联、人机交互、天地一体的网络空间。新一代信息技术分为六个方面,分别是下一代通信网络、物联网、三网融合、新型平板显示、高性能集成电路和以云计算为代表的高端软件。作为信息交互的重要组成,通信技术越来越被社会关注。人们希望能通过移动通信技术随时随地、可靠地进行各种信息的交换。

1. 移动通信的概念

现代移动通信技术是一门前沿技术,它包括无线通信和有线通信的最新技术成果,同时也含有网络技术和计算机技术的许多成果。

移动通信是移动体之间，或移动体与固定体之间的通信方式，移动体可以是人，也可以是汽车、火车、轮船、飞机等在移动状态中的物体，分别构成陆地移动通信、海上移动通信和航空移动通信，采用的频段遍及低频、中频、高频、甚高频和特高频。移动通信系统由移动台、基台、移动交换局组成。若要同某移动台通信，移动交换局通过各基台向全网发出呼叫，被叫台收到后发出应答信号，移动交换局收到应答信号后分配一个信道给该移动台并从此话路信道中传送一信令使其振铃。

移动通信按照不同的分类标准，有不同的种类，按业务性质分有电话业务和数据、传真等非话业务；按服务对象分有公用移动通信、专用移动通信；按移动台活动范围分为陆地移动通信、海上移动通信和航空移动通信；按使用情况分，常用的有移动电话、无线寻呼、集群调度系统、漏泄电缆通信系统、无绳电话。

2. 移动通信的特点

移动的特点决定了移动通信必然采用无线电通信方式，与其他通信方式相比，移动通信具有以下基本特点。

(1)移动性：移动通信中，移动台处于运动状态，它必须利用无线电波进行无线通信，或无线通信与有线通信结合。无线电波传播信息时允许移动台在一定范围内自由运动，其位置不受约束，但无线电波传播条件会随着移动台移动而发生较大变化，接收信号的场强起伏也会很大，极易出现严重的衰落现象。

(2)电波传播条件复杂：因移动体可能在各种环境中运动，电磁波在传播时会产生反射、折射、绕射、多普勒效应等现象，产生多径干扰、信号传播延迟和展宽等效应。同时，周围地形、地物造成对电波传播路径的阻挡，还会形成电磁场的"阴影效应"。

(3)系统和网络结构复杂：移动通信是多用户通信系统和网络，为了实现移动用户之间、移动用户与固定用户之间的通信，使用户之间互不干扰，协调一致地工作，移动通信网必须具有交换控制功能；移动通信系统还与市话网、卫星通信网、数据网等互联，整个网络结构很复杂。移动通信网结构如图 2-1 所示。

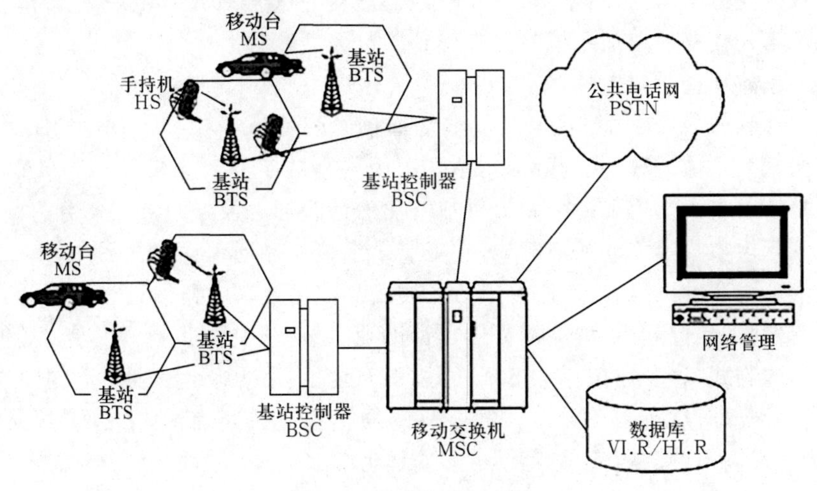

图 2-1 移动通信网结构

(4)噪声和干扰严重：在城市环境中的通信，同时通信的移动用户数量大，基站会受到各种交通噪声、工业噪声、邻道干扰、同频干扰等。所以,移动通信系统采用多信道共用技术,基站或移动台接收机必须能在其他通信系统产生的干扰信号中,检出有用信号。

(5)要求频带利用率高、设备性能好。

频率是一种特殊资源,它具有一些特殊性质:无线电频率资源不是消耗性的,只是在某一空间和时间内被用户占用,用完之后依然存在,不使用或使用不当都是浪费;电波传播不分区域空间,具有时间、空间和频率的三维性,从这三方面进行有效利用可提高其利用率,从而满足移动通信市场巨大的需求。

2.1.2 移动通信技术发展历程

移动通信的最终目标是与其他通信手段一起,实现任意用户在任何时间、任何地点与任何人通信。移动通信在无线电通信发明之日就产生了,1897 年,M. G. 马可尼所完成的无线通信试验就是在固定站与一艘拖船之间进行的,距离为 18 海里。目前,移动通信正朝着数字化、小型化和综合化方向发展。

移动通信经历了从模拟时代到数字时代的演进,其发展大致可分为:第一代移动通信、第二代移动通信、第三代移动通信、第四代移动通信。目前,正在向第五代移动通信演变。

1. 第一代移动通信:1G 时代

第一代移动通信技术(1G)是指最初的以模拟技术为基础、仅限语音的蜂窝无线电话系统,于 20 世纪 80 年代提出,完成于 20 世纪 90 年代。

第一代移动通信主要采用模拟技术和频分多址(FDMA)技术,有多种制式,我国主要采用的是 TACS。由于受到传输带宽的限制,不能进行移动通信的长途漫游,只能是一种区域性通信系统,其次,也存在容量有限、制式太多、互不兼容、保密性差、通话质量不高、不能提供数据业务等缺点,价格更是非常昂贵,使得它无法真正大规模普及和应用,这些缺点都随着第二代移动通信系统的到来得到了很大的改善。

2. 第二代移动通信:2G 时代

第二代移动通信(2G),替代第一代移动通信系统完成模拟技术向数字技术的转变,是以数字技术为主体的移动经营网络,主要采用的是数字的时分多址(TDMA)技术和码分多址(CDMA)技术。主要业务是提供数字化的话音业务及低速数据业务。

与第一代模拟蜂窝移动通信相比,它克服了模拟移动通信系统的弱点,第二代移动通信系统提供了更高的网络容量,改善了话音质量和保密性,并可进行省内、省际自动漫游,且具有保密性强、频谱利用率高、能提供丰富的业务、标准化程度高等特点。但由于第二代采用不同的制式,移动通信标准不统一,用户只能在同一制式覆盖的范围内进行漫游,因而无法进行全球漫游;由于第二代数字移动通信系统带宽有限,限制了数据业务的应用,也无法实现高速率的业务,如移动的多媒体业务。

3. 第三代移动通信:3G 时代

第三代移动通信(3G),能够处理图像、音乐、视频流等多种媒体形式,提供包括网页浏览、电话会议、电子商务。与第一代模拟移动通信和第二代数字移动通信相比，第三代移动通信是覆盖全球的多媒体移动通信。它的主要特点是可实现全球漫游，使任意时间、任意地点、任意人之间的交流成为可能；能够实现高速数据传输和宽带多媒体服务。

这就是说，第三代移动通信除了可以进行普通的寻呼和通话外，还可以上网读报纸、查信息、下载文件和图片；由于带宽的提高，3G 系统还可以传输图像，提供可视电话业务；短信业务是 3G 系统的业务平台提供的一种数据业务，并利用 SMSC（短信业务中心）为短信提供“存储转发”的功能；WAP 业务是移动数据业务和 Internet 融合的基本业务，用户通过手机和其他无线终端的浏览器查看从服务器收到的信息，移动终端持有者可以像 Internet 用户一样，访问 Internet 内容和其他数据服务。

4. 第四代移动通信：4G 时代

第四代移动通信（4G），是真正意义的高速移动通信系统，是基于 3G 通信技术基础上不断优化升级、创新发展而来，融合了 3G 通信技术的优势，并衍生出了一系列自身固有的特征，以 WLAN 技术为发展重点。4G 技术即 LTE（Long Term Evolution，3G 技术长期演进）技术，该技术包括 TD-LTE 和 FDD-LTE 两种制式，即频分双工 LTE 系统和时分双工 LTE 系统，二者的主要区别在于空中接口的物理层上（像帧结构、时分设计、同步等）。FDD-LTE 系统空口上下行传输采用一对对称的频段接收和发送数据，而 TDD-LTE 系统上下行则使用相同的频段在不同的时隙上传输，相对于 FDD 双工方式，TDD 有着较高的频谱利用率。FDD 主要用于大范围的覆盖，TDD 主要用于数据业务。

4G 通信技术的创新使其与 3G 通信技术相比具有更大的竞争优势。首先，从技术标准看，静态传输速率达 1 Gbps，高速移动状态下达 100 Mbps；从运营商角度看，4G 通信技术除了与现有网络可兼容外，具有更高的数据吞吐量、更低时延、更低的建设和运行维护成本、更高鉴权能力和安全能力；从融合角度看，4G 通信技术意味着更多参与方，更多技术、行业、应用的融合，不再限于电信行业，还可应用于金融、医疗、教育、交通等行业。通信终端可实现多媒体通信、远端控制，局域网、互联网、电信网、广播网、卫星网等能够融为一体组成一个传播网，通信终端向宽带无线化和无线宽带化演进；从用户需求看，通信技术的发展最根本的推动力是用户需求由无线语音服务向无线多媒体服务转变。在图片、视频传输上能够实现原图、原视频高清传输，其传输质量和传输速度不断提高，这种快捷的下载模式为我们带来更佳的通信体验。同时，在网络高速发展背景下，用户对流量成本也提出了更高的要求，当前 4G 网络通信收费价格比较合理，同时各大运营商针对不同的群体也推出了对应的流量优惠政策，能够满足不同消费群体的需求。

5. 第五代移动通信：5G 时代

目前，LTE 峰值速率可以达到 100 Mbps，现有的 4G 网络处理自发能力有限，无法支持部分高清视频、高质量语音、增强现实、虚拟现实等业务。物联网技术，尤其是互联网汽车等产业的快速发展，对网络速度有着更高的要求，这无疑成为推动 5G 网络发展的重要因素。移动通信技术的发展历程如图 2-2 所示。

（1）5G 技术概述

与前四代不同，5G 不是单一的无线技术，而是现有的无线通信技术的一个融合。5G 将引入更加先进的技术，通过更高的频谱效率、更多的频谱资源以及更加密集的小区等共同满足移动业务流量增长的需求，5G 的峰值速率将达到 10 Gbps，比 4G 提升了 100 倍，解决了 4G 网络面临的问题，构建一个高速的传输速率、高容量、低时延、高可靠性、优秀的用户体验的网络社会。

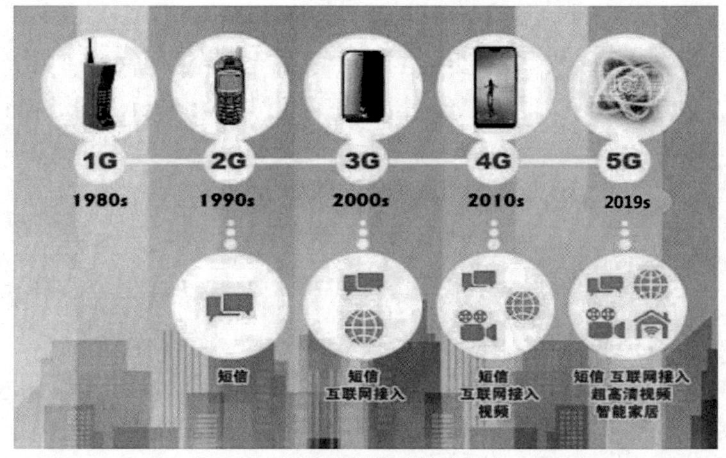

图 2-2　移动通信技术的发展历程

5G 无线通信技术实际上就是无线互联网网络，5G 网络逻辑视图如图 2-3 所示。

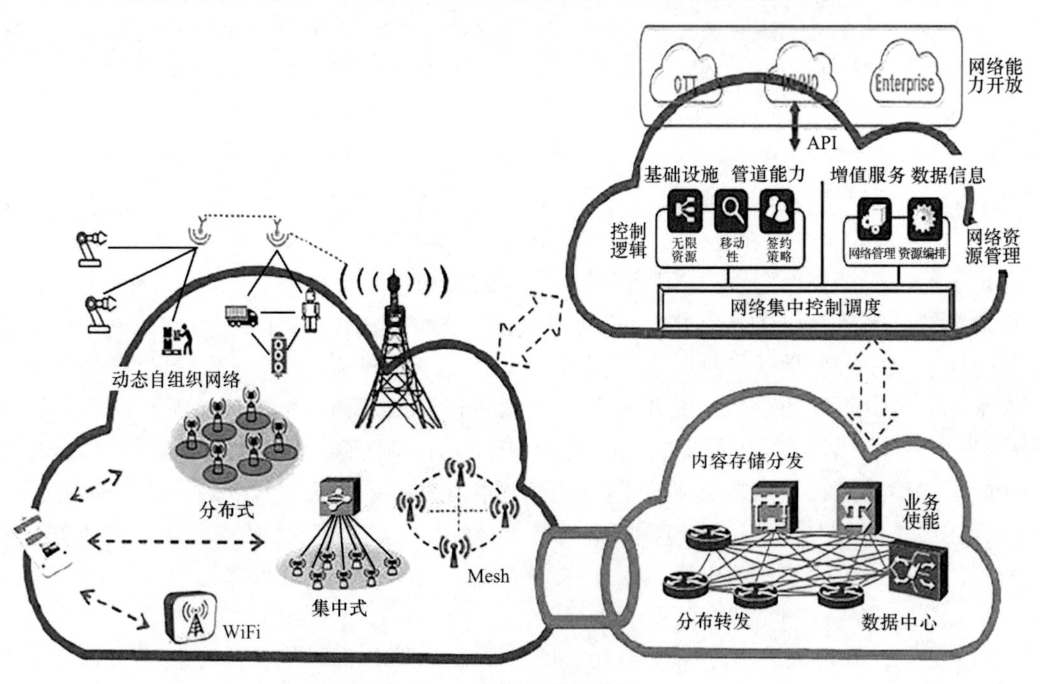

图 2-3　5G 网络逻辑视图

当前信息技术发展正处于新的变革时期，5G 技术发展呈现出新的特点。

- 5G 技术在推进技术变革的同时更加注重用户体验，网络平均吞吐速率、传输时延以及对虚拟现实、3D、交互式游戏等新兴移动业务的支撑能力等将成为衡量 5G 系统性能的关键指标。
- 与传统的移动通信系统理念不同，5G 系统研究将不仅仅把点到点的物理层传输与信道编译码等经典技术作为核心目标,而是从更为广泛的多点、多用户、多天线、多小区协作组网作为突破的重点,力求在体系构架上寻求系统性能的大幅度提高。

● 室内移动通信业务已占据主导地位,5G室内无线覆盖性能及业务支撑能力将作为系统优先设计目标,从而改变传统移动通信系统"以大范围覆盖为主,兼顾室内"的设计理念。

● 高频段频谱资源将更多地应用于5G移动通信系统,但由于受到高频段无线电波穿透能力的限制,无线与有线的融合、光载无线组网等技术将被更为普遍地应用。

● 可"软"配置的5G无线网络将成为未来的重要研究方向,运营商可根据业务流量的动态变化实时调整网络资源,有效地降低网络运营的成本和能源的消耗。

5G性能指标:对于5G需要满足一些什么样的指标,工信部电信研究院选择了体育场、办公室、密集住宅区等场景,结合车联网、视频点播等应用进行实例分析。对每一种场景下的不同应用进行分析,发现无线技术成为应用发展的制约因素。要在不同的场景下使用户获得良好的应用体验,需要满足以下指标:

● 5G的传输速率在4G的基础上提高10～100倍,体验速率能够达到0.11 Gbps,峰值速率能够达到10 Gbps。

● 时延降低到4G的1/10或1/5,达到毫秒级水平。

● 设备密集度能够达到600万个/km^2。

● 流量密度能够在20 Tbps/km^2以上。

● 移动性达到500 km/h,实现高铁环境下的良好用户体验。

为了满足上述性能指标的要求,使用户获得良好的业务体验,除了以上的这些指标外,能耗效率、频谱效率及峰值速率等也是重要的5G技术指标,需要在5G系统设计时综合考虑。移动互联网的蓬勃发展是5G移动通信的主要驱动力。

按照目前业界的初步估计,包括5G在内的未来无线移动网络业务能力的提升将在三个维度上同时进行:

● 通过引入新的无线传输技术将资源利用率在4G的基础上提高10倍以上。

● 通过引入新的体系结构(如超密集小区结构等)和更加深度的智能化能力将整个系统的吞吐率提高25倍左右。

● 进一步挖掘新的频率资源(如高频段、毫米波与可见光等),使未来无线移动通信的频率资源扩展4倍左右。

(2)5G技术网络架构

随着4G网络商用部署规模的迅速扩展,其对当前移动互联网产业及人们日常生活的影响得到进一步体现,5G网络系统架构对网络功能、组织、管理等有着重要的影响。相对于接入网技术中2G、3G、LTE的变革,核心网主要经历了IP化、控制和承载分离、分组化的变革。5G需求的实现,除了需要空中接口技术的突破以外,网络架构的创新也是5G的关键推动力之一。为了应对上述挑战,5G将通过基础设施平台和网络架构两个方面进行技术创新和协同发展。

基础设施平台方面,通过SDN(Soft Defined Network,软件定义网络)和NFV(Network Function Virtualization,网络功能虚拟化)等前沿技术构筑的5G网络云化架构解决现有基础设施成本高、资源配置不灵活、业务上线周期长的问题。

网络架构方面，通过控制转发分离和控制功能重构，简化结构，提高接入性能。

接入平面是多种无线接入技术的融合，包括传统的 D-RAN（分布接入网）接入、WiFi、宏站以及 C-RAN（云接入网）、D2D（终端之间通信）、MTC（机器类通信）接入。主要是为了满足 5G 多样化的无线接入场景和高性能指标要求，为用户提供差异化服务能力。接入平面的基站间交互能力增强，有更为灵活的资源调度和共享能力。通过综合利用分布式和集中式组网机制，实现动态灵活的接入控制、干扰控制、移动性管理。

控制平面功能包括控制逻辑、按需编排和网络能力开放。控制逻辑通过网络功能重构，实现控制功能的集中化、控制流程的简易化，适配不同场景和网络环境的信令控制要求；按需编排发挥虚拟化平台的能力，面向差异化业务需求，按需编排网络功能，进行接入和转发资源的全局调度；网络能力开放通过引入能力开放层，实现运营商基础设施、管道能力和增值业务等网络能力向第三方应用的友好开放。

转发平面包含用户面下沉的分布式网管、集成边缘内容缓存和业务流加速等功能。转发平面中，将网管中的会话控制功能分离，简化网关，网关位置下沉，实现分布式部署。通过网管锚点、移动边缘计算，实现高容量、低时延、均负载等传输。

基于在提升网络灵活性、降低部署成本以及提升效率方面具有得天独厚的优势。为了满足 5G 网络速度更快、时延更低、连接更多、效率更高的愿景，有必要对现有的网络架构、网元功能形态等进行全新的设计，网络逻辑视图及 5G 性能指标要求如图 2-4 所示。

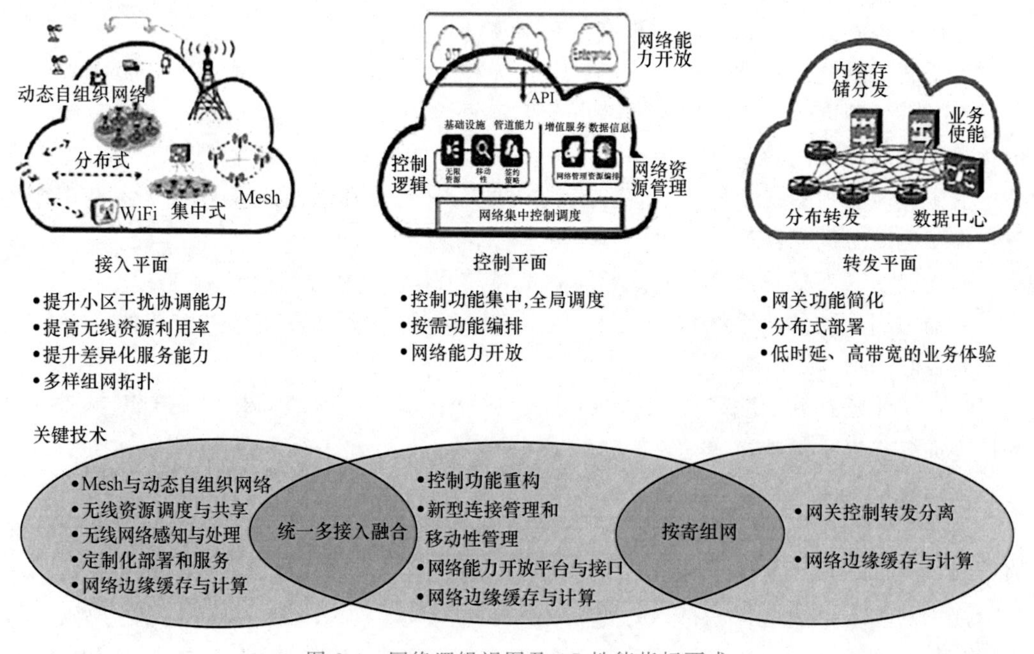

图 2-4　网络逻辑视图及 5G 性能指标要求

以中国电信 CTNet2025 目标网络重构战略为例，其核心是基于 SDN、NFV、云计算等关键技术推动网络架构重构，构建简洁、敏捷、集约、开放的网络新架构。CTNet2025 目标网络架构是包含固网、移动网演进的统一架构。

CTNet2025 目标网络架构，自下而上主要分为三个层面：网络基础设施层、网络功能层和协同编排层。该网络架构的主要特点包括:基础设施资源实现归一化和标准化、网络功能实现软件化和虚拟化,以及IT能力的业务化和平台化。CTNet 2025目标网络架构如图2-5所示。

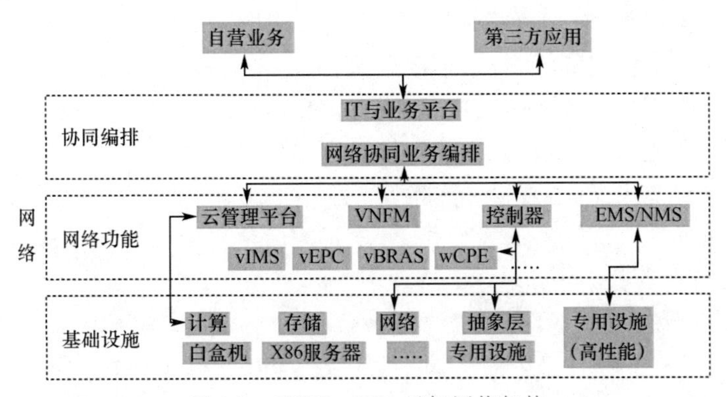

图2-5 CTNet 2025目标网络架构

(3)5G技术的应用领域

作为新一代信息通信发展的主要方向,5G将渗透到未来社会的各个领域,以用户为中心构建全方位的信息生态系统。面向2020年及未来,5G将解决多样化应用场景下差异化性能指标带来的挑战,不同应用场景面临的性能挑战有所不同,用户体验速率、流量密度、时延、能效和连接数都可能成为不同场景的挑战性指标。从移动互联网和物联网主要应用场景、业务需求及挑战出发,将5G技术主要应用场景归纳为:连续广域覆盖、热点高容量、低功耗大连接和低时延高可靠四个主要技术场景,如图2-6所示。

图2-6 5G技术的应用场景

● 连续广域覆盖场景,是移动通信最基本的覆盖方式,以保证用户的移动性和业务连续性为目标,为用户提供无缝的高速业务体验。该场景的主要挑战在于随时随地(包括小区边缘、高速移动等恶劣环境)为用户提供100 Mbps以上的用户体验速率。

● 热点高容量场景，主要面向局部热点区域，为用户提供极高的数据传输速率，满足网络极高的流量密度需求。1 Gbps 用户体验速率、几十 Gbps 峰值速率和几十 Tbps/km^2 的流量密度需求是该场景面临的主要挑战。

● 低功耗大连接场景，主要面向智慧城市、环境监测、智能农业、森林防火等以传感和数据采集为目标的应用场景，具有小数据包、低功耗、海量连接等特点。这类终端分布范围广、数量众多，不仅要求网络具备超千亿连接的支持能力，满足每平方米 100 万个连接数密度指标要求，而且还要保证终端的超低功耗和超低成本。

● 低时延高可靠场景，主要面向车联网、工业控制等垂直行业的特殊应用需求，这类应用对时延和可靠性具有极高的指标要求，需要为用户提供毫秒级的端到端时延和接近100%的业务可靠性保证。

(4)5G 技术面临的挑战

● 网络融合：充分利用已有的资源，节约成本，正符合移动通信系统的可持续性要求。5G 将更加促进网络融合的趋势，包括：不同领域的跨界融合，多业务系统的融合以及2G、3G、4G 的网络融合。通信技术与信息、电子技术不可分离，跨界融合在网络架构、系统效果以及终端、应用方面都有一定影响。而无线业务也早已普及，电信网、广播电视网、互联网三网深入生活，卫星通信与地面移动融合、宽带接入与移动蜂窝融合，都给人们提供更丰富的服务。移动通信网络方面，2G、3G 主要是语音业务，4G 的 TDD、FDD 主要承载数据业务，WLAN 是承载移动数据业务的重要补充。彼此之间优势互补，充分融合能实现低成本高效率的均衡发展。

● 大规模天线技术：5G 基站天线数及端口数将有大幅度增长，可支持配置上百根天线和数十个天线端口的大规模天线阵列，并通过多用户 MIMO 技术，同频全双工技术等提高频谱效率，支持更多用户的空间复用传输，数倍提升 5G 系统频谱效率，开发高频段通信，利用宽载波来增加带宽；广泛应用小基站等来增加网络密集度，用于在用户密集的高容量场景提升用户体验。

● 无线设备器件：5G 支持的频段更高、载波带宽更宽、通道数更多，对模拟器件也提出了更高的要求，主要包括 ADC/DAC、功放和滤波器。ADC/DAC 为支持更宽的载波带宽(如 1 GHz)，需支持更高的采样率。功放为支持 4 GHz 以上高频段和更高的功放效率，需采用 GaN 材料。基站侧通道数激增，导致滤波器数量相应增加，工程上需进一步减小滤波器体积和质量，如采用陶瓷滤波器或小型化金属腔设计等有效手段。

● 网络架构：5G 多网络融合架构中将包括 5G、4G 和 WLAN 等多个无线接入网和核心网。如何进行高效的架构设计，如核心网和接入网锚点的选择，同时兼顾网络改造升级的复杂度、对现网的影响等是网络架构研究需要解决的问题。

● 数据分流：5G 多网络融合中的数据分流机制要求用户面数据能够灵活高效地在不同接入网传输；最小化对各接入网络底层传输的影响；需要根据部署场景和性能需求进行有效的分流层级选择，如核心网、IP 或 PDCP 分流等。

● 灵活高效承载技术：承载网络的高速率、低时延、灵活性需求和成本限制。25 Gbps/50 Gbps 高速率将部署到网络边缘，25 Gbps/50 Gbps 光模块低成本实现和 WDM 传输是承载网的一大挑战；超低时延要求则需要网络架构的扁平化和 MEC 的引入以及站点的合理布局，微秒量级超低时延性能是承载设备的另一个挑战；5G核心网云化及部分功能下沉、网络切片等需求导致5G回传网络对连接灵活性的要求更高，优化路由转发和控制技术，满足5G承载网络由灵活性和运维便利性需求，是承载网的第三个挑战。

2.2　互联网技术基础

随着社会不断发展，网络技术日新月异，国内外信息化建设已经到了以Web应用为基础核心的阶段，越来越多的企业选择应用互联网来建立其应用系统。企业对系统功能需求的增加使企业级应用系统的结构和规模日趋庞大，而互联网应用系统的开发也越来越复杂，开发周期越来越紧迫，这也要求开发者采用一种合适的方法来开发软件，以便降低开发和维护成本，提高程序的复用性。

2.2.1　互联网技术概念及特点

互联网(Internet)又称网际网路或因特网，是网络与网络之间按照一定的通信协议组成的国际计算机网络，是指将两台计算机或者两台以上的计算机终端、客户端、服务器端通过计算机信息技术的手段互相联系起来的结果。人们可以与远在千里之外的朋友相互发送邮件、共同完成一项工作、共同娱乐。这种将计算机网络互相连接在一起的方法可称作"网络互联"，在这基础上发展出覆盖全世界的全球性互联网络称"互联网"，互联网技术的普遍应用，是进入信息社会的标志。从技术角度讲，互联网技术是一个由数据通信、网络系统和应用环境组成的综合体系，指的是全球信息系统，它包含三方面的含义：

(1)Internet通过全球唯一的地址逻辑地连接起来。这个唯一的地址空间是基于互联网协议(IP)或其后续的扩展协议工作的。

(2)Internet能够通过协议进行通信。这个协议是传输控制协议/互联网协议(TCP/IP)及其后续的扩展协议。

(3)Internet能够提供、使用或者访问公众或私人的高级信息服务，这些信息服务是建构在上述通信协议和相关的基础设施之上的。

现在，互联网不仅是一种思维，一种技术，它更是一个时代。置身于这个时代，就会感受它带来的影响，它在改变我们的生活方式，颠覆我们的商业模式，冲击我们固有的思维方式，它迫使我们重新认识外部环境，重新认识他人和自己。整体来说，互联网技术具备如下特征。

- 通融互联：通，就是互联互通。互联互通超越时空差距，使组织与用户、人与人之间的距离零成本趋近，无障碍沟通与交流价值倍增。融，就是整个世界的多元要素融为一体。

● 网状价值结构：以用户为中心的价值交互网和以人为中心的价值创造网。这里面又有几个关键特点：一个是先有用户价值才有企业价值。第二个就是组织从串联到并联，在内部呈网状结构，在外部也是如此。

● 大数据和高流动：互联网产生大数据，但同时，大数据实际上也是大样本、全样本，可能比之前的抽样还要精准，从小数据、小样本中可预测到大趋势。因此，企业不能再单纯依靠精确定量化的数据来做理性分析，还需要基于大数据来分析趋势，捕捉机会。

● 开放的有机生态圈：从互联网环境来讲，在信息对称的条件下，互联网必须是开放式的有机生态圈，同时是一个有机生命体，具备自我变革、新陈代谢的功能。伴随互联网技术衍生的平台生态圈，它可以创造出无穷的财富。

2.2.2 互联网的发展与起源

互联网始于1969年的美国，又称因特网，是美军在ARPAnet(阿帕网，美国国防部研究计划署)制定的协定下，将美国西南部的大学UCLA(加利福尼亚大学洛杉矶分校)、Stanford Research Institute(斯坦福大学研究学院)、UCSB(加州大学圣塔芭芭拉分校)和University of Utah(犹他大学)的四台主要的计算机连接起来形成的。这个协定由剑桥的BBN科技公司和MA公司执行，在1969年12月开始联机。

1978年，UUCP(UNIX-to-UNIX Copy，UNIX至UNIX拷贝)协议在贝尔实验室被提出来。1979年，在UUCP协议的基础上，新闻组网络系统发展起来。新闻组(集中于某一主题的讨论组)紧跟着发展起来，它为在全世界范围内交换信息提供了一个新的方法。

BITNET(一种连接世界教育单位的计算机网络)连接到世界教育组织的IBM的大型机上，同时，1981年开始提供邮件服务。Listserv软件和后来的其他软件被开发出来用于服务这个网络。网关被开发出来用于BITNET和互联网的连接，同时提供电子邮件传递和邮件讨论列表。

检索互联网是在1989年被发明出来的，是由Peter Deutsch和他的全体成员在蒙特利尔的麦吉尔大学创造的，他们为FTP站点建立了一个档案，后来命名为Archie。这个软件能周期性地到达所有开放的文件下载站点，列出它们的文件并且建立一个可以检索的软件索引。

1989年，Tim Berners和其他在欧洲粒子物理实验室的人提出了一个分类互联网信息的协议。这个协议，1991年后称为World Wide Web，基于超文本协议——在一个文字中嵌入另一段文字的连接的系统，当你阅读这些页面的时候，你可以随时用它们选择一段文字链接。尽管它出现在gopher之前，但发展十分缓慢。

1991年，美国的三家公司分别经营着自己的CERFnet、PSInet及Alternet网络，可以在一定程度上向客户提供Internet联网服务。他们成立了“商用Internet协会”(CIEA)，宣布用户可以把它们的Internet子网用于任何的商业用途。Internet商业化服务提供商的出现，使工商企业终于可以堂堂正正地进入Internet。商业机构一踏入

Internet这一陌生的世界就发现了它在通信、资料检索、客户服务等方面的巨大潜力。世界各地无数的企业及个人纷纷涌入Internet，带来Internet发展史上一个新的飞跃。

20世纪90年代，随着互联网的商业化，工商企业相继与互联网相连接，使互联网实现了第二次飞跃。1992年，美国提出"信息高速公路"计划，不仅推动了互联网本身，也促进了对下一代互联网的研究；1995年，美国科学基金会NSF资助下一代互联网NGI研究计划，建立了主干网vBNS；1998年，美国大学"先进网络研究联盟"(UCAID)成立，设立Internet2研究计划，建立了主干网Abilene。英国、德国、法国、日本、加拿大等发达国家也都设立了下一代互联网的研究项目和试验床。2001年，欧共体资助下一代互联网研究计划，建立了主干网GEANT；2002年，欧共体提出建立全球高速互联网——GTRN，连接全球的下一代互联网。

21世纪互联网的发展正面临一系列的机遇和挑战，对未来互联网的需求以及在技术、应用和产品上必将引发更为激烈的国际竞争。如今我国大力实施"互联网+"计划，让计算机网络技术能够更好地融入社会各个领域中去，其能够保证互联网金融、电子商务等健康发展，加快国际市场的开拓进度。如今我们可以利用计算机网络技术解决社会中教育、交通、医疗、购物、交际等问题，不仅能够提高企业生产效率及管理水平，而且大大地提高了人们的生活品质。因此，世界各国都在国家级的战略层面上对互联网的发展进行统筹规划。

2.2.3 互联网的关键技术

1. 利用TCP/IP协议代替NCP协议

最初BBN公司设计、组装并运行了ARPAnet。1969年就有了一个充分发展了的包交换网络。BBN公司建造了一个多处理器的系统——Pluribus，许多软件后来又被用在ARPAnet上。那时，TCP/IP还在早期阶段，IETF(Internet Engineering Task Force，国际互联网工程任务组)的科学家所做的是将TCP/IP引入TIP，而TIP又是IMP的一部分。项目中的一个步骤就是用TCP/IP协议代替ARPAnet原来的主机到主机的协议NCP。

2. 用多层的路由分配来解决路由表限制的问题

首先要建造网关，当时意识到路由器本身就可以作为分组交换机，这是一个很先进的想法，BBN里，ARPAnet风格的分组交换占主导地位，而这在商业上是来自X.25包交换。BBN的工作人员认为IP和路由并不可靠。此后，科学小组研发并部署了四代网关/路由器、HW、SW等。有很多问题至今还在讨论中，比如路由表变得太大，如何解决。然后有了试图区分内部路由和外部路由的想法。之前有一个协议，然后取而代之的是BGP(边界网关协议)。为了完成这项工作，BBN定期举行会议，一开始是为了ARPAnet，后来是为了防御数据网(Defense Data Network)。这一切都在IETF之前，作为一项规范化制定协议的活动进行着，后来才发展成IETF。

3. IPv6 的诞生

IETF 成立于 1985 年底，是全球互联网最具权威的技术标准化组织，主要任务是负责互联网相关技术规范的研发和制定，当前绝大多数国际互联网技术标准出自 IETF。随着 IETF 的发展壮大，第二任主席 Phil Gross 决定按不同领域划分 IETF。由于在 BBN 时负责路由方面的工作，Bob Hinton 受任为第一任路由区域主管（Area Director，AD）。IETF 建立并统一了现存的所有路由协议：RIPv2、OSPF、IS-IS、BGP。引人注目的是，那时建立的一些工作组至今还在继续工作。Bob 的小组参与了 IPng 过程的工作，和另一个组合作，研发了下一个版本的 IP——IPv6。

如果说 IPv4 实现的只是人机对话，IPv6 则扩展到任意事物之间的对话，它不仅可以为人类服务，还将服务于众多硬件设备，如家用电器、传感器、远程照相机、汽车等。与 IPV4 相比，IPV6 具有以下几个优势：

(1)IPv6 具有更大的地址空间。IPv4 中规定 IP 地址长度为 32 比特，而 IPv6 中 IP 地址的长度为 128 比特。

(2)IPv6 使用更小的路由表。IPv6 的地址分配一开始就遵循聚类的原则，这使得路由器能在路由表中用一条记录表示一片子网，大大减小了路由器中路由表的长度，提高了路由器转发数据包的速度。

(3)灵活的 IP 报文头部格式。使用一系列固定格式的扩展头部取代了 IPv4 中可变长度的选项字段，字段只有 7 个，加快报文转发，提高了吞吐量。IPv6 中选项部分的出现方式也有所变化，使路由器可以简单路过选项而不做任何处理，加快了报文处理速度。

(4)IPv6 增加了组播支持以及对流的支持，这使得网络上的多媒体应用有了长远发展的机会，为服务质量控制提供了良好的网络平台。

(5)IPv6 加入了对自动配置的支持，允许协议继续演变，增加新的功能，使得网络（尤其是局域网）的管理更加方便和快捷。

(6)身份认证和隐私权是 IPv6 的关键特性。在使用 IPv6 网络中用户可以对网络层的数据进行加密并对 IP 报文进行校验，极大地提高了网络的安全性。

互联网之所以能有今天的发展，有两个因素功不可没：

一是 IP 和 TCP 简单易用的接口，二是设备之间无须十分紧密的联系。这样一来，不同的公司、组织，不同的人都可以参与建设互联网。要想建立不仅技术上可行，同时商业环境友好的网络，这是最佳的途径。一个相反的例子就是电话网络最初的发展。在美国和许多其他国家，都有一个组织包揽建网、设立标准、技术研发的全部工作，因此电话网络一直未很好地发展起来。而互联网从未按照这种模式发展，这是互联网成长壮大并如此多样的原因之一。

未来的互联网仅靠现有的笔记本电脑、PC 和服务器是不够的，越来越多的小型器件和植入型的器件将会出现。这些设备可能是自组的，但它们必须互联。建造如此庞大、复杂并且密集的网络，一切都要达到互联，并且在一个安全的方式下实现交互，这就是我们通常所说的物联网。这些还需要我们长时间的努力。

中国几家互联网公司的比较表 2-1。

表 2-1　　互联网公司的比较

维度	公司		
	百度	阿里	腾讯
基因强项	技术	管理	产品
业务特质	圈流量	圈商品	圈人
主要业务	搜索	电商	游戏

2.2.4　互联网的结构

互联网的拓扑结构非常复杂，并且在地理位置上覆盖了全球，从工作方式上看，可以划分为两大块，如图 2-7 所示为互联网的拓扑结构。

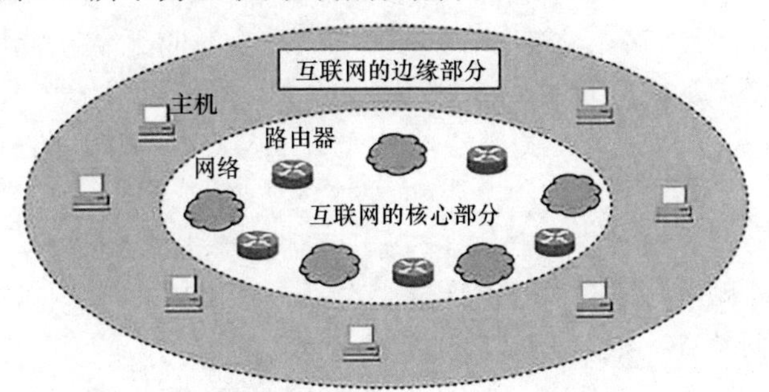

图 2-7　互联网的拓扑结构

(1)边缘部分：这部分由所有连接在互联网上的主机组成。这部分是用户直接使用的，用来进行通信和资源共享。

(2)核心部分：由大量网络和连接这些网络的路由器组成。这部分用来为边缘部分提供服务。

1. 互联网的边缘部分

互联网的边缘部分就是连接在互联网上的所有主机，这些主机又称为端系统。

小的端系统可以是一台普通个人电脑和具有上网功能的智能手机，甚至是一个很小的网络摄像头，而大的端系统则可以是一台非常昂贵的大型计算机。端系统的拥有者可以是个人，也可以是单位，也可以是某个 ISP(Internet Service Provider，互联网服务提供商)。

边缘部分利用核心部分提供服务，使众多主机之间能够互相通信并交换或共享信息。

边缘部分的端系统之间的通信方式通常可以划分为三大类：客户机/服务器方式(C/S)、浏览器/服务器方式(B/S)和对等方式(P2P 方式)。

(1)客户机/服务器方式

客户机(Client)和服务器(Server)都是指通信中所涉及的应用进程。客户机/服务器方式所描述的是进程之间服务与被服务的关系。客户是服务请求方，服务网是服务提供方，两者都要使用网络核心部分所提供的服务。

在实际应用中，客户机程序和服务器程序通常还具有以下几个特点。

①客户机程序：

● 被用户调用后运行，在通信时主动向远地服务器发起通信(请求服务)。因此，客户程序必须知道服务器程序的地址。

● 不需要特殊的硬件和很复杂的操作系统。

②服务器程序：

● 是一种专门用来提供某种服务的程序，可同时处理多个远地或本地客户的请求。

● 系统启动后即自动调用并一直不断地运行着，被动地等待并接收来自各地的客户的通信请求。因此服务器不需要知道客户程序的地址。

● 一般需要有强大的硬件和高级操作系统支持。

(2)浏览器－服务器模式

随着移动互联网技术的发展，以往的主机/终端和 C/S 都无法满足当前全球网络开放、互连、信息随处可见和信息共享的新要求，于是就出现了 B/S 模式，即浏览器/服务器模式。它是 C/S 架构的一种改进，是 Web 服务器兴起后的一种网络结构模式，Web 服务器是客户端最主要的应用软件。这种方式统一了客户端，将系统功能实现的核心部分集中到服务器上，简化了系统的开发、维护和使用。

B/S 模式采取浏览器请求，服务器响应的工作方式。即用户通过浏览器去访问 Internet 上由 Web 服务器产生的文本、数据、图片、动画、视频点播和声音等信息；而每一个 Web 服务器又可通过各种方式与数据库服务器连接，从 Web 服务器上下载程序到本地来执行，在下载过程中若遇到与数据库有关的指令，由 Web 服务器交给数据库服务器来解释执行，并返回给 Web 服务器，Web 服务器又返回给用户。在这种结构中，将许许多多的网连接到一块，形成一个巨大的网，即全球网。而各个企业可以在此结构的基础上建立自己的 Internet。

(3)对等连接方式

对等连接(Peer-to-Peer，P2P)是指两台主机在进行通信时并不区分谁是服务请求方，谁是服务提供方，只要两台主机都运行了对等连接软件(P2P 软件)，它们就可以进行平等的对等连接通信。这时，双方都可以下载对方已经存储在硬盘中的共享文档。

实际上，对等连接方式从本质上仍是使用客户机/服务器方式，只是对等连接中的每一台主机既是客户机又是服务器，对等连接工作方式可支持大量对等用户同时工作。

2. 互联网的核心部分

互联网的核心部分是互联网中最复杂的部分，因为核心部分要向边缘部分中的大量主机提供连通性，使边缘部分中的任何一台主机都能够与其他主机通信。在核心部分起特殊作用的是路由器，它是实现分组交换的关键构件，可以转发收到的分组，这是核心部分最重要的功能。

(1)电路交换的主要特点

若 N 部电话两两相连，需要 $N(N-1)/2$ 对电线。而如果把每一部电话都连接到交换机上，使用交换的方法，电话用户之间就可以很方便的通信。

从通信资源的分配角度来看，交换就是按照某种方式动态地分配传输线路资源。在使用电路交换通话之前，必须先拨号请求建立连接。当被叫用户听到交换机送来的振铃音并摘机后，从主叫端到被叫端建立一条连接，也就是一条专用的物理通路。这条连接保证了双方通话时所需的通信资源，而这些资源在双方通信时不会被其他用户占用。此后主叫方和被叫方就能互相通电话。通话完毕挂机后，交换机释放刚才使用的这条专用物理通路。这种必须经过“建立连接（占用通信资源）→通话（占用通信资源）→释放连接（归还通信资源）”三个步骤的交换方式称为电路交换。

电路交换的一个重要特点就是在通话的全部时间内，通话的两个用户始终占用端到端的通信资源。当使用电路交换来传送计算机数据时，其线路的传输效率往往很低。这是因为计算机数据是突发式地出现在传输线路上的，因此线路上真正用来传送数据的时间往往不到10%甚至1%。已被用户占用的通信资源在绝大部分时间里都是空闲的。

（2）分组交换的特点

分组交换采用存储-转发技术。通常我们把要发送的整块数据称为一个报文（Message）。在发送报文之前，先把较长的报文划分为一个个更小的等长数据段。在每个数据段前面，加上一些由必要的控制信息组成的首部后，就构成了一个分组。分组又称为包，而分组的首部也可称为“包头”。分组是在互联网中传送的数据单元。分组中的首部是十分重要的，正是由于分组的首部包含了诸如目的地址和源地址等重要控制信息，每一个分组才能在互联网中独立地选择传输路径，并被正确地交付到分组传输的终点。

互联网的核心部分是由许多网络和把它们连接起来的路由器组成的，而主机处在互联网的边缘部分。在互联网核心部分的路由器之间一般都是用高速链路相连接，而在网络边缘部分的主机接入核心部分则通常以相对较低速率的链路相连接。虽然位于网络边缘部分的主机和位于网络核心部分的路由器都是计算机，但它们的作用却不一样。主机是为用户处理信息的，并且可以和其他主机通过网络交换信息。路由器则是用来转发分组的，即进行分组交换的。路由器收到一个分组，先暂时存储，检查其首部，查找转发表，按照首部中的目的地址，找到合适的接口转发出去，把分组交给下一个路由器。这样一步一步地以存储-转发的方式，把分组交付最终目的主机。各路由器之间必须经常交换彼此掌握的路由信息，以便创建和动态维护路由器中的转发表，使得转发表能够在整个网络拓扑发生变化时及时更新。

2.2.5 互联网的应用

在2019年的政府工作报告中，8次提到互联网，其中6次的表述是“互联网+”。这意味着互联网与经济社会将走向深度融合，“互联网+”将全面融入我国经济结构优化升级、社会事业发展和机制体制创新之中，全面提升人民生活品质、增进人民福祉。目前，生活中应用到的丰富多样的互动性网络媒介如图2-8所示。

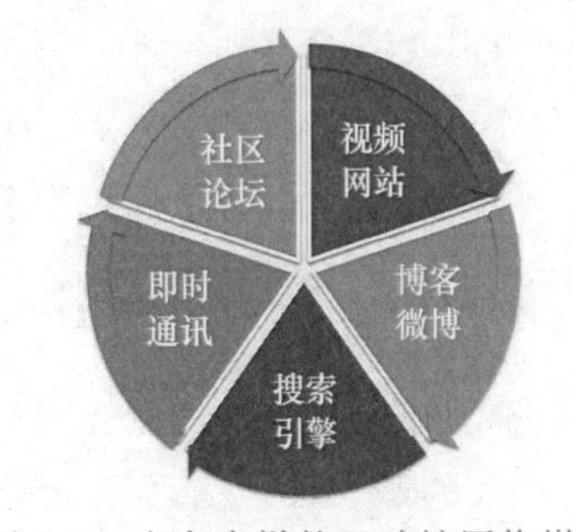

图2-8 丰富多样的互动性网络媒介

1.收发电子邮件

Internet要提供电子邮件功能，必须有专门的电子邮件服务器。例如现在Internet有很多提供邮件服务的厂商，如新浪、搜狐、163等，它们都有自己的邮件服务器。这些邮件服务器类似于现实生活中的邮局，它主要负责接收用户投递过来的邮件，并把邮件投递到邮件接收者的电子邮箱中。

电子邮箱(E-mail 地址)的获得需要在邮件服务器上进行申请，用户在邮件服务器上申请了一个帐号后，邮件服务器就会为这个帐号分配一定的空间，从而使用户可以使用这个帐号以及空间发送电子邮件和保存别人发送过来的电子邮件。

2. 远程登录(Telnet)服务

远程登录是指用户使用 Telnet 命令，使自己的计算机暂时成为远程主机的一个仿真终端的过程。仿真终端等效于一个非智能的机器，它只负责把用户输入的每个字符传递给主机，再将主机输出的每个信息回显在屏幕上。Telnet 是进行远程登录的标准协议和主要方式，它为用户提供了在本地计算机上完成远程主机工作的能力。通过使用 Telnet，Internet 用户可以与全世界许多信息中心图书馆及其他信息资源联系。进行远程登录的用户叫作本地用户，本地用户登录进入的系统叫作远地系统。

3. WWW

WWW 是环球信息网的缩写(亦作“Web”“WWW”“‘W3’”，英文全称为“World Wide Web”)，中文名字为“万维网”“环球网”等，常简称为 Web。WWW 由欧洲核物理研究中心(CERN)研制，其目的是为全球范围的科学家利用 Internet 方便地进行通信、信息交流和信息查询。WWW 分为 Web 客户端和 Web 服务器程序。WWW 可以让 Web 客户端(常用浏览器)访问浏览 Web 服务器上的页面，这些页面是一个由许多互相链接的超文本组成的系统，通过互联网访问。在这个系统中，每个有用的事物，称为一样“资源”；并且由一个全局“统一资源标识符”(URI)标识；这些资源通过超文本传输协议(Hypertext Transfer Protocol，HTTP)传送给用户，而后者通过点击链接来获得资源。

WWW 是无数个网络站点和网页的集合，它们在一起构成了因特网最主要的部分(因特网也包括电子邮件、Usenet 以及新闻组)。它实际上是多媒体的集合，是由超级链接连接而成的。我们通常通过网络浏览器上网观看的，就是万维网的内容。

WWW 是建立在客户机/服务器方式之上的。WWW 是以超文本标注语言(标准通用标记语言下的一个应用)与超文本传输协议为基础的，能够提供面向 Internet 服务的、一致的用户界面的信息浏览系统。其中，WWW 服务器采用超文本链接来链接信息页，这些信息页既可放置在同一主机上，也可放置在不同地理位置的主机上；本链路由统一资源定位器(URL)维持，WWW 客户端软件(WWW 浏览器)负责信息显示与向服务器发送请求。

用户利用 WWW 不仅能访问到 Web Server 的信息，而且可以访问到 FTP、Telnet 等网络服务。因此，它已经成为 Internet 上应用最广和最有前途的访问工具，并在商业范围内发挥着越来越重要的作用。

4. FTP 服务

FTP(File Transfer Protocol，文件传输协议)，顾名思义，就是专门用来传输文件的协议。FTP 服务是一款运行于安卓平台的应用程序，用于手机上传、下载文件。FTP 服务器(File Transfer Protocol Server)是在互联网上提供文件存储和访问服务的计算机，它们依照 FTP 协议提供服务。简单地说，支持 FTP 协议的服务器就是 FTP 服务器。

一般来说，用户联网的首要目的就是实现信息共享，文件传输是信息共享非常重要的内容之一。Internet 上早期实现传输文件，需要有 PC、工作站、MAC、大型机。据统计，连接在 Internet 上的计算机已有上千万台，而这些计算机可能运行不同的操作系统，如运行 UNIX 的服务器，运行 DOS、Windows 的 PC 机和运行 MacOS 的苹果机等，而在各种操作系统之间实现文件交流，需要建立一个统一的文件传输协议，这就是 FTP。基于不同的操作系统有不同的 FTP 应用程序，而所有这些应用程序都遵守同一种协议，这样用户就可以把自己的文件传送给别人，或者从其他的用户环境中获得文件。

与大多数 Internet 服务一样，FTP 也是一个客户机/服务器系统。用户通过一个支持 FTP 协议的客户机程序，连接到在远程主机上的 FTP 服务器程序。用户通过客户机程序向服务器程序发出命令，服务器程序执行用户所发出的命令，并将执行的结果返回到客户机。比如说，用户发出一条命令，要求服务器向用户传送某一个文件的一份拷贝，服务器会响应这条命令，将指定文件送至用户的机器上。客户机程序代表用户接收这个文件，将其存放在用户目录中。

5. 网上交流

网络交流平台就是以互联网作为交流分享的平台，综合利用网络载体，达到双方思想交流的目的。运用 BBS、E-mail、QQ(群)、Blog(博客)、Facebook、微博、人人网、贴吧等网络交流载体，提高交流的广泛性，最大限度地实现社会化网络信息的可选择性、平等性。

6. 网络视频

网络视频就是在网上传播的视频资源，狭义的指网络电影、电视剧、新闻、综艺节目、广告等视频节目；广义的还包括自拍 DV 短片、视频聊天、视频游戏、视频监控等行为。网络视频是指以电脑或者移动设备为终端，利用 QQ、微信、抖音、快手等工具进行可视化聊天的一种网络技术。网络视频一般需要独立的播放器，文件格式主要是基于 P2P 技术占用客户端资源较少的 FLV 流媒体格式。

7. 电子商务

电子商务(Electronic Commerce)，是以信息网络技术为手段，以商品交换为中心的商务活动(Business Activity)，也可理解为在互联网(Internet)、企业内部网(Intranet)和增值网(Value Added Network，VAN)上以电子交易方式进行交易活动和相关服务的活动，是传统商业活动各环节的电子化、网络化、信息化。以互联网为媒介的商业行为均属于电子商务的范畴。

电子商务通常是指在全球各地广泛的商业贸易活动中，在因特网开放的网络环境下，基于客户机/服务器方式，买卖双方不谋面地进行各种商贸活动，实现消费者的网上购物、商户之间的网上交易和在线电子支付以及各种商务活动、交易活动、金融活动和相关的综合服务活动的一种新型的商业运营模式。各国政府、学者、企业界人士根据自己所处的地位和对电子商务参与的角度和程度的不同，给出了许多不同的定义。

电子商务模式分为：ABC(代理商、商家与消费者)、B2B(企业对企业)、B2C(企业对消费者)、C2C(消费者对消费者)、B2M(面向市场营销)、M2C(生产厂家对消费者)、B2A(商业机构对行政机构)、C2A(消费者对行政机构)、O2O(线下商务与互联网)等。

电子商务是因特网爆炸式发展的直接产物，是网络技术应用的全新发展方向。因特网本身所具有的开放性、全球性、低成本、高效率的特点，也成为电子商务的内在特征，并使得电子商务大大超越了作为一种新的贸易形式所具有的价值，它不仅会改变企业本身的生产、经营、管理活动，而且将影响到整个社会的经济运行与结构。以互联网为依托的

"电子"技术平台为传统商务活动提供了一个无比宽阔的发展空间,其突出的优越性是传统媒介手段根本无法比拟的。

8."互联网+"服务领域

"互联网+"是两化融合的升级版,将互联网作为当前信息化发展的核心特征提取出来,并与工业、商业、金融业等服务业全面融合。这其中的关键是创新,只有创新才能让这个"+"真正有价值、有意义。通俗来说,"互联网+"就是"互联网+各个传统行业",但这并不是简单的两者相加,而是利用信息通信技术以及互联网平台,让互联网与传统行业进行深度融合,创造新的发展生态。

2015年07月04日,国务院发布《国务院关于积极推进"互联网+"行动的指导意见》(国发〔2015〕40号)指出,"互联网+"是把互联网的创新成果与经济社会各领域深度融合,推动技术进步、效率提升和组织变革,提升实体经济创新力和生产力,形成更广泛的以互联网为基础设施和创新要素的经济社会发展新形态。其重要行动有如下十一个方面:"互联网+"创业创新、"互联网+"协同制造、"互联网+"现代农业、"互联网+"智慧能源、"互联网+"普惠金融、"互联网+"益民服务、"互联网+"高效物流、"互联网+"电子商务、"互联网+"便捷交通、"互联网+"绿色生态、"互联网+"人工智能。

中国互联网技术联盟专家委员会与各行各业代表从国家"互联网+"指导意见中抽取出了各行业的维度特征,发布了首个"互联网+"十大关键特征:

(1)与互联网企业合作创新,共建平台

创新的能动体是互联网企业,创新的升级体是现有各行各业。所以,国家提出的战略是"互联网+"战略,而不是"+互联网"战略。

(2)基础主数据建设

传统企业要达到共建、开放、共享,首要核心就是基础主数据建设。互联网企业要有很好的数据收集能力,也要有很好的数据加工能力和数据存储能力(云计算、大数据平台)。

(3)识别技术应用

识别技术包含:物联识别技术、传感器技术、生物识别技术、地理位置识别技术、AR技术等。通过高效率、高质量、低成本的技术识别、数据收集、数据检验、现场监测,可以收集数据继而产生实时监控报警,远程控制现场,自动化触发处理等各种创新应用。

(4)智能化

不仅未来产品需要智能化,而且工业设备也要智能化。智能化需要有智能操作系统、联网互动、大数据收集训练与人工智能算法技术驱动。智能化可以随时远程升级增强功能、远程监控、远程诊断、远程控制、远程收集数据、联网互动等。这不仅会给消费者和管理者带来便利,也会给企业带来新的服务业务、服务流程和新的商业模式。

(5)产业链互联打通

智能化和识别技术只是方便了终端数据收集,但是只有产业上下游互联互通在了一起,才能真正做到柔性供应、柔性生产、联动研发设计、联动营销。这不仅提高了社会协同效率,也节约了行业总体成本。

(6)能力单元网络协同

我国的生产很集群,同样的需求可能有很多家生产单元都可以承接,这样会产生专业的采购、生产、分销协作管理平台，甚至研发设计也可以化整为零快速组合设计、协同集成。

(7)通过互联网向社会开放企业能力与服务

目前，电商促进企业向消费者开放，互联网社区也促进企业向消费者开放。随着资本风投、股权激励，企业的治理结构也会社会化。

(8)数据开放共享、众包共建，跨界创新应用

除了通过互联网向社会开放企业能力与服务之外，企业还可以向产业链或社会开放自己的数据。设计机制，大家一起来建设丰富数据、校正数据。数据的开放，各行各业就可以结合自己的业务优势，通过 1+1>2 的跨界创新，可以创造出新的产品、新的服务、新的盈利模式。

(9)通过大数据分析，指导业务优化

现在企业是管理族层次团队集体决策，未来会通过开放企业服务平台、互联交叉、阿米巴组织单元自我决策。

(10)利用互联网，向服务型产品转型、做服务产品创新

某大型机械制造企业就开展了非常具有代表性的创新业务：基于互联网开展故障预警、远程维护、质量诊断、远程过程优化等在线增值服务，目前成为了业务增长最为迅猛的一种创新。

现在是互联网时代，各行各业都想在网络上占有自己的市场份额，那么想要占据互联网的市场，首先就要在网络上能够让网民看到信息。与传统企业相反的是，当前“全民创业”时代的常态下，与互联网相结合的项目越来越多。

2.3 移动互联技术概述

2.3.1 移动互联技术的定义

目前，信息产业高度发达，传统的移动互联技术已经无法满足人们获取信息的需求。尤其是随着移动互联技术研究的深入，一些运动子网络，以一种相对稳定的方式得到信息，所以，对移动互联技术的现状进行研究是必然趋势。而对于移动互联技术的定义，每位移动互联技术的实践者各持己见，但大部分都认为，移动互联网是互联网的延伸和有益补充。

移动互联是移动互联网的简称，是移动网与互联网融合的产物，实质上就是一种将移动网络作为接入点的网络服务的互联网和网络服务的总称，是互联网的技术、平台、商业模式和应用与移动通信技术结合并实践的活动的总称。对于移动互联技术定义的理解，我们可以从以下两个方面进行：

从技术层面的定义，以宽带 IP 为技术核心，可以同时提供语音、数据和多媒体业务的开放式基础电信网络。

从终端的定义，用户使用手机、笔记本电脑、平板电脑等移动终端，通过移动网络获取

移动通信网络服务和互联网服务。

移动互联网的核心是互联网，因此一般认为移动互联网是桌面互联网的补充和延伸，应用和内容仍是移动互联网的根本。移动互联技术定义如图 2-9 所示。

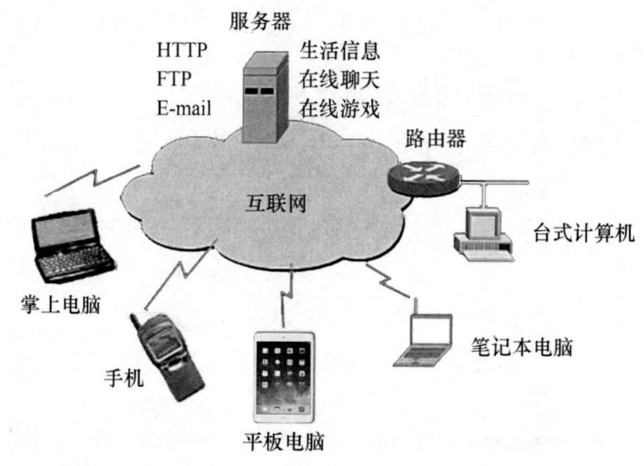

图 2-9　移动互联技术定义

2.3.2　移动互联技术发展现状及趋势

1. 中国移动互联技术发展阶段

近年来，随着移动网络技术，特别是 WiFi、4G、5G 技术的发展，加上智能终端设备的不断研发和畅销，基于 Android 系统的移动应用软件快速发展，为移动互联的发展形成了良好的环境。最近 10 年，移动互联技术伴随着移动网络通信基础设施的升级换代得以快速发展，尤其是 2009 年国家开始大规模部署 3G 网络，2014 年又开始部署 4G 网络，2019 年 6 月，工信部正式向中国电信、中国移动、中国联通、中国广电发放 5G 商用牌照，至些，中国正式进入 5G 商用元年。这些有力地促进了中国移动互联网快速发展，服务模式和商业模式大规模创新。移动互联网的发展主要经历了以下几个阶段：

(1)移动互联网雏形(2001 年前)

在最开始，由于受到手机智能化程度与网络限制，中国移动和国内百家网络内容服务商(ICP)首次坐在一起，探讨商业合作模式，初探“移动＋开放的互联网”模式——“移动梦网”，手机用户可通过“移动梦网”享受到移动游戏、信息点播、掌上理财、旅行服务、移动办公等服务，其主要以信息浏览和搜索为主。

(2)移动互联网的起步(2001—2007)

该时期由于受限于移动 2G 网速和手机智能化程度，中国移动互联网发展处在一个简单 WAP 应用期。WAP 应用把 Internet 网上 HTML 的信息转换成用 WML 描述的信息，显示在移动电话的显示屏上。由于 WAP 只要求移动电话和 WAP 代理服务器的支持，而不要求现有的移动通信网络协议做任何的改动，因而被广泛地应用于 GSM、CDMA、TDMA 等多种网络中。

典型代表为门户型网站，主要以信息浏览和搜索为主，早期国内运营商为移动互联网业务提供情况见表 2-2。

表 2-2　　国内运营商为移动互联网业务提供情况

运营商	基础网络	移动互联网业务 WAP/Web类业务	互联网业务
中国移动	GSM、 TD-SCDMA	以“移动梦网”为代表的传统 WAP 类业务，手机报、手机地图、手机阅读、139 邮箱、12350 音乐等	GPRS 上网 EDGE 上网 3G 上网
中国联通	GSM、 WCDMA、 宽带网络	以“沃”为代表的移动互联网类业务，手机报、手机搜索、手机电视、手机邮箱等	GPRS 上网 3G 上网
中国电信	CDMA1X、 CDMA2000、 宽带网络	以“互联星空”为代表的移动互联网类业务，手机报、189 邮箱、手机阅读、手机影视等	CDMA1X 上网 3G 上网

(3)移动互联网的成长期(2007—2011)

随着 3G 移动网络的部署和智能手机的出现，移动网速大幅提升，初步破解了手机上网带宽瓶颈，具有简单应用软件安装功能的移动智能终端让移动上网功能得到大大增强。经过 3G 网络一年多的试用，2009 年 1 月 7 日，工业和信息化部宣布，批准中国移动、中国电信、中国联通三大电信运营商分别增加 TD-SCDMA、CDMA2000、WCMDA 技术制式的第三代移动通信(3G)业务经营许可，中国 3G 网络大规模建设正式铺开，中国移动互联网全面进入了 3G 时代。手机音乐、手机阅读、手机游戏、手机电视出现并普及。

(4)移动互联网市场格局快速展开期(2012—2013)

具有触摸屏功能的智能手机的大规模普及应用解决了传统键盘机上网不便的问题，安卓智能手机操作系统的普遍安装和手机应用程序商店的出现极大地丰富了手机上网功能，移动互联网应用呈现了爆发式增长。

进入 2012 年之后，随着移动上网需求大增，安卓智能操作系统的大规模商业化应用，传统功能手机进入了一个全面升级换代期，以三星、HTC 为代表的传统手机厂商，普遍推出了触摸屏智能手机和手机应用商店。由于触摸屏智能手机上网更方便，移动应用丰富，受到了市场极大欢迎。

典型特征是运营商开始布局，互联网服务商介入，终端厂商加入，具有移动互联网特点的创新应用涌现。

(5)移动互联技术全面发展期(2014 年至今)

随着 4G 网络的部署，移动上网网速得到极大提升，上网网速瓶颈限制基本得到解决，移动应用场景得到极大丰富。2013 年 12 月 4 日，工业和信息化部正式向中国移动、中国电信和中国联通三大运营商发放了 TD-LTE4G 牌照，中国 4G 网络正式大规模铺开。2015 年 2 月 27 日，工业和信息化部又向中国电信和中国联通发放“LTE/第四代数字蜂窝移动通信业务(FDD-LTE)”经营许可，4G 网络建设让中国移动互联网发展走上了快速发展轨道。2019 年 6 月 6 日，工业和信息化部正式向中国电信、中国移动、中国联通、中国广电发放 5G 商用牌照，中国正式进入 5G 商用元年。我国移动通信逐步演进到 4G/5G，并以 4G+5G 网络为基础架构。2019 年 6 月 24 日，移动互联网蓝皮书《中国移动互联网发展报告(2019)》在人民日报社图书馆正式发布。根据图 2-10 数据显示，截止到 2018 年 10 月底，中国移动互联网用户已经达到了 8.9 亿人。2012—2018 年中国移动互联网用户规模如图 2-10 所示。

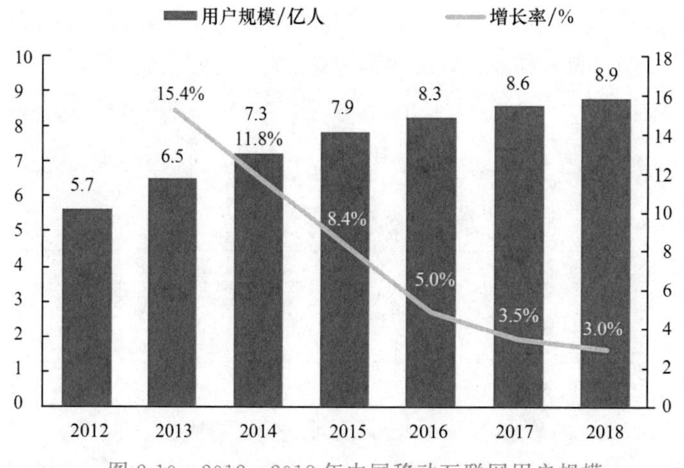

图 2-10　2012—2018 年中国移动互联网用户规模

由于网速、上网便捷性、手机应用等移动互联网发展外在环境基本得到解决，移动互联网应用开始全面发展。移动互联网时代，移动终端更加智能化，应用场景更加细分，款型日益增加，手机 App 应用是企业开展业务的标配，4G 网络催生了许多公司利用移动互联网开展业务。特别是由于 4G 网速的大大提高，促进了实时性要求较高、流量需求较大的移动应用快速发展，许多手机应用开始大力推广移动视频应用，涌现出了一大批基于移动互联网的手机视频和直播应用。2012—2018 年中国移动互联网市场结构如图 2-11 所示。

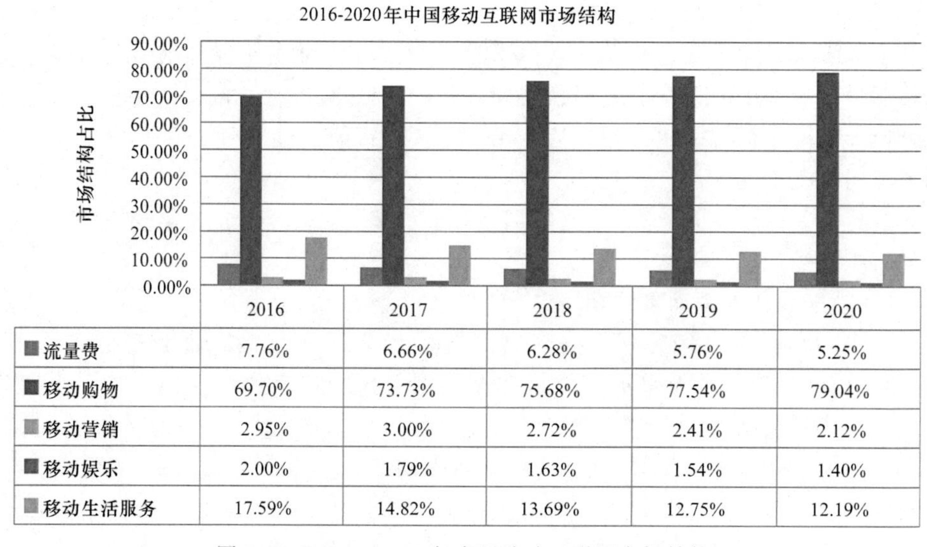

	2016	2017	2018	2019	2020
流量费	7.76%	6.66%	6.28%	5.76%	5.25%
移动购物	69.70%	73.73%	75.68%	77.54%	79.04%
移动营销	2.95%	3.00%	2.72%	2.41%	2.12%
移动娱乐	2.00%	1.79%	1.63%	1.54%	1.40%
移动生活服务	17.59%	14.82%	13.69%	12.75%	12.19%

图 2-11　2016—2020 年中国移动互联网市场结构

2. 移动互联网技术的发展现状

目前中国移动互联网处于高速发展期，移动互联网应用产品不断升级完善，用户上网需求量增加，移动互联网产业也正在向多元化发展。目前，我国互联网企业大规模走出国门，推介中国产品、技术、应用，以中国经验影响国际社会，推动世界各国共同搭乘互联网和数字经济发展的快车，在一定程度上改变了国际互联网格局。具体表现在：

(1)智能驱动，核心技术创新推动区域产业化

2017年，国务院印发《新一代人工智能发展规划》，工信部印发《促进新一代人工智能产业发展三年行动计划(2018—2020年)》等，推动中国人工智能领域在技术研发和产业应用层面取得突出成果，实现商业化。中国也已着手布局6G的研发，全面推进移动物联网建设发展和区块链产业化进度。

(2)中国互联网企业活跃在"一带一路"建设中，"出海""转型"创造新的增长点

中兴、华为、百度、阿里巴巴、腾讯、中国移动、中国电信、中国联通等互联网企业，以人工智能、大数据、云计算、区块链等先进信息技术，为沿线国家提供基础设施建设支持；电子商务蓬勃发展，阿里旗下全球速卖通用户遍及220多个国家和地区，海外买家累计突破1亿，其中"一带一路"沿线国家用户占比达到45.4%。

华为、OPPO和vivo手机出货量占据全球智能手机出货量均在前五名中，合计出货量份额达到23.6%。微信支付、支付宝等移动支付应用推广到其他数十个国家和地区；国内直播企业出海近50家，遍布五大洲的45个国家和地区；抖音、快手等短视频应用在海外展开激烈竞争；共享单车成为共享经济的代表，ofo、摩拜等多家单车企业在海外20多个国家和地区落地。

中国互联网企业彰显创新实力。一些曾经被认为是对国外产品模仿的应用，开始被国外同类产品模仿，如脸谱模仿微信在应用中植入约车和支付功能，推特模仿微博推出视频直播功能，美国Limebike共享单车追随中国共享单车实现无桩化和内置GPS，等等。

(3)加强立法、监管力度，移动空间秩序安全持续改善

2017年6月1日，我国正式施行《中华人民共和国网络安全法》，为网络空间依法管理打下坚实基础。另外，《互联网个人信息安全保护指引(征求意见稿)》《电子商务法》《五类虚假违法互联网广告将被重点整治》、新修订《广告法》等先后发布实施，对各大论坛社区、直播平台、网络群组等领域加大监督力度，以内容安全与正确舆论为导向，强化平台主体责任，整顿移动空间内容生态环境。

(4)移动网络生态向好，助推社会治理与文化建设

中央和地方主流媒体始终坚持移动优先策略，借助移动传播，牢牢占据娱乐引导、思想引领、文化传承、服务社会的制高点，借助移动互联技术，推动移动政务、智慧城市建设，给人们带来更多获得感、幸福感和安全感。

在经济快速发展的同时，中国移动互联网也面临一些挑战，如互联网企业出海面临更多国际市场贸易保护压力，还要应对各国各地区的立法差异、文化习俗差异、市场发育不成熟等问题；如何通过技术创新、应用创新、精细化运营、差异化竞争实现国内市场高质量发展；新兴领域发展带来的违反公共秩序安全、不良价值导向等移动安全新问题；大数据产业繁荣需要制定规则、规范管理；还存在部分地区网络覆盖薄弱等问题。

3. 中国移动互联网的发展趋势

移动互联网并不是互联网的移动化，而是移动通信与互联网技术的深度融合，随着新一代信息技术的推动发展，将继续为中国改革开放培育新增长点、形成新动能。

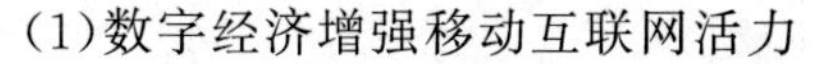

(1)数字经济增强移动互联网活力

从人人互联到万物互联,从生活到生产,从物理世界再到数字世界,5G时代,随着物联网、车联网、工业互联网等应用的实现,对于工业、物流、运输、能源等行业,都意味着前所未有的新机遇,带动各类企业实现数字化转型。党的十九大提出要发展数字经济、共享经济,培育新增长点、形成新动能。移动互联网技术与云计算、大数据、人工智能等技术的深度融合,不断创新的服务模式及产业形态,重构传统产业领域,将为数字经济提供动力,推动中国数字经济发展。

(2)移动互联网打造大规模垂直化新业态

如果说前期移动互联网的垂直化发展还多是"小而美"的产品和服务,那么下一阶段,移动互联网将进入推动传统产业向大规模垂直化新业态发展的阶段。中国的5G网络研发走在世界前列,将提供前所未有的用户体验和物联网连接能力,人工智能、移动物联网等技术的发展应用,将推动各种智能终端与移动互联网连接,移动互联网将向着万物互联、智能互联方向跨越。移动互联网企业一方面加大,在教育、医疗、娱乐、交通等垂直领域的深度拓展;另一方面,移动互联网巨头跨界发展,通过并购、投融资等手段,加速向定制化、分散化和服务化转型,不断形成车联网、移动医疗、工业互联网等垂直行业新业态。

(3)5G商用落地将创造更多新机遇

5G支撑应用场景由移动互联网向移动物联网拓展,将构建起高速、移动、安全、泛在的新一代信息基础设施。5G将构筑新型的网络基础设施。加快新一轮科技革命和产业变革的进程,推动社会生产力再次跃升,这也是我国实体经济高质量发展的新机遇。不仅如此,5G时代,云计算、大数据、人工智能等技术与实体经济将在更广范围、更深程度、更高水平融合,加快实体经济数字化、网络化、智能化升级。

(4)工业互联网建设将加速市场结构变化

工业互联网是链接工业全系统、全产业链、全价值链,支撑工业智能化发展的关键基础设施,是新一代信息技术与制造业深度融合所形成的新兴业态和应用模式,是互联网从消费领域向生产领域、从虚拟经济向实体经济拓展的核心载体。

基础设施、新兴业态和应用模式、核心载体,三个关键词是对工业互联网的内容、形式、性质的高度概括。工业互联网带来的是产品质量、生产效率的提升和成本的降低,通过将大量工业技术原理、行业知识、基础工艺、模型工具规则化、软件化、模块化,并封装为可重复使用的微服务组件,第三方应用开发者可以面向特定工业场景开发不同的工业App,进而构建成基于工业互联网平台的产业生态。

作为世界第一制造大国,制造业门类齐全,抓住数字化、网络化、智能化的机遇,发展自主可控的工业云操作系统,推动工业互联网技术、产品、平台和服务,加速工业互联网全球协同发展,我们就有可能掌握新一轮工业革命主导权,推动我国工业转型升级,实现从制造大国向制造强国的飞跃。

(5)人工智能技术与产业结合推动爆发式增长

越来越多的物品成为移动互联网连接对象,智能可穿戴设备、智能家居、智能机器人等会更加广泛地进入大众生活,同时智能硬件也将与医疗、交通、能源、教育等传统行业深度融合。

随着我国人工智能产业的不断发展与完善，在国家新一代信息产业、"互联网＋"、人工智能相关规划和行动计划的支持下，我国形成了较为完整的产业链条。从产业链层面看，我国在基础层、技术平台层和应用层都完成了相应的布局。一方面，移动互联、物联网、信息共享等带来了数据量的爆发；另一方面，国内云计算、超算等计算能力明显提升，国产芯片和模块也有所提高，对人工智能算法和技术的支撑能力正在加强。在语音技术、计算机视觉等未来几年内有望落地或者量产的技术中，我国均已经在加紧部署。

2.3.3 移动互联技术的特征

移动互联网是高速度的移动通信网络、具有智能感应能力的智勇终端、新的业务、业务管理和计费平台、客户服务支撑平台共同构成的一个新的业务体系。移动互联网具有一些传统互联网的基因，但是它具有自己实时、隐私、编写、准确、可定位等特点，具体体现在以下四个方面：

(1)终端设备可移动：移动互联网的发展依托终端设备，移动互联网使用户可以在移动状态下接入和使用互联网服务，移动的终端便于用户随身携带和使用。

(2)终端和网络的局限性：移动互联网业务在便携的同时，也受到了来自终端能力和网络能力的限制，在终端方面，受到终端大小、处理能力、存储能力、电池容量等的限制。在网络方面，受到无线网络覆盖情况、传输环境、技术、无线流量计费等因素限制。

(3)业务与终端、网络的强关联性：由于移动互联业务受到自身网络及终端能力的限制，因此，其业务内容和形式也需要适合特定的网络技术规格和终端类型。

(4)业务使用私密性：在使用移动互联网业务时，所使用的内容和服务更私密，如手机支付业务等。

这里需要强调的是，在移动互联网发展过程中终端的作用。传统的互联网是用PC去上网，PC虽然功能强大，但是它的移动能力差。而移动互联网的终端以智能手机为核心，它不再是科学研究和办公的工具，而是生活助理，所以它的定位完全不同于传统的PC。

2.4 移动互联网的体系结构

移动互联网不等于移动通信加互联网，实质上，移动互联网体现的是融合，继承了移动和互联网两者的特征。互联网的核心特征是开放、分享、互动、创新，而移动通信的核心特征是随身、互动，由此不难看出，移动互联网的基本特征就是：用户身份可识别、随时随地、开放、互动和用户更方便地使用，是用户身份可识别的新型互联网，真正实现人类沟通和数字化生产。

2.4.1 移动互联网的层次结构

移动互联网将移动通信和互联网这两个发展最快、创新最活跃的领域连接在一起，并凭借数十亿用户的规模，正在开辟ICT(信息通信技术)产业发展的新时代。移动互联网不是传统互联网的简单复制，它不仅改变了接入手段，而且引入了新能力、新思想和新模式，进而不断催生出新型产业链条、服务形态和商业模式。

将移动互联网分解后，包括三个层次，即终端层、网络层和应用层，移动互联网的层次结构如图2-12所示。

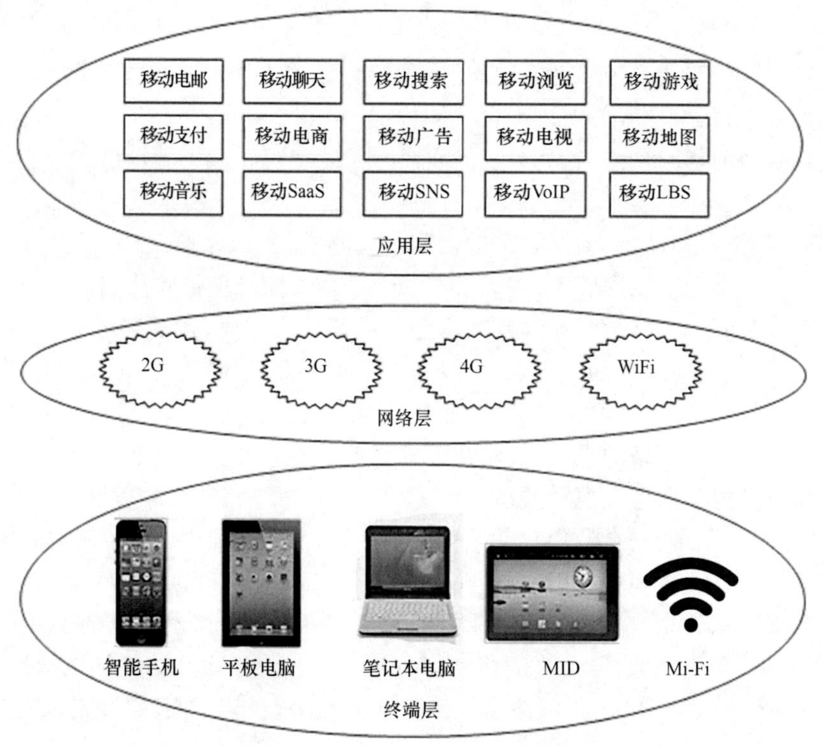

图2-12 移动互联网的层次结构

1. 终端层

移动互联网终端是指采用无线通信技术(如Web/WAP)接入互联网的终端设备。其主要功能就是移动上网，因而对于各种网络的支持就显得尤其重要。WiFi自不必说，对2G/3G/4G标准网络的支持已经成为移动互联网终端的标准配置。无线通信技术和待机时间是移动互联网终端设备最重要的两大技术指标。当前，主要的移动互联网终端包括智能手机、平板电脑、MID(Mobile Internet Device)、移动互联网设备(如中国移动推出的Mi-Fi)、笔记本电脑、MP5/MP6等。

2007年，iPhone的问世，在全球范围内掀起了移动互联网终端的智能化热潮，从根本上改变了终端作为移动互联网末梢的传统定位，移动互联网终端成为互联网业务的关键入口和主要创新平台，是新型媒体、电子商务和信息服务平台，互联网资源、移动网络资源与环境交互资源的最重要枢纽，其操作系统和处理器芯片甚至成为当今整个信息通信技术产业的战略制高点。移动互联网终端引发的颠覆性变革揭开了移动互联网产业发展的序幕，开启了一个新的技术产业周期。随着移动互联网终端的持续发展，其影响力堪比收音机、电视机和个人计算机，成为人类历史上第四个应用广泛、普及迅速、影响深远、渗透到人类社会生活方方面面的终端产品。

2. 网络层

这里网络层是指融合多种技术的新型宽带无线通信网络。作为移动互联网的神经中枢和大脑，它将通过解决网络系统中的便携性、个性化、多媒体业务、综合服务等问题，使用户能够随时随地按需接入互联网，访问各种应用。当前，主要的无线网络包括 2G、3G、4G 和 WiFi 网络。

3. 应用层

应用层是移动互联网的终点和归宿，它与应用程序直接通过接口建立联系，并为用户提供常见的移动互联网应用业务。

2.4.2　移动互联网的业务体系

移动互联网业务创新的关键是如何将移动通信的网络能力和互联网的应用能力进行聚合，从而生成适合移动终端的互联网业务。随着技术与市场的变化，每一业务类型都可能衍生出更多可能性。移动互联网的各个业务分支，都形成了庞大的上下游企业群落，在激烈的竞争中蓬勃发展。移动互联网的业务体系如图 2-13 所示。

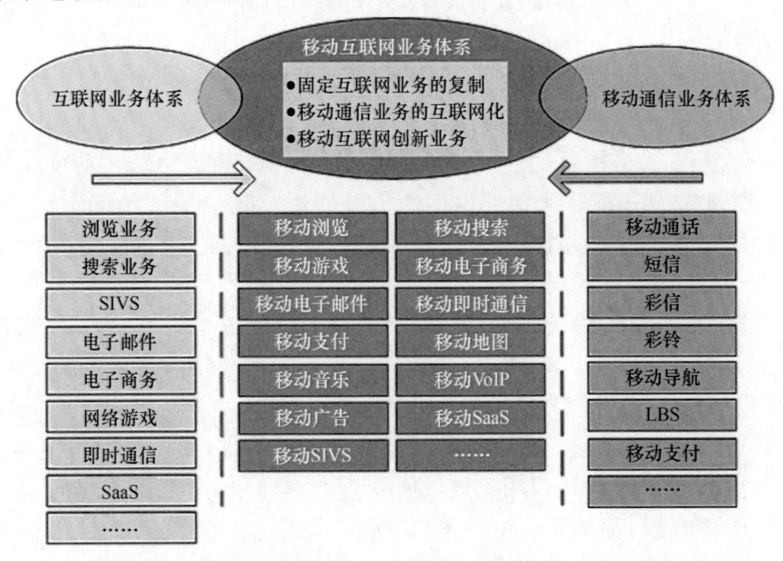

图 2-13　移动互联网的业务体系

目前来说，移动互联网的业务体系主要包括三大类：

(1)传统互联网的业务向移动终端的复制，以实现移动互联网与固定互联网相似的业务体验，这是移动互联网业务的基础，如浏览业务、搜索业务、SNS、电子邮件、电子商务、网络游戏、即时通信、SaaS(Software as a Service，软件即服务)等。

(2)移动通信业务的互联网化，如移动通话、短信、彩信、彩铃、移动导航、LBS

(Location Based Service,定位业务)、移动支付等。

(3)移动通信与互联网联网功能并行的、有别于固定互联网的业务创新,是移动互联网业务的发展方向,如移动浏览、移动搜索、移动游戏、移动电子商务、移动电子邮件、移动即时通信、移动支付、移动地图、移动音乐、移动 VoIP、移动广告、移动 SasS、移动 SNS 等。

根据中国互联网络信息中心《2019 年第 43 次中国互联网络发展状况统计报告》中手机移动应用业务统计表可以看出互联网用户使用各种业务的情况统计表,目前大部分用户主要是用来进行即时通话及移动搜索,其次是手机网络新闻、手机网络购物、手机网络视频、手机网络支付等使用较多。2017 年 12 月与 2018 年 12 月各项手机移动应用业务用户规模统计表如图 2-14 所示。

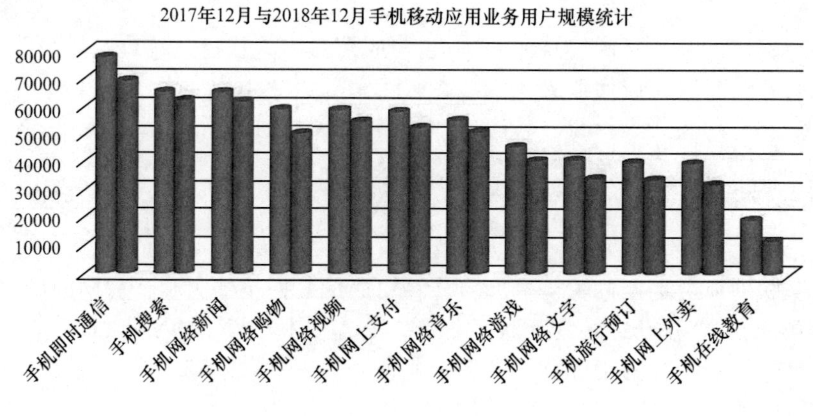

图 2-14　2017 年 12 月与 2018 年 12 月各项手机移动应用业务用户规模统计表

根据移动互联技术特点及移动互联业务种类,可以总结归纳出移动互联网业务的特点。

(1)信息化:随着通信技术的发展,信息类业务也逐渐从通过传统的文字表达的阶段向通过图片、视频和音乐等多种方式表达的阶段过渡。除了传统的网页浏览之外,还有 Push 形式(推送信息)来传送的移动广告和新闻等业务。现在,人们对手机终端传送信息的方式将越来越看重。

(2)娱乐化:移动音乐、移动视频、移动游戏、移动即时通信、移动 SNS 等,各种手机在线娱乐方式充斥在我们的碎片时间中,俨然成为我们不可或缺的最重要的娱乐终端。

(3)商务化:为了工作及商务需求,我们将不再完全依靠电脑和固定互联网,只需要一个通过无线方式连接网络的智能终端就可以了。使用智能终端,我们可以实现移动收发电子邮件、移动支付、移动炒股等;可以用手机做信用卡、门禁卡、会员卡、各类电子票和门票等。

(4)行业化:近年来,移动互联网在银行、航空、物流、交通、税务、金融、海关、电力和油田等领域得到了日益广泛的应用,有效提高了这些行业的信息化水平。

(5)网络接入技术多元化:移动互联网是通信、互联网、媒体和娱乐等产业融合的汇聚点,各种无线通信、移动通信和互联网技术都在移动互联网中得到了很好的应用。目前接入移动互联网的技术有 4G/5G、无线局域网(WiFi 为代表)、无线城域网(WiMAX),不同接入技术适用不同的场所。从长远来看,移动互联网的实现技术多样化是一个重要趋势。

2.4.3 移动互联网的技术体系

移动互联网作为当前主要的融合发展领域，与广泛的技术和产业相关联，纵览当前互联网业务和技术的发展，主要涵盖六个技术领域，如图2-15所示。

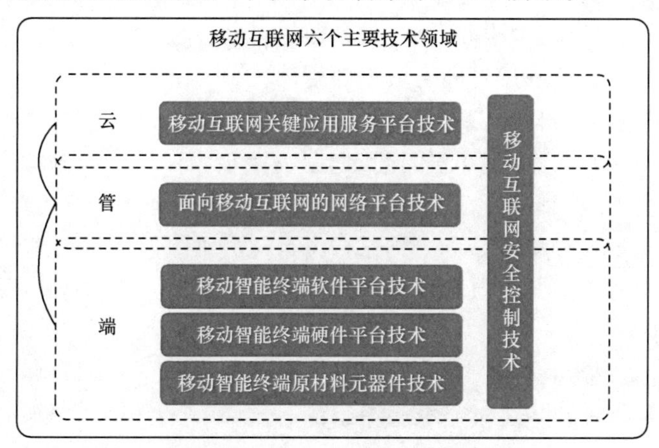

图2-15 移动互联网主要技术领域

(1)移动互联网应用服务平台技术

随着互联网技术的发展，移动互联网用户习惯将数据在网络上进行存储与分享，为给用户提供更好的视频上传、图片分享等新颖业务，需要提供一个能够提供充足资源和可重复使用功能模块的开发平台。云计算正式通过网络把多个成本低的计算机实体整合成强大计算能力的完美系统，然后借助先进的商业模式将强大的计算能力分布给终端用户。云计算平台具有虚拟化、超大规模、高可靠、按需服务、通用性、高可扩展性、极其廉价的特点。云平台I层包括计算资源、存储资源和网络资源；云平台P层包括数据库、统一文件存储、统一认证平台、通信协议、位置服务、交易规则和支付平台。

(2)面向移动互联网的网络平台技术

"云管端模式(云－云平台，管－行业应用，端－智能终端)"，通过多元化的互联网模式的产品与服务，提供深度服务各行各业的互联网平台。面向移动互联网的网络平台技术主要包括新媒体平台、社区服务平台和企业服务平台。

新媒体平台涵盖公共信息发布平台、交通新媒体、物联网平台、电商平台、医疗新媒体、报业新媒体、教育新媒体等。

社区服务平台涵盖汽车服务平台、医疗服务平台、教育服务平台、生活电商、社区管理、物业管理等方面。

企业沟通服务平台涵盖企业办公服务平台、企业互联网金融服务平台、企业宣传推广服务平台、企业电商服务平台等。

(3)移动智能终端硬件平台技术

智能终端是一类嵌入式计算机系统设备，其体系结构框架与嵌入式系统体系结构基本一致，智能终端体系结构分为硬件结构和软件结构。

智能终端硬件系统普遍采用冯·诺依曼结构，即由运算器、控制器、存储器、输入设备和输出设备组成，其中的运算器和控制器构成了计算机的核心部件—中央处理器。该部分与底板、显示板、上行通信模块、载波通信或开入模块一起构成终端平台产品。

(4)移动智能终端软件平台技术

软件平台开发包括硬件操作开发、通信开发、存储开发、线程开发等。开发包分别封装了与底层相关的各种硬件驱动类库，主要包括实时时钟、定时器、模拟信号/数字信号转换器、总线、串行外设接口、异步收发传输器、USB、存储以及抽象为数据库封装驱动库、线程、消息驱动库等，方便业务层对底层操作的使用。

在智能终端的软件结构中，系统软件主要是操作系统和中间件。操作系统对智能终端的所有资源(包括硬件和软件)进行管理，是一个庞大的管理控制程序，包括进程与处理机管理、作业管理、存储管理、设备管理、文件管理。常见的智能终端操作系统有Linux，Windows CE，Symbian OS，iPhone OS 等。中间件包括函数库和虚拟机，使得上层应用程序在一定程度上与下层的硬件和操作系统无关。应用软件则提供供用户直接使用的功能，满足用户需求。

(5)移动智能终端原材料元器件技术

如果把中央处理器比喻为整个电脑系统的心脏，那么主板上的芯片组就是整个身体的躯干。对于主板而言，主板的功能主要由芯片组决定，进而影响电脑系统性能的发挥。

芯片组按照在主板上的排列位置的不同，分为北桥芯片和南桥芯片。北桥芯片提供对 CPU 的类型和主频、内存的类型和最大容量、ISA/PCI/AGP 插槽、ECC 纠错等支持。南桥芯片则提供对 KBC(键盘控制器)、RTC(实时时钟控制器)、USB(通用串行总线)、Ultra DMA/33(66)EIDE 数据传输方式和 ACPI(高级能源管理)等的支持。其中北桥芯片起着主导性的作用，也称为主桥。

(6)移动互联网安全控制技术

移动互联网中的数据传输都是以无线方式传播，理论上这些信号更容易被通信双方以外的第三方窃取接收。一些机密等级高的网络数据在有线方式下可以物理上内外网隔离开，而无线方式的隔离主要靠加密，这样即使数据被截获，非法用户看到的也只是一堆毫无意义的乱码。

加密技术分为对称加密和非对称加密两种。对称加密简单高效，加密和解密使用同一个密钥。对称加密的密文安全与密钥长度关系密切，越长的密钥越不易被破解。当然，过长的密钥会使加密或解密的过程变慢，因此，在实际应用中密钥的长度要根据具体需求确定。当我们将信息加密后发送出去，合法的接收方必须有密钥才能解开。

2.5 移动互联技术的应用

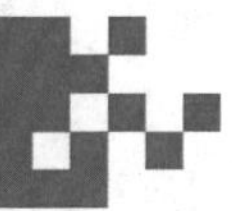

移动互联网的出现正在改变人们在信息时代的生活，用户对于移动应用，特别是其中的互动、生活辅助应用的需求越来越大。移动互联网应用具有终端设备多样、可随身携带的特点，具体应用十分广泛。随着智能手机的不断普及，智能手机用户群体越来越多，移动音乐、手机游戏、视频应用、手机支付、定位等丰富多彩的应用正在飞速发展。移动互联网将是未来各种新兴业务的基础性业务平台，现有固定互联网的各种业务将越来越多地通过无线方式提供给用户，云计算及后台服务的广泛应用将对5G移动通信系统提出更高的传输质量与系统容量要求。5G移动通信系统的主要发展目标将是与其他无线移动通信技术密切衔接，为移动互联网的快速发展提供无所不在的基础性业务能力。移动互联技术的应用领域如图2-16所示。

1. 移动转账业务

这一业务与传统转账业务相比，成本更低、速度更快、方便性更高。这一业务对发展中的市场会有很强的吸引力，在投入使用的第一年，用户可能超过几百万人。

这一业务推出后也会面临挑战，包括管制和运营风险。由于移动转账发展很快，在管制方面，很多市场的管制者都会面临用户成本、安全、造假、洗钱等方面的问题。在运营方面，运营商要进入新的市场，根据市场条件的变化、业务运营商本地资源的运作，要求运营商采用不同的战略。

图2-16　移动互联技术的应用领域

2. 定位业务

定位业务（LBS）是通过电信移动运营商的无线电通信网络（如GSM网、CDMA网）或外部定位方式（如GPS）获取移动终端用户的位置信息（地理坐标或大地坐标），在GIS（Geographic Information System，地理信息系统）平台的支持下，为用户提供相应服务的一种增值业务。估计未来几年会是最复杂的业务。瑞典市场研究公司Berg Insight预测，全球LBS市场规模将以22.5%的复合年增长率（GAGR）从2014年的103亿欧元，增加至2020年的348亿欧元。LBS被列在移动互联网业务的第二位，主要考虑的是它的高用户价值和对用户忠诚度的影响。

3. 移动搜索

移动搜索的最终目的是促进手机的销售和创造市场机会。为了达到这一目标，业界首先要改善移动搜索的用户体验。它列在移动互联网业务的第三位，是因为它对技术创新和行业收入有很大的影响力。用户会对一些移动搜索保持忠诚度，而不是仅选择一家或两家移动搜索运营商。

根据相关资料，移动搜索的利润将在若干移动搜索运营商间分摊，这些移动搜索提供商在技术上会有其独特之处。

4. 移动浏览

移动浏览列在移动互联网业务第四位的原因是它在商业领域的广泛应用。

移动网站系统具有潜在的、较高的投资回报率。而且，它的开发成本相对较低。重复使用许多现有的技术和工具，使发送更新更灵活。因此，移动网站已被许多企业用于 B2C 的移动战略。

5. 移动健康监控

移动健康监控是使用 IT 和移动通信实现远程对病人的监控，还可以帮助政府、关爱机构等降低慢性病病人的治疗成本，改善病人们的生活质量。

在发展中国家市场，移动性的移动网络覆盖比固定网更重要。今天，移动健康监控在市场上也还处于初级阶段，项目建设方面到目前为止也仅是有限的试验项目。未来，这个行业可实现商用，提供移动健康监控产品、业务和相关解决方案。

6. 移动支付

移动支付通常用于三个目的：

- 在支付方式很少的情况下，它可以进行支付。
- 它是在线支付的一种扩展，而且更容易操作和更方便使用。
- 安全性提高。

移动支付的广泛使用，源于它对多方的影响，包括移动运营商、银行、装置提供商、管制者和用户。

发展中的市场和发达市场都对这一业务有兴趣，由于技术选择和商业模式多以及管制需求和当地的条件，移动支付将是一个高度多样化的市场。在部署上没有统一的标准，每一个具体方案要一事一办。

7. 近场通信

近场通信（Near Field Communication，NFC）可实现相互兼容装置间的无线数据传输，只要它们离得较近（10 cm）即可实现数据传输。这一技术可用于零售购买、交通、个人识别和信用卡。Gartner 将 NFC 排在第七位是基于它可增加用户对所有业务提供商的忠诚度，对运营商的商业模式产生了很大的影响，比如，银行和交通公司。

8. 移动广告

在全球经济衰退的情况下，各地区的移动广告业务继续增长。智能手机和无线互联网的用户增加，促进了移动广告业务的发展。2018 年，全球移动广告支出为 389 亿美元。2020 年，全球移动广告支出预算将增长 34%，增长到 641 亿美元。

Gartner将移动广告排在第八位，是因为这一业务是在移动互联网上实现经济效益的重要方式。移动广告将被用于各种媒体，包括电视、广播、印刷品和室外广告牌。

9. 移动即时通信

从历史上看，价格和使用性问题是一直影响移动即时通信发展的因素。商业化障碍和商业模式的不确定性，对运营商的部署和促销产生了负面影响。

Gartner将移动即时通信排在第九位，是因为存在潜在的用户和市场条件，将引导未来移动即时通信的发展。在发展中国家，很多用户依靠手机作为他们通信的唯一工具。移动即时通信为移动广告和社会组网创造了发展的机会。

10. 移动音乐

在移动音乐的发展上，除彩铃和振铃外，其他发展令人失望。这原本是一个可产生数以百万计收入的业务。应该看到，用户对手机音乐是有需求的，他们喜欢它随时相伴。我们看到了这一产业链上各环节运营者在创新模式上所做的努力，比如，iTunes的推出，让我们看到了用户愿意为音乐付费，以获得更好的体验。

11. 移动电话会议

传统电话会议机等产品对特定终端设备及空间的固化要求，逐渐让开会变成了很多商务人士的困扰。移动电话会议已经成为众多企业不可或缺的沟通工具。移动电话会议应用一经发布，便在手机应用市场引来了下载热，尤其以企业高管、律师、金融界从业者居多。及时语是利用手机快速召开电话会议的移动电话会议解决方案。

移动互联网时代我们用什么来概括？以前有人说是内容为王的时代，现在有人说是应用为王的时代。我们认为，移动互联网应该是用户为王的时代。移动互联网每一种信息化手段都带给我们一种全新能力，这些能力让人们可以去做更多的事情。而开发者作为应用的供应商，决定了运营商/互联网公司想打造的平台能否吸引更多的消费者并带来收入。面对移动互联网应用开发的需求，信息化技术生态需要更加多元，IT系统架构需要更加开放、动态，才能让更多的开发者加入移动互联网，让更多人成为移动互联网时代的赢家。

思考题

1. 移动互联网的三个要素是什么？其业务体系主要包括哪几类？
2. Web客户端的主要任务是展现信息内容，简要概述Web客户端设计技术。
3. 通过对主流Web开发框架分析，简要叙述Spring框架的优点和缺点。
4. 思考讨论，5G技术相比4G技术有什么优势？

第3章 大数据技术

本章将带领大家了解一下大数据的概念。对于外行人来说，“大数据”听起来很高端、大气，却很抽象，让人无法理解。作为编程人员、数据库管理员，大数据是必须掌握的知识。大数据行业将成为互联网行业从业人员未来的发展方向。

大数据时代悄然来临，同时带来了信息技术发展的巨大变革，并深刻影响着社会生产和人民生活的方方面面。全球范围内，世界各国政府高度重视大数据技术的研究和产业发展，纷纷把大数据上升为国家战略加以重点推进。大数据已经不是“镜中月，水中花”，它的影响力和作用力正迅速触及社会的每个角落，所到之处，或是颠覆，或是提升，都让人们深切感受到大数据实实在在的威力。

3.1 大数据时代

大数据作为继云计算、物联网之后IT行业又一颠覆性的技术，备受人们关注。大数据无处不在，包括金融、汽车、零售、餐饮、电信、能源、政务、医疗、体育、娱乐等在内的社会各行各业，都融入了大数据的印迹，大数据对人类的社会生产和生活必将产生重大而深远的影响。

3.1.1 第三次信息化浪潮

第三次信息化浪潮涌动，大数据时代全面开启。根据IBM前首席执行官郭士纳的观点，IT领域每隔十五年就会迎来一次重大变革。1980年前后，个人计算机开始普及，使得计算机走入企业和千家万户，大大提高了社会生产力，也使人类迎来了第一次信息化浪潮，Intel、IBM、微软、联想等企业是这个时期的标志。随后，在1995年前后，人类开始全面进入互联网时代，互联网的普及把世界变成了地球村，每个人都可以自由徜徉于信息的海洋，由此，人类迎来了第二次信息化浪潮，这个时期也缔造了雅虎、谷歌、阿里巴巴、百度等互联网巨头。时隔15年，在2010年前后，云计算、大数据、物联网的快速发展，拉开了第三次信息化浪潮的大幕，大数据时代已经到来，也必将涌现出一批新的市场标杆企业。

三次信息化浪潮比较见表3-1。

表3-1　　三次信息化浪潮

信息化浪潮	发生时间	标志	解决问题	代表企业
第一次浪潮	1980年前后	个人计算机	信息处理	Intel、AMD、IBM、苹果、微软、联想、戴尔、惠普等
第二次浪潮	1995年前后	互联网	信息传输	雅虎、谷歌、阿里巴巴、百度、腾讯等
第三次浪潮	2010年前后	物联网、云计算和大数据	信息爆炸	将涌现出一批新的市场标杆企业

3.1.2 信息科技为大数据时代提供技术支撑

信息科技需要解决信息存储、信息传输和信息处理三个核心问题，人类社会在信息科技领域的不断进步，为大数据时代的到来提供了技术支撑。

1. 存储设备容量不断增加

数据被存储在磁盘、磁带、光盘、闪存等各种类型的存储介质中，随着科学技术的不断进步，存储设备的制造工艺不断升级，容量大幅增加，速度不断提升，价格却在不断下降。存储价格随时间变化的情况如图3-1所示。

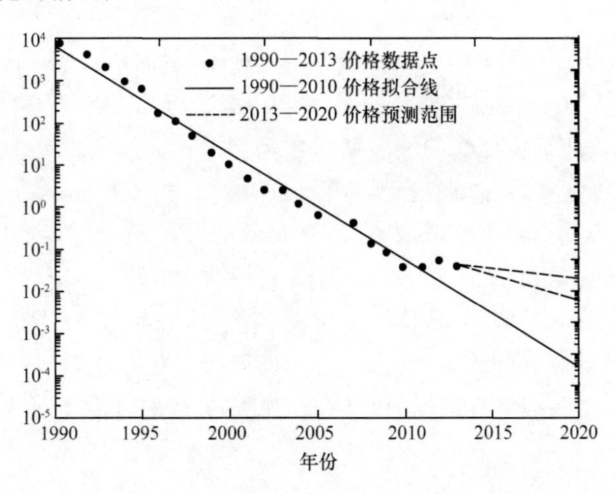

图3-1　存储价格随时间变化的情况

早期的存储设备容量小、价格高、体积大，例如，IBM在1956年生产的一个早期的商业硬盘，容量只有5 MB，不仅价格昂贵，而且体积有一个冰箱那么大，如图3-2所示。相反，今天容量为1 TB的硬盘，大小只有3.5英寸（约8.89 cm），读写速度达到200 MB/s，价格仅为400元左右。廉价、高性能的硬盘存储设备，不仅提供了海量的存储空间，同时大大降低了数据存储成本。

图 3-2　IBM 生产的早期硬盘

与此同时，以闪存为代表的新型存储介质也开始得到大规模的普及和应用。闪存是一种新兴的半导体存储器，从 1984 年诞生第一款闪存产品开始，闪存技术不断获得新的突破，并逐渐在计算机存储产品市场中确立了自己的重要地位。闪存是一种非易失性存储器，即使发生断电也不会丢失数据，因此，可以作为永久性存储设备，它具有体积小、质量轻、能耗低、抗震性好等优良特性。

闪存芯片可以被封装制作成 SD 卡、U 盘和固态盘等各种存储产品，SD 卡和 U 盘主要用于个人数据存储。固态盘则越来越多地应用于企业级数据存储。一个 32 GB 的 SD 卡体积只有 24 mm×32 mm×21 mm，质量只有 0.5 g。以前 7 200 r/min 的硬盘，一秒钟读写次数只有 100 IOPS(Input/Output Operations Per Second)，传输速率只有 50 MB/s，而现在基于闪存的固态盘，每秒钟读写次数有几万甚至更高的 IOPS，访问延迟只有几十微秒，允许我们以更快的速度读写数据。

总体而言，数据量和存储设备容量是相辅相成、互相促进的。一方面，随着数据的不断产生，需要存储的数据量不断增加，对存储设备的容量提出了更高的要求，促使存储设备生产商制造更大容量的产品满足市场需求；另一方面，更大容量的存储设备进一步加快了数据量增长的速度，在存储设备价格高企的年代，考虑到成本问题，一些不必要或当前不能明显体现价值的数据往往会被丢弃。但是，随着单位存储空间价格的不断降低，人们开始倾向于把更多的数据保存起来，以期在未来某个时刻可以用更先进的数据分析工具从中挖掘价值。

2. CPU 处理能力大幅提升

CPU 处理能力的不断提升也是促使数据量不断增加的重要因素。性能不断提升的 CPU，大大提高了处理数据的速度，使得我们可以更快地处理不断累积的海量数据。从 20 世纪 80 年代至今，CPU 的制造工艺不断提升，晶体管数量不断增加，运行频率不断提高，核心(Core)数量逐渐增多，而同等价格所能获得的 CPU 处理能力也呈几何级数上升。截至 2017 年初，CPU 的处理速度已经从 10 MHz 提高到 4.5 GHz，在 2013 年之前的很长一段时期，CPU 处理速度的增加一直遵循“摩尔定律”，性能每隔 18 个月提高一倍，价格下降一半。CPU晶体管数目随时间变化的情况如图3-3所示。

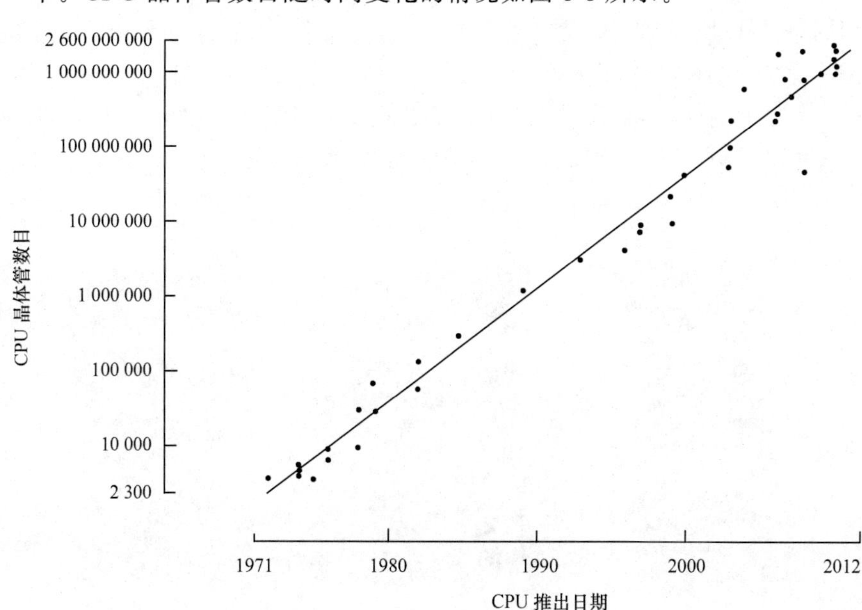

图3-3 CPU晶体管数目随时间变化的情况

3. 网络带宽不断增加

1977年，世界上第一条光纤通信系统在美国芝加哥市投入商用，数据传输速率为45 Mbps，从此，人类社会的信息传输速度不断被刷新。进入21世纪，世界各国更是纷纷加大宽带网络建设力度，不断扩大网络覆盖范围和传输速度。以我国为例，据工业和信息化部统计，截止2018年12月底，三家基础电信企业的固定互联网宽带接入用户总数达4.07亿户，全年净增5884万户。其中，光纤接入(FTTH/O)用户3.68亿户，占固定互联网宽带接入用户总数的90.4%。宽带用户持续向高速率迁移，100Mbps及以上接入速率的固定互联网宽带接入用户总数达2.86亿户，占固定宽带用户总数的70.3%。与此同时，移动通信宽带网络迅速发展，4G网络基本普及，5G网络正在不断建设，各种终端设备可以随时随地传输数据。大数据时代，信息传输不再遭遇网络发展初期的瓶颈和制约。

3.1.3 数据产生方式的变革促成了大数据时代的来临

数据是我们通过观察、实验或计算得出的结果。数据和信息是不同的概念。信息是较为宏观的概念，它由数据的有序排列组合而成，传达给读者某个概念、方法等；而数据则是构成信息的基本单位，离散的数据没有任何实用价值。

数据有很多种，比如数字、文字、图像、声音等。随着人类社会信息化进程的加快，我们在日常生产和生活中每天都会产生大量的数据，比如商业网站、政务系统、零售系统、办公系统、自动化生产系统等。数据已经渗透到当今每一个行业和业务职能领域，成为重要的生产因素，从创新到所有决策，数据推动着企业的发展，并使得各级组织的运营更为高效，可以这样说，数据将成为每个企业获取核心竞争力的关键要素。数据资源已经和物质资源、人力资源一样成为国家的重要战略资源，影响着国家和社会的安全、稳定与发展，因此，数据也被称为“未来的石油”。

数据产生方式的变革，是促成大数据时代来临的重要因素。总体而言，人类社会的数据产生方式大致经历了三个阶段：运营式系统阶段、用户原创内容阶段和感知式系统阶段，如图 3-4 所示。

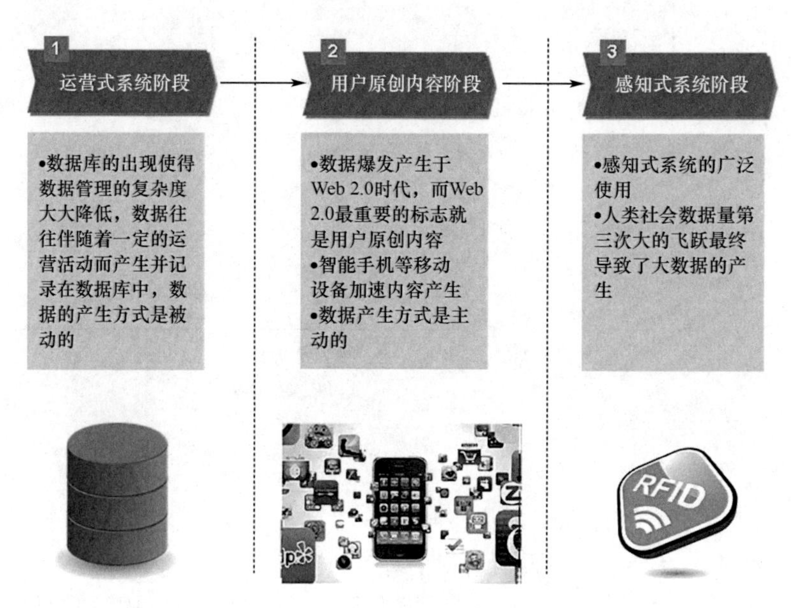

图 3-4　数据产生方式的变革

1. 运营式系统阶段

人类社会最早大规模管理和使用数据，是从数据库的诞生开始的。大型零售超市销售系统、银行交易系统、股市交易系统、医院医疗系统、企业客户管理系统等大量运营式系统都是建立在数据库基础之上的，数据库中保存了大量结构化的企业关键信息，都是用来满足企业各种业务需求的。在这个阶段，数据的产生方式是被动的，只有当实际的企业业务发生时，才会产生新的记录并存入数据库。比如对于股市交易系统而言，只有当发生股票交易时，才会有相关记录生成。

2. 用户原创内容阶段

互联网的出现，使得数据传播更加快捷，不需要借助于磁盘、磁带等物理存储介质传播数据，网页的出现进一步加速了大量网络内容的产生，从而使得人类社会数据量开始呈现“井喷式”增长。但是，互联网真正的数据爆发产生于以“用户原创内容”为特征的 Web 2.0 时代。Web 1.0 时代主要以门户网站为代表，强调内容的组织与提供，大量上网用户本身并不参与内容的产生。而 Web 2.0 技术以 Wiki、博客、微博、微信等自服务模式为主，强调自服务，大量上网用户本身就是内容的生成者，尤其是随着移动互联网和智能手机终端的普及，人们更是可以随时随地使用手机发微博、传照片，数据量开始急剧增加。

3. 感知式系统阶段

物联网的发展最终导致了人类社会数据量的第三次飞跃。物联网中包含大量传感器，如温度传感器、湿度传感器、压力传感器、位移传感器、光电传感器等。此外，视频监控摄像头也是物联网的重要组成部分。物联网中的这些设备，每时每刻都在自动产生大量数据，与 Web 2.0 时代的人工数据产生方式相比，物联网中的自动数据产生方式，将在短时间内生成更密集、更大量的数据，使得人类社会迅速步入“大数据时代”。

3.1.4　大数据的发展历程

近年来，随着计算机和信息技术的迅猛发展和普及，行业应用系统的规模迅速扩大，行业应用所产生的数据呈爆炸性增长。互联网、移动互联网、物联网、车联网、GPS、医学影像、金融、安全监控、电信都在疯狂地产生数据。百度目前的总数据量已超过 1 000 PB，每天需要处理的网页数据达到 10～100 PB；每天亚马逊上要产生 630 万笔订单；淘宝累计的交易数据量高达 100 PB；Twitter 每天发布超过 2 亿条消息，新浪微博每天发帖量达到 8 000 万条；每天会有 2.88 万小时的视频上传到 YouTube；中国移动一个省级公司的电话通话记录数据每月可达 0.5～1 PB；一个省会城市公安局道路车辆监控数据 3 年可达 200 亿条，总量 120 TB。根据著名咨询机构 IDC（Internet Data Center）公司数据的检测，人类产生的数据量正呈指数级增长，大约每两年翻一番，这被称为“大数据摩尔定律”。这个速度在 2020 年之前会继续保持，意味着人类在最近两年的数据量相当于之前产生的全部数据量。根据 IDC 的测算，到 2020 年数字世界将产生 35 000 EB 的数据。行业/企业大数据已远远超出了现有传统的计算机技术和信息系统的处理能力，因此，寻求有效的大数据处理技术、方法和手段已经成为现实世界的迫切需求。

大数据的发展历程总体上可以划分为三个重要阶段：萌芽期、成熟期和大规模应用期。我们可以简要回顾一下大数据的发展历程：

- 1980 年，著名未来学家阿尔文·托夫勒在《第三次浪潮》一书中，将大数据热情地赞颂为“第三次浪潮的华彩乐章”。
- 1997 年 10 月，迈克尔·考克斯和大卫·埃尔斯沃思在第八届美国电气和电子工程师协会（IEEE）关于可视化的会议论文集中，发表了《为外存模型可视化而应用控制程序请求页面调度》的文章，这是在美国计算机学会的数字图书馆中第一篇使用“大数据”这一术语的文章。
- 1999 年 10 月，在美国电气和电子工程师协会（IEEE）关于可视化的年会上，设置了名为“自动化或者交互：什么更适合大数据？”的专题讨论小组，探讨大数据问题。
- 2001 年 2 月，梅塔集团分析师道格·莱尼发布题为《3D 数据管理：控制数据容量、处理速度及数据种类》的研究报告。10 年后，“3V”（Volume、Variety 和 Velocity）作为定义大数据的三个维度而被广泛接受。
- 2005 年 9 月，蒂姆·奥莱利发表了《什么是 Web 2.0》一文，并在文中指出“数据将是下一项技术核心。”
- 2008 年，《自然》杂志推出大数据专刊《计算社区联盟》（Computing Community Consortium），发表了报告《大数据计算：创造商业、科学和社会领域的革命性突破》，阐述了大数据技术及其面临的一些挑战。

- 2010 年 2 月，肯尼斯・库克尔在《经济学人》上发表了一篇关于管理信息的特别报告《数据，无所不在的数据》。
- 2011 年 2 月，《科学》杂志推出专刊《处理数据》，讨论了科学研究中的大数据问题。
- 2011 年，维克托迈尔・舍恩伯格出版著作《大数据时代：生活、工作与思维的大变革》引起轰动。
- 2011 年 5 月，麦肯锡全球研究院发布《大数据：下一个创新、竞争和生产力的前沿》，提出“大数据”时代到来。
- 2012 年 3 月，美国政府发布了《大数据研究和发展倡议》，正式启动“大数据发展计划”，大数据上升为美国国家发展战略，被视为美国政府继信息高速公路计划之后在信息科学领域的又一重大举措。
- 2013 年 12 月，中国计算机学会发布《中国大数据技术与产业发展白皮书》，系统总结了大数据的核心科学与技术问题，推动了我国大数据学科的建设与发展，并为政府部门提供了战略性的意见与建议。
- 2014 年 5 月，美国政府发布 2014 年全球“大数据”白皮书——《大数据：抓住机遇、保存价值》报告，鼓励使用数据来推动社会进步。
- 2015 年 8 月，国务院印发《促进大数据发展行动纲要》，全面推进我国大数据发展和应用，加快建设数据强国。
- 2016 年，工业和信息化部制定出台大数据产业“十三五”发展规划：《大数据产业发展规划》(2016—2020)。

总之，大数据是 IT 行业的又一次技术变革，大数据的浪潮汹涌而至，对国家治理、企业决策和个人生活都会产生深远的影响，并将成为继云计算、物联网之后信息技术产业领域又一重大创新变革。未来的十年将是一个“大数据”引领的智慧科技的时代，随着社交网络的逐渐成熟，移动带宽迅速提升，云计算、物联网应用更加丰富，更多的传感设备、移动终端接入网络，由此而产生的数据及增长速度将比历史上的任何时期都要多，都要快。

3.2 大数据的定义

关于大数据，难以下一个定量化的定义。

3.2.1 大数据的概念

麦肯锡对大数据的定义是：大数据指的是那些大小超过标准数据库工具软件能够收集、存储、管理和分析的数据集。

维基百科给出的大数据概念是：在信息技术中，大数据是指一些使用目前现有数据库管理工具或者传统数据处理应用很难处理的大型而复杂的数据集。其挑战包括采集、管理、存储、搜索、共享、分析和可视化。

复旦大学教授、上海市数据科学重点实验室主任朱杨勇在大数据的起源和发展中提出：大数据本质上是数据交叉、方法交叉、知识交叉、领域交叉、学科交叉，从而产生新的科学研究方法、新的管理决策方法、新的经济增长方式、新的社会发展方式等。也就是说，“大数据”是一个涵盖多种技术的概念，简单地说，是指无法在一定时间内用常规软件工具对其内容进行抓取、管理和处理的数据集合。

3.2.2　大数据的特征

其实，要理解大数据这一概念，首先要从“大”入手，“大”是指数据规模，大数据一般指在10 TB(1 TB=1 024 GB)规模以上的数据量。IBM将“大数据”理念定义为四个V，即大体量(Volume)、多样化(Variety)、时效性(Velocity)及由此产生的大价值(Value)。故其基本特征就是理念定义中的四个V(Volume、Variety、Value和Velocity)，下面分别来阐述。

1. 大体量(Volume)

我们正生活在个“数据爆炸”的时代。数据的增长和产生不以人的意志为转移。今天世界上只有25%的设备是联网的，大约80%的上述设备是计算机和手机，而在不远的将来，将有更多的用户成为网民，汽车、电视、家用电器、生产机器等各种设备也将接入互联网。随着Web 2.0和移动互联网的快速发展，人们已经可以随时随地、随心所欲地发布包括博客、微博、微信等各种信息。以后，随着物联网的推广和普及，传感器和摄像头将遍布我们工作和生活的各个角落，这些设备每时每刻都在自动产生大量数据，也就是说，从1986年开始到2010年的20多年时间里，全球数据的数量增长了100倍，今后的数据量增长速度将更快。

大数据的数据来源众多，科学研究、企业应用和Web应用等都在源源不断地生成新的数据。生物大数据、交通大数据、医疗大数据、电信大数据、电力大数据、金融大数据等都呈现出“井喷式”增长，所涉及的数量十分巨大，已经从TB级别跃升到PB级别。

综上所述，人类社会正经历第二次“数据爆炸”(如果把印刷在纸上的文字和图形也看作数据的话，那么人类历史上第一次“数据爆炸”发生在造纸术和印刷术发明的时期)。各种数据产生速度之快，产生数量之大，已经远远超出人类可以控制的范围，“数据爆炸”成为大数据时代的鲜明特征。

2. 多样化(Variety)

数据类型繁多，大数据所处理的数据类型早已不是单一的文本数据或者结构化的数据库中的表，而是包括各种格式和形态的数据，数据结构类型复杂。如前文提到的网络日志、视频、图片、地理位置信息等。

大数据的数据类型丰富，包括结构化数据和非结构化数据，其中，前者占10%左右，主要是指存储在关系数据库中的数据；后者占90%左右，种类繁多，主要包括邮件、音频、视频、微信、微博、位置信息、链接信息、手机呼叫信息、网络日志等。

类型如此繁多的异构数据，对数据处理和分析技术提出了新的挑战，也带来了新的机遇。传统数据主要存储在关系数据库中，但是，在类似 Web 2.0 等应用领域中，越来越多的数据开始被存储在非关系型数据库（Not Only SQL，NoSQL）中，这就必然要求在集成的过程中进行数据转换，而这种转换的过程是非常复杂和难以管理的。传统的联机分析处理（On line Analysis Process，OLAP）和商务智能工具大都面向结构化数据，而在大数据时代，用户友好的、支持非结构化数据分析的商业软件也将迎来广阔的市场空间。

3. 时效性（Velocity）

很多大数据需要在一定时间限度下得到及时处理，处理数据的效率决定企业的生命，所以大数据处理速度快，可以做到秒级响应，这一点和传统的数据挖掘技术有着本质的不同，后者通常不要求给出实时分析结果。

大数据时代的数据产生速度非常快。在 Web 2.0 应用领域，在 1 min 内，新浪可以产生 5 万多条微博，Titer 可以产生 13 万条推文，苹果可以下载 4.7 万次应用，淘宝可以卖出 6 万多件商品，人人网可以发生 30 多万次访问，百度可以产生 90 万次搜索直询，Facebook 可以产生 600 万浏览量。大型强子对撞机（LHC），大约每秒产生 6 亿次的碰撞，每秒生成约 700 MB 的数据，有成千上万台计算机分析这些碰撞。

大数据时代的很多应用都需要基于快速生成的数据给出实时分析结果，用于指导生产和生活实践。

为了实现快速分析海量数据的目的，新兴的大数据分析技术通常采用集群处理和独特的内部设计。以谷歌公司的 Dremel 为例，它是一种可扩展的、交互式的实时查询系统，用于只读嵌套数据的分析，通过结合多级树状执行过程和列式数据结构，它能做到在几秒内完成对万亿张表的聚合查询，系统可以扩展到成千上万个 CPU 上，满足谷歌上万用户操作 PB 级数据的需求，并且可以在 2～3 s 完成 PB 级别数据的查询。

4. 大价值（Value）

大数据包含很多深度的价值，通过强大的机器学习和高级分析对数据进行“提纯”，能够带来巨大的商业价值，但是价值密度低。

大数据虽然看起来很美，但是价值密度却远远低于传统关系数据库中的那些数据。在大数据时代很多有价值的信息都是分散在海量数据中的。以小区监控视频为例，如果没有意外事件发生，连续不断产生的数据都是没有任何价值的，当发生偷盗等意外情况时，也只有记录了事件过程的那一小段视频是有价值的。但是，为了能够获得发生偷盗等意外情况时的那一段宝贵的视频，我们不得不投入大量资金购买监控设备、网络设备、存储设备，耗费大量的电能和存储空间，来保存摄像头连续不断传来的监控数据。

如果这个实例还不够典型的话，那么我们可以设想一个更大的场景。假设一个电子商务网站希望通过微博数据进行有针对性的营销，为了实现这个目的，就必须构建一个能存储和分析微博数据的大数据平台，使之能够根据用户微博内容进行有针对性的商品需求趋势预测。愿望很美好，但是现实代价很大，可能需要耗费几百万元构建整个大数据团队和平台，而最终带来的企业销售利润增加额可能会比投入低很多，从这点来说，大数据的价值密度是较低的。

因此大数据技术是指从各种类型的海量数据中，快速获得有价值信息的技术。解决大数据问题的核心是大数据技术。目前所说的“大数据”不仅指数据本身的规模，也包括采集数据的工具、平台和数据分析系统。大数据研发的目的是发展大数据技术并将其应用到相关领域，通过解决海量数据处理问题促进其突破性发展。因此，大数据时代带来的挑战不仅体现在如何处理海量数据，从中获取有价值的信息，也体现在如何加强大数据技术研发，抢占时代发展的前沿。

3.3 大数据的影响

大数据对科学研究、思维方式和社会发展都具有重要而深远的影响。在科学研究方面，大数据使得人类科学研究在经历了实验、理论、计算三种范式之后，迎来了第四种范式数据密集型；在思维方式方面，大数据具有“全样而非抽样、效率而非精确、相关而非因果”三大显著特征，完全颠覆了传统的思维方式；在社会发展方面，大数据决策逐渐成为一种新的决策方式，大数据应用有力促进了信息技术与各行业的深度融合，大数据开发大大推动了新技术和新应用的不断涌现；在就业市场方面，大数据的兴起使得数据科学家成为热门人才；在人才培养方面，大数据的兴起将在很大程度上改变我国高校信息技术相关专业的现有教学和科研体制。

3.3.1 大数据对科学研究的影响

图灵奖获得者、著名数据库专家吉姆·格雷(Jim Gray)博士认为，人类自古以来在科学研究上先后历经了实验、理论、计算和数据密集型四种范式，具体如下。

1. 第一种范式：实验科学

在最初的科学研究阶段，人类采用实验来解决些科学问题，著名的比萨斜塔实验就是一个典型实例。1590年，伽利略在比萨斜塔上做了“两个铁球同时落地”的实验，得出了质量不同的两个铁球同时落地的结论，从此推翻了亚里士多德“物体下落速度和质量成比例”的学说，纠正了这个持续了1 900年之久的错误结论。

2. 第二种范式：理论科学

实验科学的研究会受到当时实验条件的限制。随着科学技术的进步，人类开始采用各种数学、几何、物理等理论构建问题模型和解决方案。比如，牛顿第一定律、牛顿第二定律、牛顿第三定律构成了牛顿力学的完整体系，奠定了经典力学的概念基础，它的广泛传播和运用对人们的生活和思想产生了重大影响，在很大程度上推动了人类社会的发展。

3. 第三种范式：计算科学

随着1946年人类历史上第一台计算机ENIAC的诞生，人类社会开始步入计算机时代，科学研究也进入了一个以“计算”为中心的全新时期。在实际应用中，计算科学主要用于对各个科学问题进行计算机模拟和其他形式的计算。通过设计算法并编写相应程序输入计算机运行,人类可以借助计算机的高速运算能力去解决各种问题。计算机具有存储容量大、运算速度快、精度高、可重复执行等特点,是科学研究的利器,推动了人类社会的飞速发展。

4. 第四种范式:数据密集型科学

随着数据的不断累积,其宝贵价值日益得到体现,物联网和云计算的出现,更是促成了事物发展从量变到质变,使人类社会开启了全新的大数据时代。这时,计算机将不仅仅能做模拟仿真,还能进行分析总结,得出结论。在大数据环境下,一切将以数据为中心,从数据中发现问题、解决问题,真正体现数据的价值。大数据将成为科学工作者的宝藏,从数据中可以提取有价值的信息,服务于生产和生活,推动科技创新和社会进步。虽然第三种研究范式和第四种研究范式都是利用计算机来进行计算,但是二者还是有本质的区别的。在第三种研究范式中,一般是先提出可能的理论,再收集数据,然后通过计算来验证。而对于第四种研究范式,则是先有了大量已知的数据,然后通过计算得出之前未知的理论。

3.3.2 大数据对思维方式的影响

维克托迈尔·舍恩伯格在《大数据时代:生活、工作与思维的大变革》一书中明确指出,大数据时代最大的转变就是思维方式的三种转变:全样而非抽样、效率而非精确、相关而非因果。

1. 全样而非抽样

过去,由于数据存储和处理能力的限制,在科学分析中,通常采用抽样的方法,即从全集数据中抽取部分样本数据,通过对样本数据的分析来推断全集数据的总体特征。通常,样本数据规模要比全集数据小很多,因此,可以在可控的代价内实现数据分析的目的。现在,我们已经迎来大数据时代,大数据技术的核心就是海量数据的存储和处理,分布式文件系统和分布式数据库技术提供了理论上近乎无限的数据存储能力,分布式并行编程框架 MapReduce 提供了强大的海量数据并行处理能力。因此,有了大数据技术的支持,科学分析完全可以直接针对全集数据而不是抽样数据,并且可以在短时间内迅速得到分析结果,速度之快,超乎我们的想象。就像前面我们已经提到过的,谷歌公司的 Dremel 可以在 2～3 s 完成 PB 级别数据的查询。

2. 效率而非精确

过去,我们在科学分析中采用抽样分析方法,就必须追求分析方法的精确性,因为抽样分析只是针对部分样本的分析,其分析结果被应用到全集数据以后,误差会被放大,这就意味着,抽样分析的微小误差波放大到全集数据以后,可能会变成一个很大的误差。因此,为了保证误差被放大到全集数据时仍然处于可以接受的范围,就必要确保抽样分析结果的精确性。正因如此,传统的数据分析方法往往更加注重提高算法的精确性,其次才是提高算法效率。现在,大数据时代采用全样分析而不是抽样分析,全样分析结果就不存在误差被放大的问题。因此,追求高精确性已经不是其首要目标,相反,大数据时代具有"秒

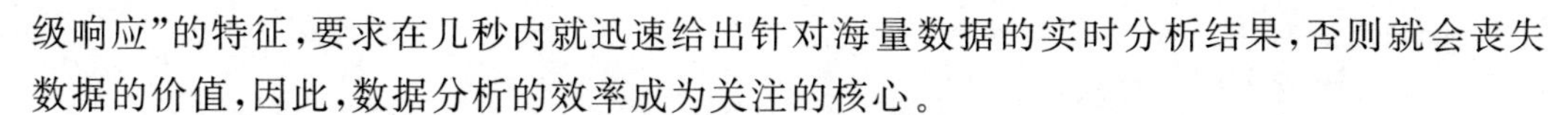

级响应”的特征，要求在几秒内就迅速给出针对海量数据的实时分析结果，否则就会丧失数据的价值，因此，数据分析的效率成为关注的核心。

3. 相关而非因果

过去，数据分析的目的，一方面是解释事物背后的发展机理，比如，一个大型超市在某个地区的连锁店在某个时期内净利润下降很多，这就需要IT部门对相关销售数据进行详细分析找出发生问题的原因；另一方面是用于预测未来可能发生的事件，比如，通过实时分析微博数据，当发现人们对雾霾的讨论明显增加时，就可以建议销售部门增加口罩的进货量，因为人们关注雾霾的一个直接结果是，大家会想到购买一个口罩来保护自己的身体健康。不管是哪个目的，其实都反映了一种“因果关系”。但是，在大数据时代因果关系不再那么重要，人们转而追求“相关性”而非“因果性”。比如，我们去淘宝网购物时，当我们购买了一个汽车防盗锁以后淘宝网还会自动提示你，与你购买相同物品的其他客户还购买了汽车坐垫，也就是说，淘宝网只会告诉你“购买汽车防盗锁”和“购买汽车坐垫”之间存在相关性。但是并不会告诉你为什么其他客户购买了汽车防盗锁以后还会购买汽车坐垫。

3.3.3 大数据对社会发展的影响

大数据将会对社会发展产生深远的影响，具体表现在以下几个方面：大数据决策成为一种新的决策方式，大数据应用促进信息技术与各行业的深度融合，大数据开发推动新技术和新应用的不断涌现。

1. 大数据决策成为一种新的决策方式

根据数据制定决策，并非大数据时代所特有。从20世纪90年代开始，数据仓库和商务智能工具就开始大量用于企业决策。发展到今天，数据仓库已经是一个集成的信息存储仓库，既具备批量和周期性的数据加载能力，也具备数据变化的实时探测、传播和加载能力，并能结合历史数据和实时数据实现查询分析和自动规则触发，从而提供对战略决策(如宏观决策和长远规划等，战术决策如实时营销和个性化服务等)的双重支持。但是，数据仓库以关系数据库为基础，无论是数据类型还是数据量方面都存在较大的限制。现在，大数据决策可以面向类型繁多的、非结构化的海量数据进行决策分析，已经成为受到追捧的全新决策方式。比如，政府可以把大数据技术融入“舆情分析”，通过对论坛微博、微信、社区等多种来源数据进行综合分析，分析信息中本质性的事实和趋势，揭示信息中含有的隐性情报内容，对事物发展做出情报预测，协助实现政府决策，有效应对各种突发事件。

2. 大数据应用促进信息技术与各行业的深度融合

有专家指出，大数据将会在未来10年改变几乎每一个行业的业务功能。互联网、银行、保险、交通、材料、能源、服务等行业领域，不断累积的大数据将加速推进这些行业与信息技术的深度融合，开拓行业发展的新方向。比如，大数据可以帮助快递公司选择运费成本最低的行车路径，协助投资者选择收益最大化的股票投资组合，辅助零售商有效定位目标客户群体，帮助互联网公司实现广告精准投放，还可以让电力公司做好配送电计划以确保电网安全等。总之，大数据所触及的每个角落，我们的社会生产和生活都会因之而发生巨大且深刻的变化。

3. 大数据开发推动新技术和新应用的不断涌现

大数据的应用需求是大数据新技术开发的源泉。在各种应用需求的强烈驱动下，各种突破性的大数据技术将被不断提出并得到广泛应用，数据的能量也将不断得到释放。在不远的将来，原来那些依靠人类自身判断力的领域应用，将逐渐被各种基于大数据的应用所取代。比如，今天的汽车保险公司，只能凭借少量的车主信息，对客户进行简单类别划分，并根据客户的汽车出险次数给予相应的保费优惠方案，客户选择哪家保险公司没有太大差别。而"汽车大数据"将会深刻改变汽车保险业的商业模式，如果某家商业保险公司能够获取客户车辆的相关细节信息，并利用事先构建的数学模型对客户等级进行更加细致的判定，给予更加个性化的一对一的优惠方案，那么毫无疑问，这家保险公司将具备明显的市场竞争优势，获得更多客户的青睐。

3.3.4 大数据对就业市场的影响

大数据的兴起使得数据科学家成为热门人才。2010 年的时候，在高科技劳动力市场上还很难见到有数据科学家头衔的应聘者，但此后，数据科学家逐渐发展成为市场上最热门的职位之一，具有广阔发展前景，并代表着未来的发展方向。

互联网企业和零售、金融类企业都在积极争夺大数据人才，数据科学家成为大数据时代最紧缺的人才。此前，据麦肯锡预测，到 2018 年，仅美国本土就可能缺少 14 万～19 万个具备数据深入分析能力的专业人员，能够通过分析大数据支撑企业做出有效决策的数据管理人员和分析师，也大概存在 150 万人的缺口。

2016 年 7 月 15 日，数联寻英发布首份《大数据人才报告》。报告显示，目前全国的大数据人才仅 46 万人，未来 3～5 年大数据人才的缺口将高达 150 万。根据中国商业联合会数据分析专业委员会统计，未来中国基础性数据分析人才缺口将达到 1 400 万人，而在 BAT 企业招聘的职位里，60％以上都在招大数据人才。以大数据应用较多的互联网金融为例，这一行业每年增速达到 4 倍，届时，仅互联网金融需要的大数据人才就是现在需求的 4 倍以上。与此同时，大数据人才的薪资水平也在"水涨船高"。因此，未来中国市场对掌握大数据分析专业技能的数据科学家的需求会逐年增加。

尽管有少数人认为未来有更多的数据会采用自动化处理，会逐步降低对数据科学家的需求，但是仍然有更多的人认为，随着数据科学家给企业所带来的商业价值的日益体现，市场对数据科学家的需求会越发旺盛。

3.3.5 大数据对人才培养的影响

大数据的兴起将在很大程度上改变中国高校信息技术相关专业的现有教学和科研体制。一方面，数据科学家是个需要掌握统计、数学、机器学习、可视化、编程等多方面知识的复合型人才,在中国高校现有的学科和专业设置中,上述专业知识分布在数学、统计和计算机等多个学科中,任何一个学科都只能培养某个方向的专业人才,无法培养全面掌握数据科学相关知识的复合型人才。另一方面,数据科学家需要大数据应用实战环境,在真正的大数据环境中不断学习、实践并融会贯通,将自身技术背景与所在行业业务需求进行深度融合,从数据中发现有价值的信息,但是目前大多数高校还不具备这种培养环境,不仅缺乏大规模基础数据,也缺乏对领域业务需求的理解。鉴于上述两个原因,目前国内的数据科学家人才并不是由高校培养的,而主要是在企业实际应用环境中通过边工作边学习的方式不断成长起来的,其中,互联网领域集中了大多数的数据科学家人才。

未来,市场对数据科学家的需求会日益增加,不仅互联网企业需要数据科学家,类似金融、电信这样的传统企业在大数据项目中也需要数据科学家。由于高校目前尚未具备大量培养数据科学家的基础和能力,传统企业很可能会从互联网行业"挖墙脚",来满足企业发展对数据分析人才的需求,继而造成用人成本高企,制约企业的成长壮大。因此,高校应该秉承"培养人才、服务社会"的理念,充分发挥科研和教学综合优势,培养大批具备数据分析基础能力的数据科学家,有效缓解数据科学家的市场缺口,为促进经济社会发展做出更大贡献。目前,国内很多高校开始设立大数据专业或者开设大数据课程,加快推进大数据人才培养体系的建立。2014 年,中国科学院大学开设首个"大数据技术与应用"专业方向,面向科研发展及产业实践,培养信息技术与行业需求结合的复合型大数据人才;2014 年,清华大学成立数据科学研究院,推出多学科交叉培养的大数据硕士项目;2015 年 10 月,复旦大学大数据学院成立,在数学、统计学、计算机、生命科学、医学、经济学、社会学、传播学等多学科交叉融合的基础上,聚焦大数据学科建设、研究应用和复合型人才培养;2016 年 9 月,华东师范大学数据科学与工程学院成立,新设置的本科专业"数据科学与工程",是华东师大除"计算机科学与技术"和"软件工程"以外,第三个与计算机相关的本科专业。高校培养数据科学家人才需要遵循引进来和走出去的原则,引进来是指高校要加强与企业的紧密合作,从企业引进相关数据,为学生搭建起接近企业应用实际的、仿真的大数据实战环境,让学生有机会理解企业业务需求和数据形式,为开展数据分析奠定基础,同时从企业引进具有丰富实战经验的高级人才,承担起数据科学家相关课程教学任务,切实提高教学质量、水平和实用性。而走出去是指积极鼓励和引导学生走出校园,进入互联网、金融、电信等具备大数据应用环境的企业去开展实践活动,同时努力加强产、学、研合作,创造条件让高校老师参与到企业大数据开发项目中,实现理论知识和实际应用的深层融合,锻炼高校老师的大数据实战能力,为更好地培养数据科学家人才奠定基础。

3.4 大数据的技术组成

搭建大数据平台需要三个重要的技术部分,分别是:数据分析技术、存储数据库和分布式计算技术。下面分别简要阐述。

3.4.1 数据分析技术

数据分析技术是大数据技术的核心，数据分析在数据处理过程中占据十分重要的位置。大数据的价值体现在对大规模数据集合的智能处理方面，进而在大规模的数据中获取有用的信息。要想逐步实现这个功能，就必须对数据进行分析和挖掘。而数据的采集、存储和管理都是开展数据分析的基础，通过进行数据分析得到的结果，将应用于大数据相关的各个领域。未来大数据技术的进一步发展，与数据分析技术是密切相关的。数据分析技术意味着对海量数据进行分析以实时得出答案，涵盖了以下五个方面：

1. 可视化分析

数据可视化无论对于普通用户或是数据分析专家，都是最基本的功能。数据图像化可以让数据自己“说话”，让用户直观地感受到结果。

2. 数据挖掘算法

图像化是将机器语言翻译给人看，而数据挖掘的就是机器语言。分割、集群、孤立点分析还有各种算法让我们可以精炼数据，挖掘价值。这些算法一定要能够应付大数据巨大的数据量，同时还要具有很高的处理速度。

3. 预测分析能力

数据挖掘可以让分析师对数据承载信息更快更好地消化理解，进而提升判断的准确性，而预测性分析可以让分析师根据图像化分析和数据挖掘的结果做出一些前瞻性判断。

4. 语义引擎

非结构化数据的多元化给数据分析带来新的挑战，我们需要一套工具系统地去分析、提炼数据。语义引擎的设计需要有足够的人工智能作为支撑，以便从数据中主动地提取信息。

5. 数据质量和数据管理

数据质量机数据管理是管理的最佳实践，透过标准化流程和机器对数据进行处理可以确保获得一个预设质量的分析结果。

我们知道，大数据分析技术起源于互联网行业。网页存档、用户点击、商品信息、用户关系等数据形成了持续增长的海量数据集。这些大数据中蕴藏着大量可以用于增强用户体验、提高服务质量和开发新型应用的知识，而如何高效和准确地发现这些知识就基本决定了各大互联网公司在激烈竞争环境中的位置。

以 Google 为首的技术型互联网公司提出了 MapReduce 的技术框架，利用廉价的 PC 服务器集群，大规模并发处理批量事务。利用文件系统存放非结构化数据，加上完善的备份和容灾策略，这套经济实惠的大数据解决方案与之前昂贵的企业小型机集群＋商业数据库方案相比，不仅没有丢失性能，而且还赢在了可扩展性上。之前，我们在设计一个数据中心解决方案的前期，就要考虑到方案实施后的可扩展性。通常的方法是预估今后一段时期内的业务量和数据量，加入多余的计算单元(CPU)和存储器。这样的方式直接导致了前期一次性的巨大投资，并且即使这样也依然无法保证计算需求和存储超出设计量时的系统性能。而一旦需要扩容，问题就会接踵而来。首先是商业并行数据库通常需要

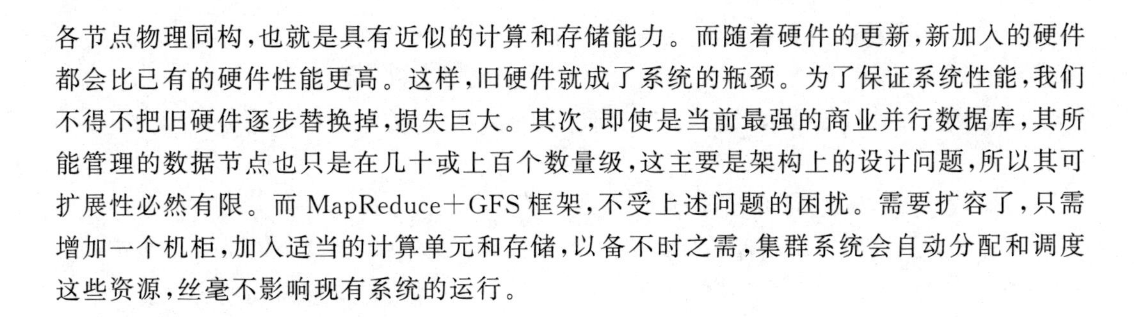

各节点物理同构，也就是具有近似的计算和存储能力。而随着硬件的更新，新加入的硬件都会比已有的硬件性能更高。这样，旧硬件就成了系统的瓶颈。为了保证系统性能，我们不得不把旧硬件逐步替换掉，损失巨大。其次，即使是当前最强的商业并行数据库，其所能管理的数据节点也只是在几十或上百个数量级，这主要是架构上的设计问题，所以其可扩展性必然有限。而 MapReduce＋GFS 框架，不受上述问题的困扰。需要扩容了，只需增加一个机柜，加入适当的计算单元和存储，以备不时之需，集群系统会自动分配和调度这些资源，丝毫不影响现有系统的运行。

3.4.2 存储数据库

存储数据库(In-Memory Databases)让信息快速流通，大数据分析经常会用到存储数据库来快速处理大量记录的数据流通。例如，它可以对某个全国性的连锁店某天的销售记录进行分析，得出某些特征进而根据某种规则及时为消费者提供奖励回馈。

传统的关系型数据库具有严格的设计定义，为保证强一致性而放弃性能，可扩展性差等问题在大数据分析中逐渐暴露出来。随之而来，NoSQL 数据存储模型开始流行。NoSQL，也有人理解为 Not Only SQL，并不是一种特定的数据存储模型，它是一类非关系型数据库的统称。其特点是：没有固定的数据表模式，可以分布式和水平扩展。NoSQL 并不是单纯的反对关系型数据库，而是针对关系型数据库缺点的一种补充和扩展。典型的 NoSQL 数据存储模型有文档存储、键-值存储、图存储、对象数据库、列存储等。

NoSQL 是一种建立在云平台的新型数据处理模式，NoSQL 在很多情况下又叫作云数据库。由于其处理数据的模式完全是分布于各种低成本服务器和存储磁盘，因此它可以帮助网页和各种交互性应用快速处理过程中产生的海量数据。它为 Zynga、AOL、Cisco 以及其他企业提供网页应用支持。正常的数据库需要将数据进行归类组织，类似于姓名和帐号这些数据需要进行结构化和标签化处理。而 NoSQL 数据库则完全不关心这些，它能处理各种类型的文档。在处理海量数据并行请求时，它也不会有任何问题。比方说，有 1 000 万人同时登录某个游戏，它会将这些数据分布到全世界的服务器并通过它们来进行数据处理，结果与 1 万人同时在线没什么两样。现今有多种类型的 NoSQL 模式。商业化的模式，如 Couchbase、10gen 的 MongoDB 以及 Oracle 的 NoSQL；开源免费的模式，如 CouchDB 和 Cassandra；还有亚马逊最新推出的 NoSQL 云服务等。

3.4.3 分布式计算技术

分布式计算结合了 NoSQL 与实时分析技术，即如果想要同时处理实时分析与 NoSQL 数据功能，就需要分布式计算技术。分布式计算技术结合了一系列技术，可以对海量数据进行实时分析。更重要的是，它所使用的硬件非常便宜，因而让这种技术的普及变成可能。SGI 的 Sunny Sundstrom 解释说:"通过对那些看起来没什么关联和组织的数据进行分析,我们可以获得很多有价值的结果。比如说可以发现一些新的模式或者新的行为。"运用分布式计算技术,银行可以从消费者的一些消费行为和模式中识别网上交易的欺诈行为。

分布式计算技术正引领着将不可能变为可能,Skybox Imaging 就是一个很好的例子。这家公司通过对卫星图片的分析得出一些实时结果,比如说某个城市有多少可用停车空间,或者某个港口目前有多少船只。它们将这些实时结果卖给需要的客户。没有这个技术,要想快速且便宜地分析这么大量卫星图片数据是不可能的。Skybox Imaging 卫星图片分析如图 3-5 所示。

图 3-5 Skybox Imaging 卫星图片分析

分布式计算技术是 Google 的核心,也是 Yahoo 的基础。分布式计算技术是基于 Google 创建的,但是最新的技术却由 Yahoo 建立。Google 总共发表了两篇论文,2004 年发表的《MapReduce》论文介绍了如何在多台计算机之间进行数据处理;另一篇于 2003 年发表,主要是关于如何在多台服务器上存储数据。来自 Yahoo 的工程师 Doug Cutting 在读了这两篇论文后建立了分布式计算平台,并以他儿子的玩具大象命名,而 Hadoop 作为一个重量级的分布式处理开源框架已经在大数据处理领域有所作为。

3.4.4 大数据处理过程

1. 采集

大数据的采集是指利用多个数据库来接收发自客户端(Web、App 或者传感器形式等)的数据,并且用户可以通过这些数据库来进行简单的查询和处理工作。比如,电商会使用传统的关系型数据库 MySQL 和 Oracle 等来存储每一笔事务数据,除此之外,Redis 和 MongoDB 这样的 NoSQL 数据库也常用于数据的采集。

在大数据的采集过程中,其主要特点和挑战是并发数高,因为有可能同时有成千上万个用户进行访问和操作，比如火车票售票网站和淘宝，它们并发的访问量在峰值时达到上百万，需要在采集端部署大量数据库才能支撑。而如何在这些数据库之间进行负载均衡和分片需要深入的思考和设计。

2. 导入与预处理

虽然采集端本身会有很多数据库，但是如果要对这些海量数据进行有效的分析，还是应该将这些来自前端的数据导入一个集中的大型分布式数据库，或者分布式存储集群，并且可以在导入基础上做一些简单的清洗和预处理工作。也有一些用户会在导入时使用来自 Twitter 的 Storm 来对数据进行流式计算，来满足部分业务的实时计算需求。

导入与预处理过程的特点和挑战主要是导入的数据量大，每秒钟的导入量经常会达到百兆字节甚至千兆字节级别。

3. 统计与分析

统计与分析主要利用分布式数据库，或者分布式计算集群来对存储于其内的海量数据进行普通的分析和分类汇总等，以满足大多数常见的分析需求。在这方面，一些实时性需求会用到 EMC 的 GreenPlum、Oracle 的 Exadata，以及基于 MySQL 的列式存储 Infobright 等，而一些批处理，或者基于半结构化数据的处理可以使用 Hadoop。

统计与分析的主要特点和挑战是分析涉及的数据量大，其对系统资源，特别是 I/O 会有极大的占用。

4. 挖掘

与前面统计和分析过程不同的是，数据挖掘一般没有什么预先设定好的主题，主要是在现有数据上进行基于各种算法的计算，从而起到预测(Predict)的效果，实现一些高级别数据分析的需求。比较典型的算法有用于聚类的 K-means、用于统计学习的 SVM 和用于分类的 Naive Bayes，主要使用的工具有 Hadoop 的 Mahout 等。

该过程的特点和挑战主要是用于挖掘的算法很复杂，并且计算涉及的数据量和计算量都很大，常用数据挖掘算法都以单线程为主。

整个大数据处理至少应该满足这四个步骤，才能算得上是一个比较完整的大数据处理。

3.4.5 大数据处理的核心技术——Hadoop

大数据技术涵盖了硬、软件多个方面的技术，目前各种技术基本都独立存在于存储、开发、平台架构、数据分析挖掘领域。这一部分主要介绍和分析大数据处理的核心技术——Hadoop。

大数据不同于传统类型的数据，它可能由 TB 甚至 PB 级信息组成，既包括结构化数据，也包括文本、多媒体等非结构化数据。这些数据类型缺乏一致性，使得标准存储技术无法对大数据进行有效存储，而且我们也难以使用传统的服务器和 SAN 方法来有效地存储和处理庞大的数据量。这些都决定了“大数据”需要不同的处理方法，而 Hadoop 目前正是被广泛应用的大数据处理技术。Hadoop 是一个基于 Java 的分布式密集数据处理和数据分析的软件框架。该框架在很大程度上受 Google 在 2004 年白皮书中阐述的 MapReduce 的技术启发。Hadoop 主要项目结构如图 3-6 所示。

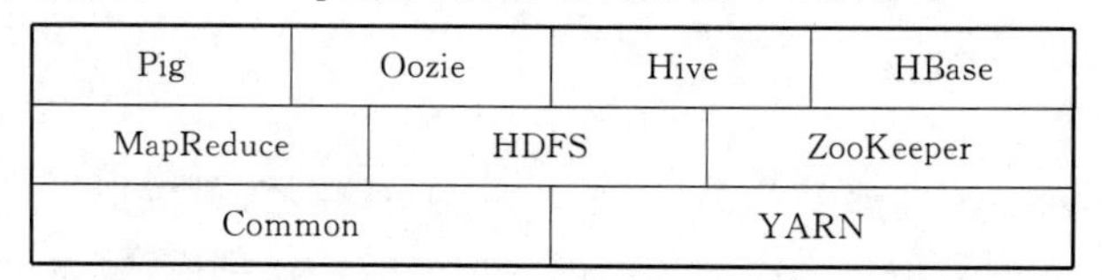

图 3-6　Hadoop 项目结构

- Hadoop Common：通用模块，支持其他 Hadoop 模块。
- Hadoop Distributed File System（HDFS）：分布式文件系统，用以提供高流量的应用数据访问。
- Hadoop YARN：支持工作调度和集群资源管理的框架。
- Hadoop MapReduce：针对大数据的、灵活的并行数据处理框架。

其他相关的模块还有：

- ZooKeeper：高可靠性分布式协调系统。
- Oozie：负责 MapReduce 作业调度。
- HBase：可扩展的分布式数据库，可以将结构性数据存储为代表。
- Hive：构建在 MapReduce 之上的数据仓库软件包。
- Pig：架构在 Hadoop 之上的高级数据处理层。

在 Hadoop 框架中，最底层的 HDFS 存储 Hadoop 集群中所有存储节点上的文件。

3.5　大数据的应用

大数据能做什么？我们探讨了这么多，总结下来基本上就做三件事：

第一，对信息的理解。你发的每一张图片、每一个新闻、每一个广告，都是信息，对这个信息的理解是大数据重要的领域。

第二，对用户的理解。每个人的基本特征，你的潜在的特征，每个用户上网的习惯等，这些都是对用户的理解。

第三，对关系的理解。关系才是大数据的核心，信息与信息之间的关系，一条微博和另外一条微博之间的关系，一个广告和另外一个广告的关系，一条微博和一个视频之间的关系，这些在我们看来是相对简单的，但机器怎么看出来的，以及怎样分析出因果关系，这些是比较困难的。

3.5.1　大数据行业应用

1. 医疗行业

目前，大数据在医疗行业的应用，如 Seton Healthcare，它是 IBM 最新沃森技术在医疗保健内容分析预测方面的首个应用。该技术允许企业针对大量病人相关的临床医疗信息，通过大数据处理，更好地分析病人的信息。又如，在加拿大多伦多的一家医院，针对早产儿，每秒钟有超过3 000次的数据读取。通过这些数据分析，医院能够提前知道哪些早产儿出现问题并且有针对性地采取措施，避免早产儿夭折。大数据的医疗行业让更多的创业者更方便地开发产品，比如通过社交网络来收集数据的健康类App。也许数年后，它们收集的数据能让医生对你的诊断变得更为精确。

2. 能源行业

我们国家出台多项规划、法规，推动大数据产业发展。像通过对燃气自动化控制系统的实时采集数据，及时、有效监控输配管网的运行情况，并结合气象数据、GIS数据，利用数学模型预测用气负荷、进行泄漏分析，合理使用供气设施和输送设备，确保安全、稳定供气。方便燃气公司监控中心人员实时监控每个阀门井的状态，在大大节省了人力物力的同时，也避免了人为监测在时间和空间上的检测盲区，从而避免了燃气泄漏事故的发生，提高了燃气公司的管理水平。

通过对多家燃气企业设备相关数据进行汇总，利用多维分析手段，揭示设备缺陷与设备型号、厂家、投运年限等变量之间的关联关系和分布情况，以及变量内部之间的关联结构，从而帮助企业提前进行缺陷预判，并对设备采购提供有效的决策支持。

按照周、月、季度、年度等不同维度，直观展示全国各省市、各地区燃气供需情况，帮助决策者宏观掌握相关区域内燃气在一段时间之内的供需状况，并预测未来一段时间的供需情况，便于及时了解燃气缺口，从而采取有效措施，减少区域内“气荒”的发生。

基于各个区域的供气能力、供气缺口预测值和已有管道数据，结合周边建筑物、水文地质条件、交通和人口分布情况，对新建场站布局、管道布线进行模拟，为城市燃气新建管道规划提供决策支持。

燃气气量调度大数据分析平台能够实时采集关键点的气体温度、压力等运行参数和客户用气情况，结合气象资料进行供气预测、优化比较和管网分析等计算，对下阶段的供应任务、储气安排、厂站的进出口流量和调压器压力进行预测，并进过分析比较，确定最合理的调度方案，以节约能源，增加效益，提高服务质量。

3. 汽车行业

当问起汽车的制造过程，大多数人脑子里随即浮现的是各种生产装配流水线和制造机器。然而在福特，在产品的研发设计阶段，大数据就已经对汽车的部件和功能产生了重要影响。

比如，福特产品开发团队曾经对SUV是否应该采取掀背式(即手动打开车后行李箱车门)或电动式进行分析。如果选择后者，门会自动打开、便捷智能，但这种方式会影响到车门开启有限的困扰。此前采用定期调查的方式并没有发现这个问题，但后来根据对社交媒体的关注和分析，发现很多人都在谈论这些问题。

4. 通信行业

大数据在通信行业的应用更为广泛，像XO Communications通过使用IBM SPSS预测分析软件，减少了将近一半的客户流失率。XO现在可以预测客户的行为，发现行为趋势，并找出存在缺陷的环节，从而帮助公司及时采取措施，保留客户。此外，IBM 新的 Netezza 网络分析加速器，将通过提供单个端到端网络、服务、客户分析视图的可扩展平台，帮助通信企业制定更科学、合理决策。电信业者透过数以千万计的客户资料，能分析出多种使用者行为和趋势，卖给需要的企业，这是全新的资源经济。而中国移动通过大数据分析，对企业运营的全业务进行针对性的监控、预警、跟踪。系统在第一时间自动捕捉市场变化，再以最快捷的方式推送给指定负责人，使他在最短时间内获知市场行情。NTT docomo 把手机位置信息和互联网上的信息结合起来，为顾客提供附近的餐饮店信息，接近末班车时间时，提供末班车信息服务。

5. 银行大数据

国内不少银行已经开始尝试通过大数据来驱动业务运营，如中信银行信用卡中心使用大数据技术实现了实时营销；光大银行建立了社交网络信息数据库；招商银行则利用大数据发展小微贷款。总的来看银行大数据应用可以分为四大方面：

(1)客户画像

客户画像应用主要分为个人客户画像和企业客户画像。个人客户画像包括人口统计学特征、消费能力数据、兴趣数据、风险偏好等；企业客户画像包括企业的生产、流通、运营、财务、销售和客户数据、相关产业链上下游等数据。值得注意的是，银行拥有的客户信息并不全面，基于银行自身拥有的数据有时候难以得出理想的结果甚至可能得出错误的结论。比如，如果某位信用卡客户月均刷卡 8 次，平均每次刷卡金额 800 元，平均每年打 4 次客服电话，从未有过投诉，按照传统的数据分析，该客户是一位满意度较高流失风险较低的客户。但如果看到该客户的微博，得到的真实情况是：工资卡和信用卡不在同一家银行，还款不方便，好几次打客服电话没接通，客户多次在微博上抱怨，该客户流失风险较高。所以银行不仅仅要考虑银行自身业务所采集到的数据，更应考虑整合外部更多的数据，以扩展对客户的了解。

(2)精准营销

在客户画像的基础上银行可以有效地开展精准营销，包括：实时营销、交叉营销、个性化推荐及客户生命周期管理。

(3)风险管理与风险控制

在风险管理和控制方面包括中小企业贷款风险评估和欺诈交易识别等手段。

(4)运营优化

通过大数据，银行可以监控不同市场推广渠道尤其是网络渠道推广的质量，从而进行合作渠道的调整和优化。同时，也可以分析哪些渠道更适合推广哪类银行产品或者服务，从而进行渠道推广策略的优化。

3.5.2 基于基站大数据应用案例

1. 方案思路

移动运营商拥有丰富的网络信令数据，用户在每一个业务应用和操作时，包括语音通话、收发短信等，都会在网络中记录用户相关的基站位置信息，除此之外还有用户的主动位置更新(更新LAI)和定期的位置更新(一般为2小时以内),也会记录用户的位置信息,通过这些信令数据上下文我们可以制作一个旅游客源分析应用平台,可以通过基站描点的方法勾勒出用户的活动轨迹,再利用运营商在旅游景区的基站信息同景区进行有效的结合,实时分析各景区的移动本网当前用户人数及本网当前旅游到达总数,并将相关景区消息以短信方式推送。具体过程如下:

- 通过对用户的进一步分析,分析其来源等相关情况。
- 通过对用户的进一步分析,分析驻留时长情况。
- 分析各个旅游景区的人流密度等相关情况。

有了这部分本网旅游用户的数据就可以进一步分析旅游用户相关数据,如用户来源地以及与景区相关的信息,如景区热度排名等,同时可以通过全省数据进一步归纳热点旅游线路等,统计出移动本网用户数据后,可以根据移动用户占比情况即比例系数反推旅游景区的用户总数,占比情况分析可计算出移动占比的比例。

2. 系统架构

系统主要由信令处理子系统、短信发送子系统、大数据管理系统、系统管理子系统四部分组成。

- 信令处理子系统

本子系统经过复杂的信令分析和匹配,最终得到用户的手机号和当前位置信息,并将这些信息保存在内存数据库中,并同步到关系数据库中。

- 短信发送子系统

本子系统经过对用户手机号和位置信息的分析,以及与业务条件是否匹配,得到是否要给用户下发短信的决策。如果要下发短信,短信业务应用系统将要下发的短信和用户手机号写入运营商的10086短信下发系统,由10086短信下发系统为用户下发信息。

- 大数据管理系统

存储与用户、位置相关的数据,供短信业务应用系统判断时使用。使系统的并行效率提升显著、硬件资源被充分用于大数据处理,缩短处理时间、节约硬件成本。

- 系统管理子系统

本服务提供人性化的远程登录界面服务,为客户提供了用户管理、权限管理、日志管理、统计分析、数据配置等丰富功能。

3. 平台技术思路

平台本着可靠稳定的宗旨进行整个系统的技术构建,主要遵循以下技术思路:

- 扩展性原则:平台具有高可扩展性,既能适应移动通信网络结构、通信协议的扩展变更,也能适应不断变化的应用需求。
- 模块化设计原则:平台采用模块化设计,并构建业务生成平台。
- 可移植性原则:平台采用Java开发体系,与系统平台无关,确保应用系统的可移植性。
- 先进性原则:平台采用电信级设计标准,在设计思想、系统架构、采用技术、选用平台上均需要具有一定的先进性、前瞻性,考虑一定时期内业务的增长。
- 易用性原则:提供友好的用户操作界面,具备直观易用的人机界面,简化复杂操作步骤。

● 稳定性原则：具备高可靠性和高稳定性，能够适应海量信令数据处理。在系统设计、开发和应用时，从系统结构、技术措施、软硬件平台、技术服务和维护响应能力等方面综合考虑，确保系统较高的性能和较少的故障率。

旅游客源分析应用平台采用信令数据采集接入、数据分析整合、页面展示三层架构的方式实现。

信令数据采集接入层主要获取信令数据，并对数据进行预处理。本层与中兴信令监测平台对接。

数据分析整合处理层采用专用数据统计算法和数据发掘分析技术，根据实时采集到的信令接口数据，及定期更新的基站、小区、场所及号码段数据，综合分析各个视角的数据，包括统计区域实时流量数据、流量总量数据、流量密度数据、流量驻留数据、景点流量告警等。

页面展现层具备将各种统计分析结果进行图表化、图形化、地图化的展示，并能以多种格式导出。同时通过界面建立同接触渠道的接口，包括短信、彩信、12580 接口，可以通过接口推送给商家及用户相关的实时信息。

总之，当前大数据的应用只是冰山一角，绝大部分隐藏在表面之下，未来，大数据带来的精彩值得期待。

思考题

1. 试述信息技术发展史上的三次信息化浪潮及具体内容。
2. 试述大数据产生方式经历的几个阶段。
3. 试述大数据的四个基本特征。
4. 试阐述一下你周围的大数据。
5. 试举例说明你了解的大数据的关键技术。

第4章 云计算技术

互联网的快速发展给人们提供了海量的信息资源，移动终端设备的不断丰富使得人们获取、加工、应用和向网络提供信息更加方便和快捷。信息技术的进步将人类社会紧密地联系在一起，世界各地政府、企业、科研机构、各类组织和个人对信息的“依赖”程度前所未有。

降低成本、提高效益是企事业单位生产经营和管理的永恒主题，对信息资源的依赖，使得企事业单位不得不在“信息资源的发电站”（数据中心）的建设和管理上投入，导致信息化建设成本高，中小企业更是不堪重负。传统的信息资源提供模式（自给自足）遇到了挑战，新的技术模式已悄然进入人们的生活、学习和工作，它就是被誉为第三次信息技术革命的“云计算”。

4.1 云计算概述

4.1.1 云计算的定义

1. 云

描述商业模式的改变，客户（个人或企业）从购买产品向购买服务的转变，即：客户看不到也不需要购买实体的服务器、存储、软件等，也不需要关心服务来自哪里，而是通过网络直接使用自己需要的服务和应用，这种模式被形象地称为“云”。

“云”(Cloud)，是一些可以自我维护和管理的虚拟计算资源，通常为一些大型服务器集群，包括计算服务器、存储服务器、宽带资源等。云计算将所有的计算资源集中起来，并由软件实现自动管理，无须人为参与。这使得应用提供者无须为烦琐的细节而烦恼，能够专注于自己的业务，有利于创新和降低成本。云的描述如图 4-1 所示。

2. 云计算

一般认为，云计算(Cloud Computing)是基于互联网的相关服务的增加、使用和交互模式，通常涉及通过互联网来提供动态易扩展且经常是虚拟化的资源。不同人从不同角度对云计算的定义是不同的，但各有道理。

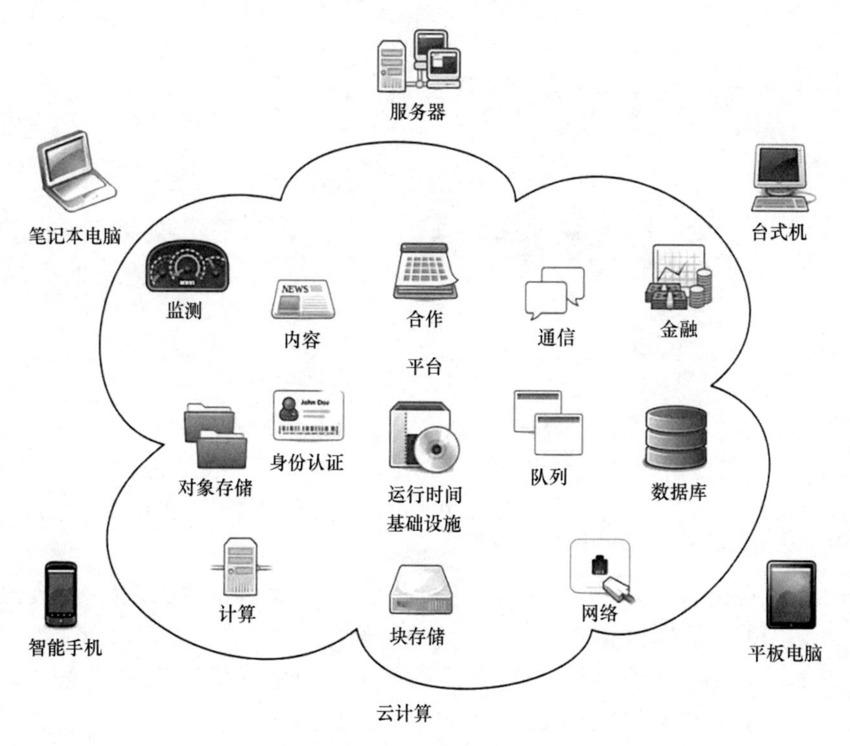

图 4-1　云的描述

CSA(Cloud Security Alliance,云计算安全联盟)比较精确地说明了云计算:云计算是一个模式,它是一种无处不在的、便捷的、按需的、基于网络访问的、共享使用的、可配置的计算资源(如网络、服务器、存储、应用和服务)。云计算也是一种颠覆性的技术,它可以增强协作,提高敏捷性、可扩展性以及可用性,还可以通过优化资源分配和提高计算效率来降低成本。

NIST(National Institute of Standards and Technology,美国国家标准与技术研究院)对云计算的定义重点强调了多参与者使用共享云计算环境的观点,认为云计算是一种按使用量付费的模式,这种模式提供可用的、便捷的、按需的网络访问,进入可配置的计算资源共享池(资源包括网络、服务器、存储、应用软件、服务),这些资源能够被快速提供,只需投入很少的管理工作,或与服务供应商进行很少的交互。

无论哪个定义,云计算都需要从多个维度进行描述。这个描述包括以下核心内容:第一,云计算可以提供各种类型的服务,包括各种物理资源、平台和软件;第二,云计算通过网络访问,用户可以在任何地方,任何时间,以任何方式按需获取人性化服务;第三,计算资源和基础设施支持弹性伸缩、自动配置、动态部署和计量收费。

4.1.2　云计算的发展

1. 云计算的由来

2006 年,Google(谷歌)高级工程师克里斯托夫・比希里亚首次向 Google 董事长兼

CEO 施密特提出"云计算"的想法。在施密特的支持下,Google 推出了"Google 101 计划",并正式提出"云"的概念,其核心思想是将大量用网络连接的计算资源统一管理和调度,构成一个计算资源池向用户按需提供服务。

在计算机发明后的相当长的一段时间内,计算机网络都还处于探索阶段。但是到了 20 世纪 90 年代以后,网络出现了爆炸式发展,随即进入了网络泡沫时代。在 21 世纪初期,正当互联网泡沫破碎之际,Web 2.0 的兴起,让网络迎来了一个新的发展高峰期。

在这个 Web 2.0 的时代,Flickr、MySpace、YouTube 等网站的访问量,已经远远超过传统门户网站。如何有效地为巨大的用户群体服务,让他们参与时能够享受方便、快捷的服务,成为这些网站不得不面对的一个新问题。

与此同时,一些有影响力的大公司为了提高自身产品的服务能力和计算能力而开发大量新技术,例如,Google 凭借其文件系统搭建了 Google 服务器群,为 Google 提供快捷的搜索速度与强大的处理能力。于是,如何有效利用已有技术并结合新技术,为更多的企业或个人提供强大的计算能力与多种多样的服务,就成为许多拥有巨大服务器资源的企业考虑的问题。正是因为网络用户的急剧增多并对计算能力的需求逐渐旺盛,而 IT 设备公司、软件公司和计算服务提供商能够满足这样的需求,云计算便应运而生。

2. 云计算的发展史

云计算的发展基本可以分成三个阶段:

第一个阶段:发展准备阶段

云服务的三种形式全部出现,IT 企业、电信运营商、互联网企业等纷纷推出云服务,云服务形成。

2007 年,Salesforce 发布 Force.com,即 PaaS 服务。2007 年 11 月,IBM 首次发布"云计算"商业解决方案,推出"蓝云"(Blue Cloud)计划。2008 年 4 月,Google App Engine 发布。2008 年中,Gartner 发布报告,认为"云计算"代表了计算的方向。2008 年 8 月 3 日,美国专利商标局(以下简称"SPTO")网站信息显示,戴尔正在申请"云计算"(Cloud Computing)商标。2008 年 10 月,微软发布其公共"云计算"平台——Windows Azure Platform,由此拉开了微软的"云计算"大幕。2008 年 12 月,Gartner 披露十大数据中心突破性技术,虚拟化和"云计算"上榜。

第二阶段:稳步成长阶段

云服务功能日趋完善,种类日趋多样,传统企业开始通过自身能力扩展、收购等模式,纷纷投入云服务之中。

2009 年,中国"云计算"进入实质性发展阶段。2009 年 4 月,VMware 推出业界首款云操作系统 VMware-Sphere 4。2009 年 7 月,中国首个企业"云计算"平台诞生(中化企业"云计算"平台)。

2009 年 9 月,VMware 启动 vCloud 计划,构建全新云服务。2009 年 11 月,中国移动"云计算"平台"大云"计划启动。2010 年 1 月,IBM 与松下达成迄今为止全球最大的"云计算"交易。2010 年 1 月,Microsoft 正式发布 Microsoft Azure 云平台服务。2013 年,甲骨文公司全面展示了甲骨文最新"云计算"产品。

第三阶段:高速发展阶段

通过深度竞争,逐渐形成主流平台产品和标准;产品功能比较健全、市场格局相对稳定;云服务进入成熟阶段,增速放缓。

2014 年,阿里云启动云合计划。2015 年,华为在北京正式对外宣布"企业云"战略。2016 年,腾讯云战略升级,并宣布云出海计划等。

4.1.3 云计算的特征

互联网上的云计算服务特征与自然界的云、水循环具有一定的相似性,因此云是一个相当贴切的比喻。通常,云计算服务具备以下特征。

1. 超大规模

云计算将大量的计算资源汇聚到一个公共资源池中,以租用的方式让多个用户共享计算资源。采用汇聚自由的方式提高了系统整体的计算能力和存储能力,不仅单个用户可以获取远高于本地计算设备提供的服务水平,从服务提供的角度看,这样的资源整合也增加了资源的使用效率,提高了整体的生产力。云计算因其规模巨大,可以以最快的效率为网络中的任何一方提供相关服务,能赋予用户前所未有的计算能力,使得许多计算能力的使用者从购买、自建、维护中解放了出来。

2. 虚拟化

云计算采用虚拟化技术,将计算平台上方的应用软件和下方的物理设备分割开来。这种隔离降低了设备依赖性,为提供跨平台的服务提供了技术基础。用户看到的是虚拟化出来的虚拟设备,而不是真实的物理设备。通过软件将计算能力和物理设备解耦,是IT 发展的重要趋势。目前的云计算融合了虚拟化、服务管理自动化以及标准化等大量革新技术。云计算借助虚拟化技术的伸缩性和灵活性,提高了资源利用率,简化了资源和服务的管理与维护。利用信息服务自动化技术,云计算将资源封装为服务交付给用户,减少了数据中心的运营成本。利用标准化,云计算方便了服务的开发和交付,缩短了客户服务的上线时间。云计算支持在任意位置使用各种终端获取服务,所请求的资源来自"云"而不是固定的有形的实体。应用在"云"中某处运行,但实际上用户不用了解应用运行的具体位置,只需要一个展现终端,如一台笔记本电脑或者一部手机,就可以通过网络服务来获取各种能力超强的服务。

3. 弹性伸缩

弹性是指使用云计算系统中各类资源时的自由伸缩性,是云计算技术中公认的资源利用方面最重要的特点之一。顾名思义,弹性的主要特征是可大可小、可增可减地利用计算资源。云弹性的主要目的是,用户在选择云计算平台时,不必担心资源的过度供给,导致额外的使用开销;用户也不必担心资源的供给不足,导致应用程序不能很好地运行和满足使用需要,所有资源均以自适应伸缩的方式来提供。这种自适应伸缩性表现为资源的实时、动态和按需供给,即随着任务负载和用户请求的大小来弹性调整资源的配置。弹性对于云计算本身而言不仅是一种特征,更定义了一种趋势。

4. 按需服务

云计算管理平台根据应用访问的具体情况，对资源进行动态调配，尤其对于非恒定需求的应用具有非常重要的意义。例如，从事电子商务的企业，需求的波动比较大，而且需求在业务发展的不同阶段差别很大。云平台管理软件将计算、存储、网络等资源根据使用的量的大小进行动态调整，既可以增加也可以减少资源。制定按需服务的策略，可以根据分布规律进行事先预测，也可以根据预设应对方案进行实时调整。作为云计算的重要特征，按需提高服务、按需付费是各类云计算服务不可或缺的一部分。对用户而言，云计算不但省去了基础设备的购置、运维费用，而且能根据企业成长的需要不断扩展订购的服务，或者更换更加适合的服务。这些都提高了企业资金的利用率。

5. 高可靠性

云计算使用了数据多副本容错、计算节点同构可互换等措施，来保障服务的高可靠性。这些措施，使云计算分布式数据中心比使用本地计算机更加可靠，能够保证系统容灾能力。云计算分布式数据中心将云端的用户信息，备份到地理上互相隔离的云主机中。云计算利用强大的分布式集群建立的数据冗余和备份，提供了快速恢复数据的能力。这种实现也使得网络病毒和网络黑客的攻击失去目标，从而大大提高系统的安全性和容灾能力。全球用户数量最多、市场占有率最大的亚马逊目前能达到99.95%的可靠性。这对于包括视频在内的对可靠性要求不高的Web应用和业务已经足够。而银行业务、业务运营支撑系统(Business & Operation Support System，BOSS)等可靠性要求极高的业务领域，要求达到6个“9”，即99.9999%。

6. 低成本

云计算节约资源的理念，可以用集中发电概念进行类比。大约100年前，企业需自办发电厂，价格高昂且效率低下。如今依靠大型发电厂，人们天天用电而不用考虑电是从哪里来的，而且成本更低——云计算也是这样。云计算不仅可以为企业省去基础设备的购置、运维费用，而且能根据企业成长的需要不断扩展订购的服务，或者更换更加适合的服务，从而提高资金利用率。云计算采用的容错措施，可以使用机器廉价的服务器来构成云资源池。这种自动化集中式的管理，使企业不用负担价格高昂的数据中心采购和运维成本。统筹规划的资源池，使得各类资源的利用率较传统系统有大幅提升，用户可以重复享受低成本高质量的服务，节约资源并缩减不必要的浪费。

4.1.4 云计算架构

云计算支持任何IT服务作为公共基础设施服务通过网络被使用和交付。这种服务包括不同方面：基础设施、开发平台、应用软件和服务。云计算技术架构如图4-2所示。

1. 基础设施即服务

基础设施即服务(Infrastructure as a Service，IaaS)方案是最流行的云计算产品。如果把云计算理解为一栋大楼，那么IaaS(基础设施)就是这栋大楼的底层部分。这也是目前各个云服务商提供的最多的服务。在IaaS出现之前，企业或者网站站长想要做一个网站出来，必须先购买服务器，然后还需要有专门的场地放置服务器，并对其做好维护，才能让业务运行起来。而IaaS的出现，让用户可以直接使用云服务商提供的服务器、存储和网络，大大节省了场地费用和维护费用。这也是云计算最基础的服务。

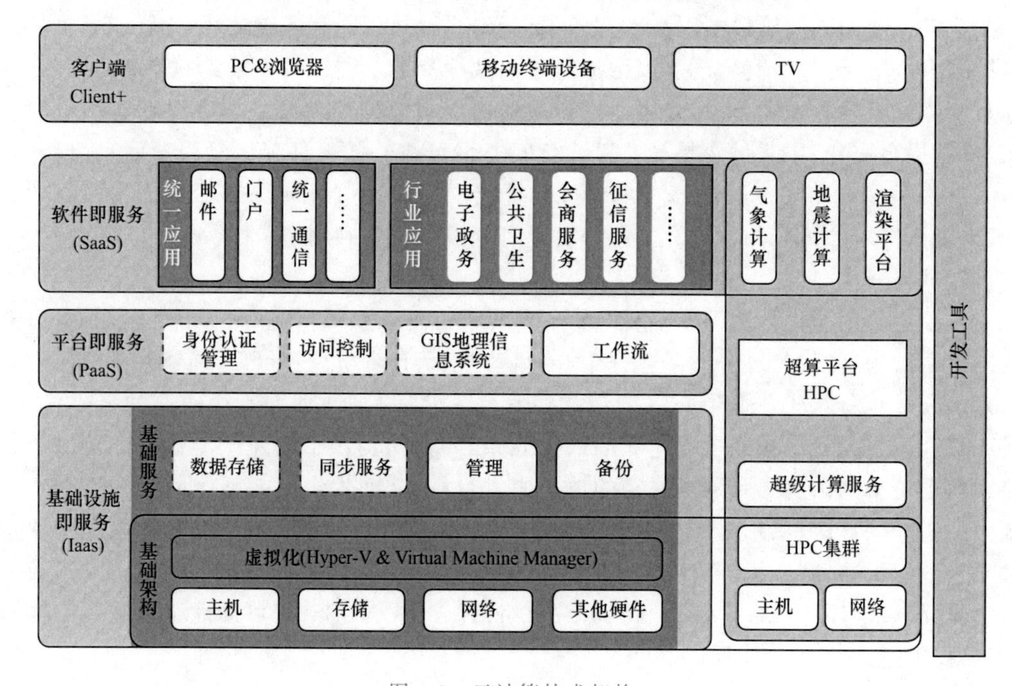

图 4-2　云计算技术架构

IaaS能按需提供定制的基础设施，服务范围从单一服务器到整个基础设施，包括网络设备、负载均衡、数据库和Web服务器。在IaaS中，涉及管理和维护物理数据中心和物理基础设施的许多工作都被抽象成一系列可用服务，人们可以根据需要访问虚拟的基础设施，在数分钟内通过调用API(Application Programming Interface)或者登录网页端管理控制台完成资源的部署和运行。就像水、电这些公共事业服务一样，虚拟的基础设施也是一种可计量服务，只有在开启并使用的时候才会计费。总之，基于Iaas所提供的虚拟数据中心的能力，服务消费者就能够把更多精力集中在构建和管理应用程序而非管理数据中心和基础设施上。

2. 平台即服务

平台即服务(Platform as a Service，PaaS)，这是"云计算大楼"的中层部分，通过其名称可以知道这是为用户提供一个平台来开展工作。具体来说，PaaS是为用户提供一整套工具软件，可以让开发者便捷地开发程序应用，不用花费巨资购置整套软件，只需要对软件的使用付费即可。并且也不需要担心软件的配置、维护等问题，云服务商会代替用户来解决这些问题，用户可以更专注地投入研发工作。

这种服务还有一个巨大的优势是"定制化"，企业可以要求云服务商提供适合本公司实际的工具套装平台，在精确匹配的平台上开展研发工作，不仅能节省企业资金，还能有效提升开发效率，让分散的部门间的合作变得更加容易，缩短研发周期，推进企业的发展。

PaaS解决方案提供了一个开发和部署平台，用来在云计算中运行应用程序。例如，开发人员在设计高扩展性系统时通常必须写大量的代码来处理缓存、异步消息传递、数据库扩展等工作；而在许多 PaaS 解决方案中，开发人员可以通过使用 API 接入大量第三方解决方案，提供类似故障转移、高服务等级协议(SLA)等服务，并从快速市场化及无须管理和维护这些 API 背后的技术所带来的成本效率中大大获益。PaaS 的威力正体现于此——只是通过简单的 API 调用，开发者就可以快速集成许多成熟和可靠的第三方解决方案，而不必经历一系列的采购及安装实施流程。在三种云服务模式中，PaaS 是相对最不成熟的一种，但是这正是 PaaS 市场突飞猛进的良好契机。

3. 软件即服务

软件即服务(Software as a Service, SaaS)位于"云计算大楼"的顶部，是云计算市场中最大的细分市场。简单来讲就是把我们日常在本地用到的程序、软件放到云上运行。例如，微软推出的 Office 365，通过将 Excel 和 Outlook 等应用与 OneDrive 和 Microsoft Teams 等强大的云服务相结合，Office 365 可让任何人使用任何设备随时随地创建和共享内容。此外，CRM、ERP、eHR 等系统也都开始 SaaS 化。

SaaS 是一种基于 Web 的软件交付模式，提供通过互联网访问应用程序的服务。这种方案将复杂的硬件和软件管理任务交给第三方，从而减轻用户的负担，服务消费者要做的只是对一些具体的参数进行配置和对用户进行管理，服务提供商则负责处理所有的基础设施问题，所有的应用逻辑、部署，以及所有与交付产品或服务相关的事宜。各公司在非核心功能上使用 SaaS 解决方案来省去对应用程序基础设施的购买、维护和专职管理人员的聘用——只需要支付一定的订阅费，就可以方便地通过互联网像访问网页服务一样来使用相应的服务。

不过国内还是很少有专门提供 SaaS 服务的云服务商，曾经在这方面投入很多的阿里巴巴也在 2010 年放弃 SaaS，未来这一方面的需求和市场还是非常庞大的。

综上所述，三种云服务模式的比较见表 4-1。

表 4-1　三种云服务模式的比较

类别	特性	产品类型	供应商和产品
SaaS	随时随地为客户提供应用服务	Web 应用和服务(Web 2.0)	SalesForce. com(CRM) Clarizen. com(项目管理)
PaaS	向用户提供一个平台以开发托管在云中的应用	编程 API 框架部署系统	谷歌 App Engine 微软 Azure Manjfasoft Aneka Data Synapse
IaaS	向用户提供虚拟化硬件和存储，可以在其上建立基础设施	虚拟机管理 基础设施 存储管理 网络管理	亚马逊 EC2、S3 GoGrid Nirvanix

4.1.5 云部署模式

云计算是一种并行和分布式系统，它将物理机和虚拟机作为统一的计算资源。云构建基础设施可以是不同类型的，并且通过云提供关于属性和服务的信息。云类型根据云管理域划分，确定云计算服务实施的范围，确定适合提供某种服务的底层基础设施。云部署模式如图 4-3 所示。

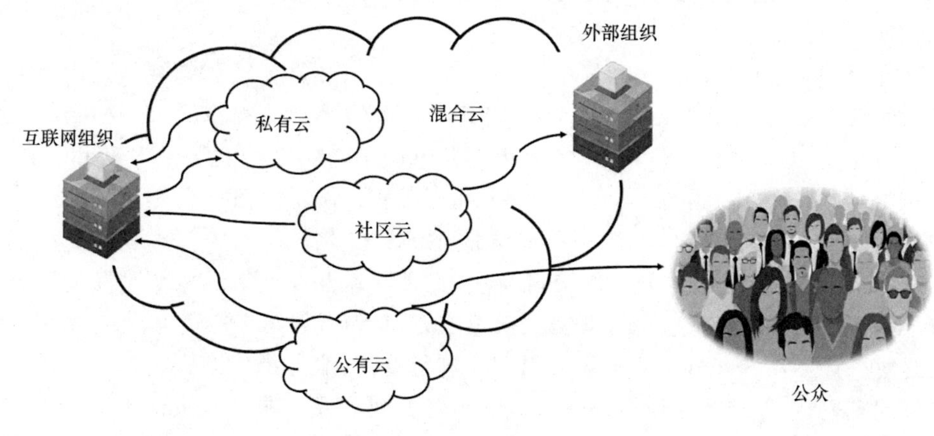

图 4-3　云部署模式

1. 公有云

公有云是历史上实现云计算的第一类云。是指为外部客户提供服务的云，它所有的服务是供别人使用，而不是自己用。公有云提供了最大限度地降低 IT 基础设施成本的解决方案，并且是一种可行的处理本地基础设施高峰负荷的有效方法。公有云的特征是为每个用户提供服务，并支持大量用户使用，其特点是按需扩展能力和支持峰值负载。对于小企业而言，公有云已经成为一种有吸引力的选择，企业可以完全依赖于公共基础设施来满足 IT 需求，从而不需要大量的前期投资就可以开展业务。对于使用者而言，公有云的最大优点是，其所应用的程序、服务及相关数据都存放在公有云的提供者处，自己无须做相应的投资和建设。目前，典型的公有云有微软的 Windows Azure Platform、亚马逊的 AWS、Salesforce. com，以及国内的阿里巴巴、用友伟库等。公有云目前最大的问题是，由于数据不存储在自己的数据中心，其安全性存在一定风险。同时，公有云的可用性不受使用者控制，这方面也存在一定的不确定性。

2. 私有云

私有云，是指企业自己使用的云，它所有的服务不是供别人使用，而是供自己内部人员或分支机构使用。私有云基础设施是为某个组织专门建立的，这种云由那个组织或者第三方管理。私有云的优点在于它克服了公有云的一些缺点。举例来说，公有云公认的缺点是云用户采用云计算时失去了控制权，在公有云的情况下，服务供应商控制着基础设施，甚至用户的核心业务逻辑和敏感数据。虽然有监管程序保证公平管理和尊重客户隐私，但这种情况仍然存在威胁或不可接受的风险，所以一些组织不愿意采用公有云。而私有云可以部署在本地或者托管在云服务提供商的数据中心里，私有云的最终用户都只是

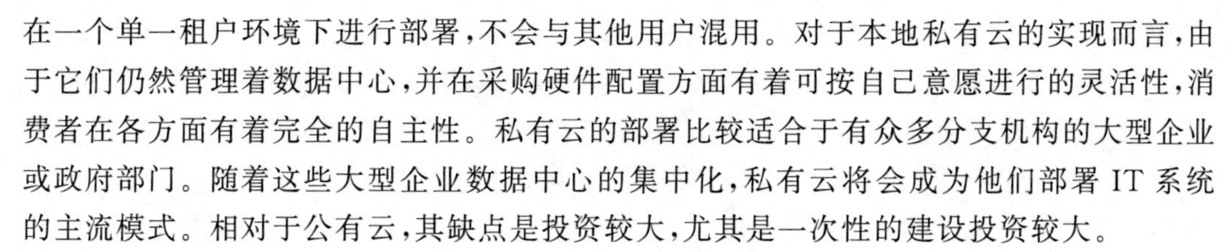

在一个单一租户环境下进行部署，不会与其他用户混用。对于本地私有云的实现而言，由于它们仍然管理着数据中心，并在采购硬件配置方面有着可按自己意愿进行的灵活性，消费者在各方面有着完全的自主性。私有云的部署比较适合于有众多分支机构的大型企业或政府部门。随着这些大型企业数据中心的集中化，私有云将会成为他们部署IT系统的主流模式。相对于公有云，其缺点是投资较大，尤其是一次性的建设投资较大。

3. 混合云

私有云牺牲了“快速伸缩性、资源池化以及按需使用的定价模式”等云计算的核心优势，人们想出了一个两全其美的办法，即同时使用公有云和私有云，也就是混合云。混合云，是指供自己和客户共同使用的云，它所提供的服务既可以供别人使用，也可以供自己使用。混合云解决方案可以合理利用私有云和公有云的优势，其最佳实践方式是在利用快速伸缩性和资源池这些云计算的优势方面尽可能多地使用公有云，而在数据所有权和隐私这些公有云中风险较高的领域使用私有云。

4. 社区云

社区云是通过整合不同的云服务，为满足一个行业、一个社区或一个业务部门的特点需求而建立的分布式系统。特定社区的使用者分为标识明显的不同社区，关注同样的问题或具有相同需求，共享一套基础设施，所产生的成本共同承担。他们可以是政府、企业或者简单用户，但关注的云环境交互、问题相同。

4.2　云服务提供商

云服务是基于互联网的相关服务的增加、使用和交互模式，通常是通过互联网提供的动态、易扩展且经常是虚拟化的资源，云是网络、互联网的一种比喻说法，这些资源的提供商成为云服务商。包括电信运营商、各类软件开发企业、应用服务开发单位等，如中国移动、中国电信、中国联通三大通信运营商，Microsoft、Oracle等软件公司，Amazon、Google、百度、阿里巴巴等服务提供商等。云服务的客户是使用信息资源的企事业单位或者个人，客户只需要通过网络连接到云服务商的资源中心就可以获得所需要的服务。

4.2.1　国外云服务商

1. Amazon的云计算

作为一家主营图书零售起家的电子商务企业，Amazon在设计和规划自身IT系统架构的时候，不得不为了应对“圣诞节狂潮”这样的销售峰值而购买大量的IT设备。但是，这些设备平时却处于空闲状态。因此，Amazon在2002年7月推出免费的Amazon电子商务服务，让零售商可以将自己的商品放在Amazon网络商店中，储存产品价格、顾客点评等资料，进行后台管理。这样，Amazon不仅卖书，而且还当电子商务零售业的“包租公”,利用其在电子商务网站建设上的优势,将设备、技术和经验作为一种打包产品为其他企业提供服务,存储服务器、带宽按容量收费,CPU 根据使用时长运算量收费。为了解决这些租用服务中的可靠性、灵活性、安全性等问题,Amazon 不断优化其技术。

Amazon 很早进入了云计算领域,凭借其在电子商务领域积累的大量基础性设施、先进的分布式计算技术和巨大的用户群体,在云计算、云存储方面一直处于领先地位。

Amazon 的云计算产品总称为 Amazon Web Service(Amazon 网络服务),主要由四部分组成,包括 S3(Simple Storage Service,简单的存储服务)、EC2(Elastic Compute Cloud,可伸缩计算云)、SQS(Simple Queuing Service,简单信息队列服务)以及 SimpleDB。同时 Amazon 目前提供了内容推送服务 CloudFront、电子商务服务 DevPay 和 FPS 服务。也就是说,Amazon 目前为开发者提供了存储、计算、中间件和数据库管理系统服务。通过 AWS,可根据业务的需要访问一套可伸缩的 IT 基础架构服务,获得计算能力、存储和其他的服务。通过 AWS 可以更多地根据所解决问题的特点来有弹性地选择哪种开发平台或者编程模型。用户只需为使用了什么而付费,而不需要支付预先的花费或为长期的承诺付费,使得 AWS 成为交付应用给客户最有效的方式。Amazon 平台架构如图 4-4 所示。

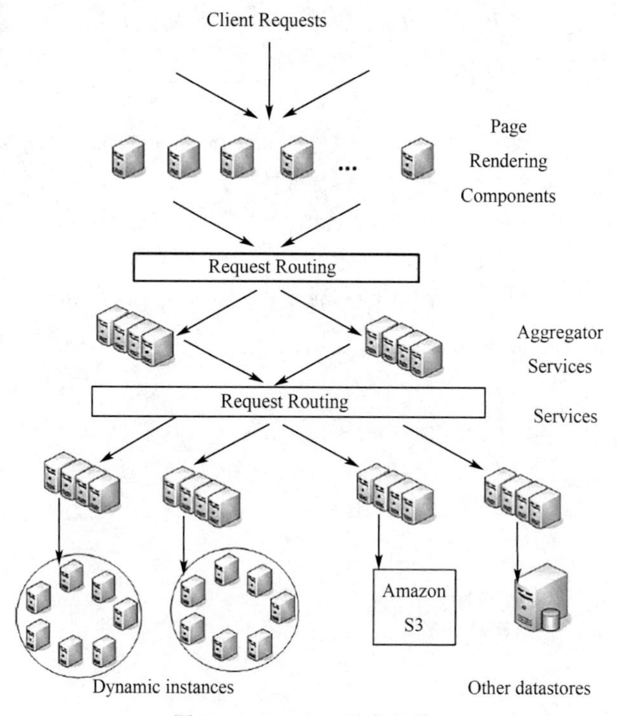

图 4-4　Amazon 平台架构

2. Google 的云计算

Google 的硬件条件优势,大型的数据中心、搜索引擎的支柱应用,促进 Google 云计算迅速发展。Google 的云计算主要由 MapReduce、Google 文件系统(GFS)、BigTable 组成。它们是 Google 内部云计算基础平台的三个主要部分。Google 还构建其他云计算组件,包括一个领域描述语言以及分布式锁服务机制等。Sawzall 是一种建立在

MapReduce基础上的领域语言，专门用于大规模的信息处理。Chubby是一个高可用、分布式数据锁服务，当有机器失效时，Chubby使用Paxos算法来保证备份。

(1)Google File System(文件系统)

为了满足Google迅速增长的数据处理需求，Google设计并实现了Google文件系统(Google File System,GFS)。GFS与过去的分布式文件系统拥有许多相同的目标，例如性能、可伸缩性、可靠性以及可用性。然而，它的设计还受到Google应用负载和技术环境的影响。主要体现在以下四个方面：

①集群中的节点失效是一种常态，而不是一种异常。由于参与运算与处理的节点数目非常庞大，通常会使用上千个节点进行共同计算，因此，每时每刻总会有节点处在失效状态。需要通过软件程序模块，监视系统的动态运行状况，侦测错误，并且将容错以及自动恢复系统集成在系统中。

②Google系统中的文件大小与通常文件系统中的文件大小概念不一样，文件大小通常以吉字节计。另外，文件系统中的文件含义与通常文件不同，一个大文件可能包含大量的通常意义上的小文件。所以，设计预期和参数，例如I/O操作和块尺寸都要重新考虑。

③Google文件系统中的文件读写模式和传统的文件系统不同。在Google应用(如搜索)中对大部分文件的修改，不是覆盖原有数据，而是在文件尾追加新数据。对文件的随机写是几乎不存在的。对于这类巨大文件的访问模式，客户端对数据块缓存失去了意义，追加操作成为性能优化和原子性(把一个事务看作一个程序，它要么被完整地执行，要么完全不执行)保证的焦点。

④文件系统的某些具体操作不再透明，而且需要应用程序的协助完成，应用程序和文件系统API的协同设计提高了整个系统的灵活性。例如，放松了对GFS一致性模型的要求，这样不用加重应用程序的负担，就大大简化了文件系统的设计。还引入了原子性的追加操作，这样多个客户端同时进行追加的时候，就不需要额外的同步操作了。

GFS体系结构如图4-5所示。

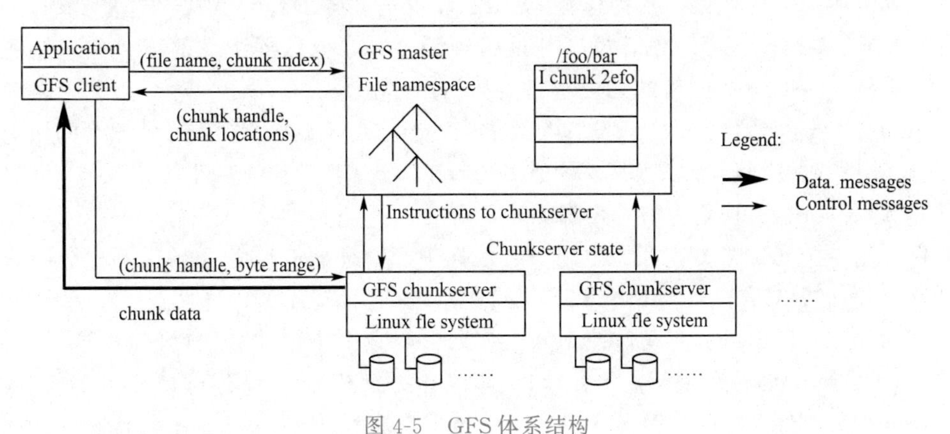

图4-5　GFS体系结构

(2)MapReduce(分布式编程环境)

为了让有内部非分布式系统方向背景的员工有机会将应用程序建立在大规模的集群基础之上，Google还设计并实现了一套大规模数据处理的编程规范Map/Reduce系统。

这样,非分布式专业的程序编写人员也能够为大规模的集群编写应用程序而不用去顾虑集群的可靠性、可扩展性等问题。应用程序编写人员只需要将精力放在应用程序本身,而关于集群的处理问题则交由平台来处理。

Map/Reduce 通过“Map(映射)”和“Reduce(化简)”这样两个简单的概念来参加运算,用户只需要提供自己的 Map 函数以及 Reduce 函数就可以在集群上进行大规模的分布式数据处理。

(3)BigTable(分布式大规模数据库管理系统)

构建于上述两项基础之上的第三个云计算平台就是 Google 关于将数据库系统扩展到分布式平台上的 BigTable 系统。很多应用程序对于数据的组织还是非常有规则的。一般来说,数据库对于处理格式化的数据还是非常方便的,但是由于关系数据库很强的一致性要求,很难将其扩展到很大的规模。为了处理 Google 内部大量的格式化以及半格式化数据,Google 构建了弱一致性要求的分布式大规模数据库系统 BigTable。

3. Microsoft 的云计算

Windows Azure 是微软基于云计算的操作系统,和 Azure Services Platform 一样,是微软“软件和服务”技术的名称。Windows Azure 的主要目标是为开发者提供一个平台,帮助开发可运行在云服务器、数据中心、Web 和 PC 上的应用程序。云计算的开发者能使用微软全球数据中心的储存、计算能力和网络基础服务。Azure 服务平台包括了以下主要组件:Windows Azure;Microsoft SQL 数据库服务,Microsoft .Net 服务;用于分享、储存和同步文件的 Live 服务;针对商业的 Microsoft SharePoint 和 Microsoft Dynamics CRM 服务。

The Azure Services Platform(Azure)是一个互联网级的运行于微软数据中心系统上的云计算服务平台,它提供操作系统和可以单独或者一起使用的开发者服务。Azure 是一种灵活和支持互操作的平台,它可以被用来创建云中运行的应用或者通过基于云的特性来加强现有应用。它开放式的架构给开发者提供了 Web 应用、互联设备的应用、个人电脑、服务器,或者提供最优在线复杂解决方案的选择。

Windows Azure 以云技术为核心,提供了软件+服务的计算方法。它是 Azure 服务平台的基础。Azure 用于帮助开发者开发跨越云端和专业数据中心的下一代应用程序,在 PC、Web 和手机等各种终端间创造完美的用户体验。

Azure 能够将处于云端的开发者个人能力,同微软全球数据中心网络托管的服务,比如存储、计算和网络基础设施服务,紧密结合起来。这样,开发者就可以在“云端”和“客户端”同时部署应用,使得企业与用户都能共享资源。

Windows Azure 是专为在微软建设的数据中心管理所有服务器、网络以及存储资源所开发的一种特殊版本 Windows Server 操作系统,它具有针对数据中心架构的自我管理(Autonomous)机能,可以自动监控划分在数据中心数个不同的分区(微软将这些分区称为 Fault Domain)的所有服务器与存储资源,自动更新补丁,自动运行虚拟机部署与镜像备份(Snapshot Backup)等,Windows Azure 被安装在数据中心的所有服务器中,并且定时和中控软件——Windows Azure Fabric Controller 进行沟通,接收指令以及回传运行状态数据等,系统管理人员只要通过 Windows Azure Fabric Controller 就能够掌握所有服务器的运行状态,Fabric Controller 本身是融合了很多微软系统管理技术的总称,包含对虚拟机的管理(System Center Virtual Machine Manager)、对作业环境的管理(System Center Operation Manager),以及对软件部署的管理(System Center Configuration Manager)等,在 Fabric Controller 中被发挥得淋漓尽致,如此才能够实现通过 Fabric Controller 来管理在数据中心中所有服务器的能力。

Azure 服务平台的设计目标是用来帮助开发者更容易地创建 Web 和互联设备的应用程序。它提供了最大限度的灵活性以及选择和使用现有技术连接用户和客户的控制。Windows Azure 服务平台现在已经包含如下功能:网站、虚拟机、云服务、移动应用服务、大数据支持以及媒体功能的支持。

Microsoft Azure 平台如图 4-6 所示。

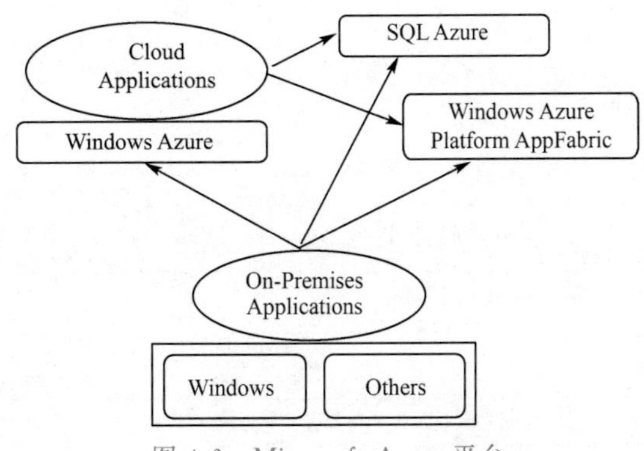

图 4-6　Microsoft Azure 平台

4. IBM“蓝云”计算平台

“蓝云”解决方案是由 IBM 云计算中心开发的企业级云计算解决方案。该解决方案可以对企业现有的基础架构进行整合,通过虚拟化技术和自动化技术,构建企业自己的云计算中心,实现企业硬件资源和软件资源的统一管理、统一分配、统一部署、统一监控和统一备份,打破应用对资源的独占,从而帮助企业实现云计算理念。

IBM 在 2007 年 11 月 15 日推出了“蓝云”计算平台,为客户带来即买即用的云计算平台。它包括一系列的云计算产品,使得计算不仅仅局限在本地机器或远程服务器农场(服务器集群),通过架构一个分布式、可全球访问的资源结构,数据中心在类似于互联网的环境下运行计算。“蓝云”建立在 IBM 大规模计算领域的专业技术基础上,基于由 IBM 软件、系统技术和服务支持的开放标准和开源软件。简单地说,“蓝云”基于 IBM Almaden 研究中心(Almaden Research Center)的云基础架构,包括 Xen 和 PowerVM 虚拟化、Linux 操作系统映像以及 Hadoop 文件系统与并行构建。“蓝云”由 IBM Tivoli 软件支持,通过管理服务器来确保基于需求的最佳性能。这包括通过能够跨越多服务器实时分配资源的软件,为客户带来一种无缝体验,加速性能并确保在最苛刻环境下的稳定性。蓝云计算平台由 IBM Tivoli 部署管理软件(Tivoli Provisioning Manager)、IBM Tivoli 监控软件(IBM Tivoli Monitoring)、IBM WebSphere 应用服务器、IBM DB2 数据库以及一些虚拟化的组件共同组成。

蓝云的硬件平台并没有什么特殊的地方,但是蓝云使用的软件平台相较于以前的分布式平台具有不同的地方,主要体现在对于虚拟机的使用以及对于大规模数据处理软件

Apache Hadoop 的部署。

与 Google 不同的是，IBM 并没有基于云计算提供外部可访问的网络应用程序。这主要是由于 IBM 并不是一个网络公司，而是一个 IT 的服务公司。当然，IBM 内部以及 IBM 未来为客户提供的软件服务会基于云计算的架构。

根据目前市场的需求，IBM 以 6+1 方式为客户提供云计算解决方案，适用于如下六种蓝云应用场景，满足不同云计算应用需求：

(1)软件开发测试云。

(2)SaaS 云。

(3)创新协作云。

(4)高性能计算云。

(5)云计算 IDC。

(6)企业内部云。

IBM 蓝云 6+1 解决方案如图 4-7 所示。

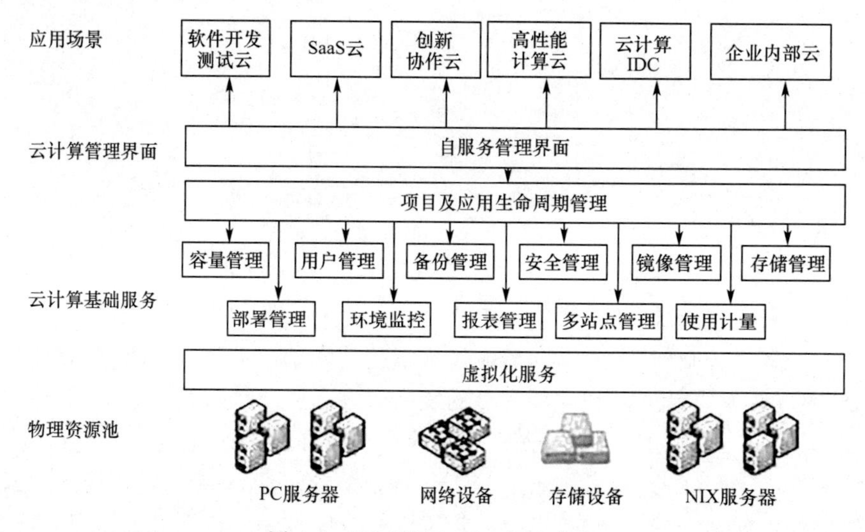

图 4-7　IBM 蓝云 6+1 解决方案

4.2.2　国内云服务商

1. 中国移动云

作为全世界用户最多的运营商，中国移动主要是从自主研发、平台建设、云化三个方面布局云计算，为通信 4.0 做准备。中国移动在云计算方面自主研发起步比较早。2007 年开启云计算部署，研发了拥有完全自主知识产权的“大云”平台。2014 年在苏州成立了苏州研发中心，主要从事云计算、大数据、内部 IT 集成系统的开发。2015 年开始，中国移动对整个云计算系统做了全面的升级，将之划分为公有云和私有云，并将这两个云计算系统统一在 OpenStack 开放的架构之下，充分利用了开源及开源的技术成果。2017 年 8 月 24 日，在以“大云，新 IT 新动力”为主题的“2017 中国移动云计算大会”上正式启动“大云

4.0”,致力于推动中国IT技术结构变革。

移动云通过服务器虚拟化、对象存储、网络安全能力自动化、资源动态调度等技术,将计算、存储、网络等基础IT资源作为服务提供,客户根据其应有的需要可以按需使用、按使用付费。

移动云提供云主机、云主机备份、云存储、弹性块存储、弹性公网IP、宽带出租、云防火墙、云监控八项IaaS业务及应用托管、能力开放等PaaS业务,涵盖了IT系统建设必需的计算资源、存储资源、网络资源、安全资源、能力资源。移动云可移动办公拓扑图如图4-8所示。

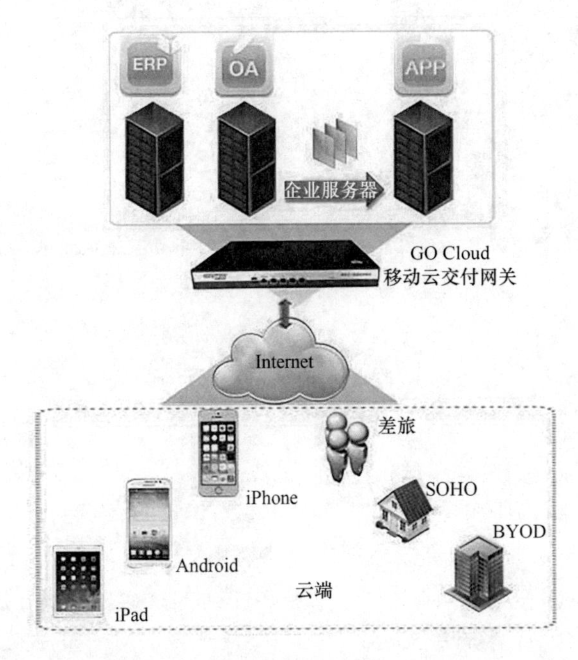

图4-8 移动云可移动办公拓扑图

2. 天翼云

中国电信天翼云是面向最终消费者的云存储产品,是基于云计算技术的个人/家庭云数据中心,能够提供文件同步、备份及分享等服务的网络云存储平台。可以通过网页、PC客户端及移动客户端随时随地把照片、音乐、视频、文档等轻松地保存到网络,无须担心文件丢失。通过天翼云,多终端上传和下载、管理、分享文件变得轻而易举。天翼云的目标是让客户尽情享受信息新生活,将云计算、存储和网络资源变成类似水、电一样的社会公共资源,融入日常生产与生活,实现“云服务到家,云服务随身”。

天翼云的特点有:

- 多终端同步。计算机、手机、平板电脑多终端管理文件。
- 多媒体在线播放。独家云端解码技术,支持云端视频在线播放。
- 同步备份二合一。集同步盘、备份盘为一身,便捷同步,无忧备份。
- 私密空间。动态密码验证,有效保护隐私。
- 通信录备份。手机、189邮箱通信录同步备份,安全有保障。

● 文件随身分享。拍照即传，美好瞬间随心分享。

用户可通过网页或客户端登录天翼云，输入天翼云首页网址进入天翼云。其服务非常广泛，内容包括弹性计算、存储、数据库、安全等。天翼云首页如图 4-9 所示。

图 4-9　天翼云首页

3. 沃云

作为国内电信运营商中自主研发并拥有自主知识产权的云计算服务提供商，中国联通将云计算作为转型发展的重要战略。2008 年，中国联通成立云计算研究团队。2009 年，沃云原型 1.0 问世，并通过测试。2010 年，中国联通举办第一次云计算技术研讨会，确定 OpenStack 作为云计算平台架构。2011 年，沃云原型 2.0 正式发布，并进行试商用。2012 年，联通云数据有限公司筹备组成立，以沃云原型 2.0 为基础研发新的沃云平台。2013 年，中国联通首次向全球发布沃云品牌和沃云 2.0 云计算基础产品，同年沃云平台承载了中国气象局、沃尔沃汽车云、国家安监局等首批用户。2014 年，成为国内首家 SDN 商用运营商，并完成可信云、安全等三级认证，发布了沃云 3.0。2016 年 3 月 31 日，在北京召开“汇聚沃能量，共享云价值——中国联通沃云＋”大会，与华为公司签署云计算战略合作协议。

中国联通经通过六大方向发力云计算：

(1)建设新一代绿色云数据中心，提供覆盖全面的“沃云＋”资源布局。

(2)加快建设“云网一体”的统一平台，提供“自主、先进、安全、可控”的“沃云＋”平台能力。

(3)面向不同领域，提供差异化、高性价比的“沃云＋”产品体系。

(4)聚焦重点行业，提供全方位的“沃云＋”服务体系。

(5)坚持集中统一，提供高效的“沃云＋”运营管理体系。

(6)坚持开放创新、合作共赢，共建“中国联通沃云＋云生态联盟”。

“沃云”的网站首页如图4-10所示。

图4-10　沃云首页

4. 百度云

百度是全球最大的中文搜索引擎，2012年9月，百度向开发者全面开放包括云存储、大数据智能和云计算在内的核心云能力，为开发者提供更强大的技术运营支持与推广变现保障。2015年，百度进一步开放其核心基础架构技术，为广大公有云需求者提供全系列可靠易用的高性能云计算产品。

百度云产品集成了百度核心基础架构，具有安全、稳定、高性能、高可扩展性等特点。百度云产品包括虚拟化与网络产品、存储与数据库产品、大数据分析产品、人工智能产品等。此外，百度云还推出通用解决方案：建站解决方案、视频云解决方案、智能图像云解决方案、存储处理解决方案、大数据分析解决方案、移动App解决方案。行业解决方案：数字营销云解决方案、在线教育解决方案、物联网解决方案、政务解决方案。

百度云的最终目的就是为客户提供价值，按需取用、按需付费、集中管理。用户由传统的自购软硬件、烟囱式(指由相互关联的元素紧密结合在一起的集合，其中某个元素无法区分、升级或重构)的系统部署、自行维护，到从网络购买服务、无须运营服务，从而聚焦业务。百度云未来的发展目标是“以云为基、智能为柱，通过技术创新助力互联网+”。

5. 阿里云

阿里云，创立于2009年，是阿里巴巴集团旗下云计算品牌，全球卓越的云计算技术和服务提供商。至2016年，阿里云在中国公有云市场上占据绝对主导地位，市场份额是AWS、Azure、腾讯云、百度云、华为云等市场追随者的总和。阿里巴巴正在搅动传统企业级IT市场，在中国市场上急速成长为IT巨头，同Amazon、Microsoft并称“3A”(AWS、AliCloud、Azure)。

阿里云是服务于制造、金融、政务、交通、医疗、电信和能源等众多领域的领军企业，包括中国联通、12306、中石化、中石油、飞利浦和华大基因等大型企业客户，以及微博、知乎、锤子科技等明星互联网公司。在天猫“双11”全球狂欢节、12306春运购票等极富挑战的应用领域中，阿里云保持着良好的运行记录。

阿里云提供弹性计算、数据库、存储、大数据、网络和安全等丰富的产品和服务，阿里云网站展示了各类产品及服务。阿里云产品频道如图4-11所示。

图 4-11　阿里云产品频道

6. 腾讯云

腾讯公司成立于 1998 年，第一个产品 QQ 就是一朵云。从 PC 时代第一版的 QQ 到现在，腾讯云始终积极地探寻，从解决如何稳定服务、让用户的 QQ 不掉线，到解决如何满足用户越来越丰富的需求——更多的社交、更好玩的娱乐、更丰富的在线生活，再到如何开放，如何实现一个中国最大互联网生态平台的价值，腾讯云一直在努力！

多年来，腾讯云基于 QQ、QQ 空间、微信、腾讯游戏等真正海量业务的技术锤炼，从基础架构到精细化运营，从平台实力到生态能力建设，腾讯云将之整合并面向市场，使之能够为企业和创业者提供集云计算、云数据、云运营于一体的云端服务体验。

2013 年 9 月以来，腾讯云已全面开放，所有用户都有机会使用腾讯的云服务，借助云计算加速成功之路。其产品包括云服务器、云数据库、CDN、云安全、万象图片和云点播等，产品页如图 4-12 所示。

图 4-12　腾讯云产品页

4.2.3 云用户

任何技术的发展与创新都是为满足人们生产、生活需要为目的的，云计算的迅猛发展同样是为一定用户群体服务的。云计算的用户为获取自身业务发展需要的信息资源，借助各种终端设备，通过网络访问云服务商提供各类服务。其用户已渗透到人类生产、生活的各个领域，这些用户可以分为政府机构用户、企业用户、开发人员及大众用户。

1. 政府机构用户

政府机构在云计算的发展过程中扮演着一个特殊的角色，国家政府机构是信息资源最大的生产者和使用者，国家政府部门的信息化已经成为衡量一个国家现代化水平和综合国力的重要标准，是推动这项技术发展的一股力量，这其中包括引导投资及提供相应的资助，同时肩负着对这个“生态系统”的监管和标准制定的责任。政府还是信息资源最大的使用者和受益者。

政府机构是云计算的提供商，是信息资源的最大生产者，也是信息资源的最大使用者。这里的信息资源就可以理解为人类在生产、生活中创造的有价值的信息服务。从某种意义上讲，政府行使职能进行国家管理的过程就是信息收集、加工处理并进行决策的过程，在这个过程中信息流动贯穿其中，而政府作为信息流的“中心节点”，其自身的信息化则成为经济和社会信息化的先决条件之一。

政府机构是云计算的监管者。政府作为监管者，有责任降低使用云服务的“风险”，并通过“必要的监管职能确保用户和供应商的正常运作”，这里的监管职能是通过制定相应法律法规和行业标准加以约束，特别是对违反法律以及道德规范的相关服务坚决进行打击，为整个社会以及“云计算生态环境”构建一个健康发展的外部环境，为人民生活水平的提高以及国家财富的积累积极发挥作用。

作为特殊的云计算用户，政府信息化的发展需要应用云计算。这里所说的需要云计算是指对于某些政府信息公开化方面，云计算能够更好地解决。

政务云体系架构如图 4-13 所示。

2. 企业用户

大型企业可以分为两种，一种是作为云服务商角色，另一种则是根据自身业务需要构建私有云的角色，当然也可以使用公有云及混合云。

21 世纪是信息时代，谁拥有更多的资源，谁就站在了制高点，谁就能创造更多的财富。一些大型的 IT 企业看到了这样的发展趋势，才蜂拥而至地极力发展云技术。越来越多的大型 IT 企业进入云服务的行列。

一般来讲，大型企业业务复杂，职能机构多，云计算可以轻松实现不同设备间的数据与应用共享，有跨设备平台业务推广的优势，云计算平台扩展性高、超大规模、可用性高、成本低廉。云计算能实时监控使用情况，做出分析并自动重新增加和分配相应的系统资源。同时，当业务处于阶段性需求时，云平台可弹性自动化地优化资源开销，节约维护成本，降低能耗。

中小企业可以借助云计算在更高的层面上和大企业竞争，企业无须购买软、硬件，只用从云计算供应商那里租用服务，节省投资。

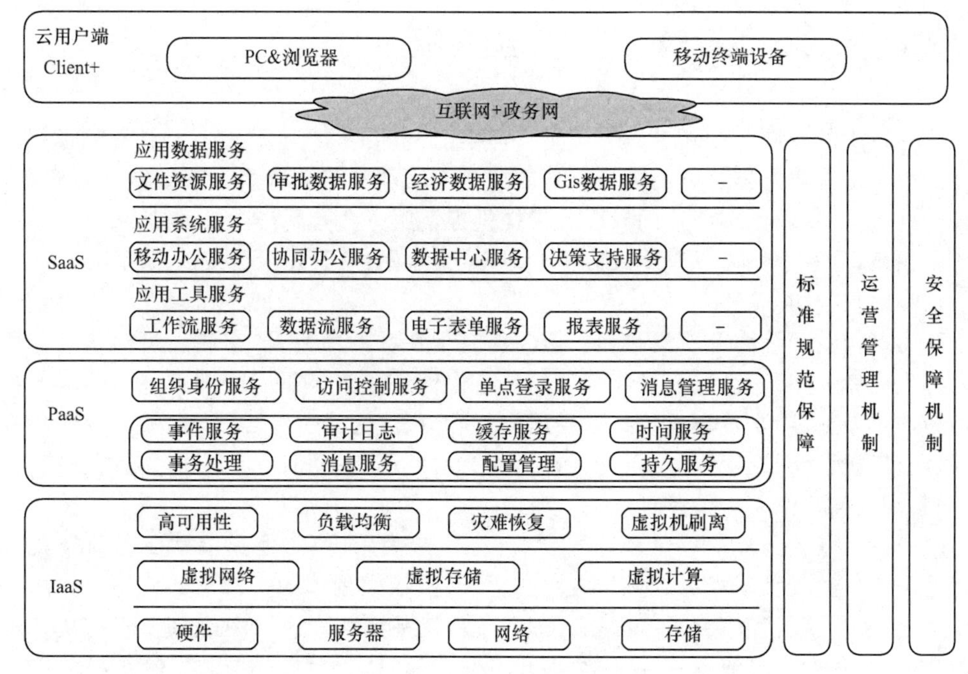

图 4-13 政务云体系架构

3. 开发人员

目前有很多大型云服务提供商将服务以颗粒的形式提供给用户和开发人员，企业利用云服务并结合自身业务，再次生成新的服务，开发人员可通过 API 访问这些服务接口结合自己的业务逻辑开发应用软件。也就是说，我们只关注我们的点子及业务，而不需要做别人比自己做得更专业的工作。软件开发项目组也可以利用云平台，实现在线开发、异地协同开发，并通过云实现知识积累、软件复用。

4. 大众用户

通过云服务，大众用户可以存储个人电子邮件、相片、购买音乐、配置文件和信息、与社交网络互动、查找驾驶及步行路线、开发网站，以及与其他用户互动。用户可以创建网站吸引消费者，使用 eBay 或者 Craigslist 销售个人物品，通过虚拟市场营销、通过搜索引擎发布广告、通过网上银行管理资金、通过在线会计服务理财等。

4.3 云计算相关技术

4.3.1 高性能计算技术

随着科技的发展，人们要求处理事情的速度也在不断地提高，正所谓“高效率办事，快节奏生活”，因此高性能计算应运而生，高性能计算机在高性能计算中扮演了重要的角色，随着高性能计算机的出现，云计算的概念也随之而生，因此高性能计算技术是云计算的关

键技术之一。

1. 高性能计算的定义

高性能计算(High Performance Computing，HPC)指通常使用很多处理器(作为单个机器的一部分)或者某一集群中组织的几台计算机(作为单个计算资源操作)的计算系统和环境。

高性能计算机是人类探索未知世界最有力的武器，高性能计算技术解决方案的本质是支持全面分析、快速决策，即通过收集、分析和处理全面的材料、大量原始资料以及模拟自然现象或产品，以最快的速度得到最终分析结果，揭示客观规律、支持科学决策。对科研工作者来说，这意味着减少科学突破的时间、增加突破的深度；对工程师来说，这意味着缩短新产品上市的时间、增加复杂设计的可信度；对国家来说，这意味着提高综合国力和参与全球竞争的实力。

2. 高性能计算技术的内容

(1)对称多处理(Symmetrical Multi-Processing，SMP)：是指在一台计算机上汇集了一组处理器(多CPU)，各CPU之间共享内存子系统以及总线结构。

(2)大规模并行处理(Massively Parallel Processing，MPP)：是巨型计算机的一种，它以大量处理器并行工作获得高速度。

(3)集群技术：一种较新的技术，可以在付出较低成本的情况下获得在性能、可靠性、灵活性方面的相对较高的收益。集群是一组相互独立的、通过高速网络互联的计算机，它们构成一个组，并以单一系统的模式加以管理。一个客户与集群相互作用时，集群像是一个独立的服务器。

(4)消息传递接口(Message Passing Interface，MPI)：是用于分布式存储器并行计算机的标准编程环境。MPI的核心构造是消息传递，一个进程将信息打包成消息，并将该消息发送给其他进程。

4.3.2　分布式数据存储技术

云计算的一大优势就是能够快速、高效地处理海量数据。在数据爆炸的今天，这一点至关重要。为了保证数据的高可靠性，云计算通常会采用分布式数据存储技术，将数据存储在不同的物理设备中。这种模式不仅摆脱了硬件设备的限制，同时扩展性更好，能够快速响应用户需求的变化。

分布式数据存储技术包含非结构化数据存储和结构化数据存储。其中，非结构化数据存储主要采用文件存储和对象存储技术，而结构化数据存储主要采用分布式数据库技术。下面分别阐述这三方面的技术。

1. 分布式文件系统

为了存储和管理云计算中的海量数据，Google提出了Google文件系统(Google File System，GFS)，这是一个大规模分布式文件存储系统，和传统分布式文件存储系统不同的是，GFS在设计之初就考虑到云计算环境的典型特点：节点由廉价不可靠的PC构建，因而硬件失败是一种常态而非特例；数据规模很大，因而相应的文件I/O单位要重新设

计;大部分数据更新操作为数据追加,如何提高数据追加的性能成为性能优化的关键。相应的GFS在设计上有以下特点:

- 利用多副本自动复制技术,用软件的可靠性来弥补硬件可靠性的不足。
- 将元数据和用户数据分开,用单点或少量的元数据服务器进行元数据管理,大量的用户数据节点存储分块的用户数据,规模可以达到PB级。
- 面向一次写多次读的数据处理应用,将存储与计算结合在一起,利用GFS中数据的位置相关性进行高效的并行计算。

2. 分布式对象存储系统

对象存储系统是传统的块设备的延伸,具有更高的"智能",上层通过对象ID来访问对象,而不需要了解对象的具体空间分布情况。相对于GFS,在支撑互联网服务时,分析式对象存储系统具有如下优势:

- 相对于文件系统的复杂API,分布式对象存储系统仅提供基于对象的创建、读取、更新、删除的简单接口,在使用时更方便而且语义没有歧义。
- 对象分布在一个平坦的空间中,而非文件系统那样的命名空间之中,这提供了很大的管理灵活性。既可以在所有对象之上构建树状逻辑结构,也可以直接用平坦的空间,还可以只在部分对象之上构建树状逻辑结构,甚至可以在同一组对象之上构建多个命名空间。

Amazon的S3就属于对象存储服务。

3. 分布式数据库管理系统

在云计算环境下,大部分应用不需要支持完整的SQL语义,而只需要Key-Value形式或略复杂的查询语义。在这样的背景下,进一步简化的各种NoSQL数据库成为云计算中结构化数据存储的重要技术。

Google的BigTable是一个典型的分布式结构化数据存储系统。在表中,数据是以"列族"为单位组织的,列族用一个单一的键值作为索引,通过这个键值,数据和对数据的操作都可以被分布到多个节点上进行。

4.3.3 虚拟化技术

虚拟化是云计算中的核心技术之一,它可以让IT基础设施更加灵活,更易于调度,且能更强地隔离不同的应用需求。

1. 虚拟化的定义

虚拟化(Virtualization)是一种资源管理技术,是将计算机的各种实体资源,如服务器、网络、内存及存储等,予以抽象、转换后呈现出来,打破实体结构间的不可切割的障碍,使用户可以比原本的配置更好的方式来应用这些资源。这些资源的新虚拟部分是不受现有资源的架设方式、地域或物理配置所限制。一般所指的虚拟化资源包括计算能力和数据存储。

虚拟化的主要目的是对IT基础设施进行简化。它可以简化对资源以及对资源管理的访问。虚拟化的原理如图4-14所示。

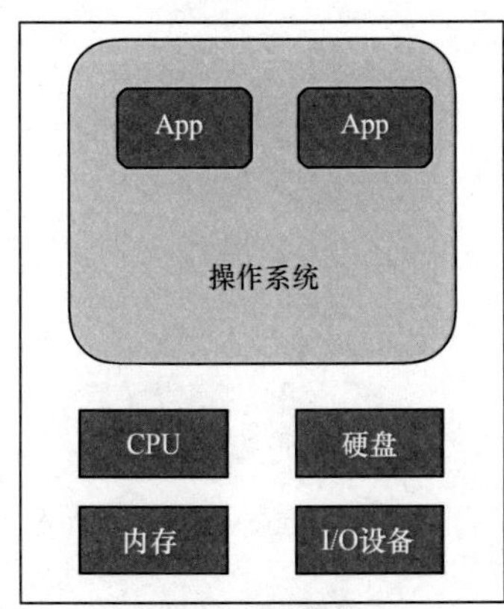

(a)真实计算模式

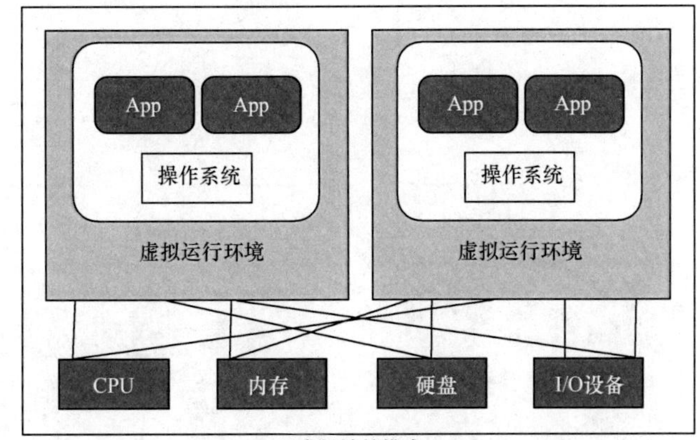

(b)虚拟计算模式

图4-14 虚拟化原理

2. 虚拟化的实现

(1)软件方案

“客户”操作系统很多情况下是通过虚拟机监控器(Virtual Machine Monitor,VMM)与硬件进行通信的,由VMM决定其对系统上所有虚拟机的访问。在纯软件虚拟化解决方案中,VMM在软件套件中的位置是传统意义上操作系统所处的位置,而操作系统的位置是传统意义上应用程序所处的位置。这一额外的通信层需要进行二进制转换,以通过提供到物理资源的接口,模拟硬件环境。这种转换必然会增加系统的复杂性。

(2)硬件方案

CPU的虚拟化技术是一种硬件方案,支持虚拟技术的CPU带有特别优化过的指令集来控制虚拟过程,通过这些指令集,VMM会很容易提高性能,相比软件的虚拟实现方式,性能有很大程度的提高。由于虚拟化硬件可提供全新的架构,支持操作系统直接在上面运行,无须进行二进制转换,减少了相关的性能开销,极大简化了VMM设计,进而使VMM能够按通用标准进行编写,性能更加强大。

3. 虚拟化的应用

(1)服务器虚拟化

服务器虚拟化是将服务器物理资源抽象成逻辑资源,让一台服务器变成几台甚至上百台相互隔离的虚拟服务器,不再受限于物理上的界限,而是让CPU、内存、磁盘、I/O等硬件变成可以动态管理的“资源池”,从而提高资源的利用率,简化系统管理,实现服务器整合,让IT对业务的变化更具适应力。服务器虚拟化的结构如图4-15所示。

(2)网络虚拟化

网络虚拟化技术将硬件设备和特定的软件结合以创建和管理虚拟网络。网络虚拟化将不同的物理网络集成为一个逻辑网络(外部网络虚拟化)或让操作系统分区,具有类似于网络的功能(内部网络虚拟化)。外部网络虚拟化通常是一个虚拟局域网(VLAN),VLAN是主机的集合,主机之间互相通信,就像位于一个广播域下。内部网络虚拟化通常与硬件和操作系统级虚拟化一起应用,为客户机提供虚拟的通信网络接口。

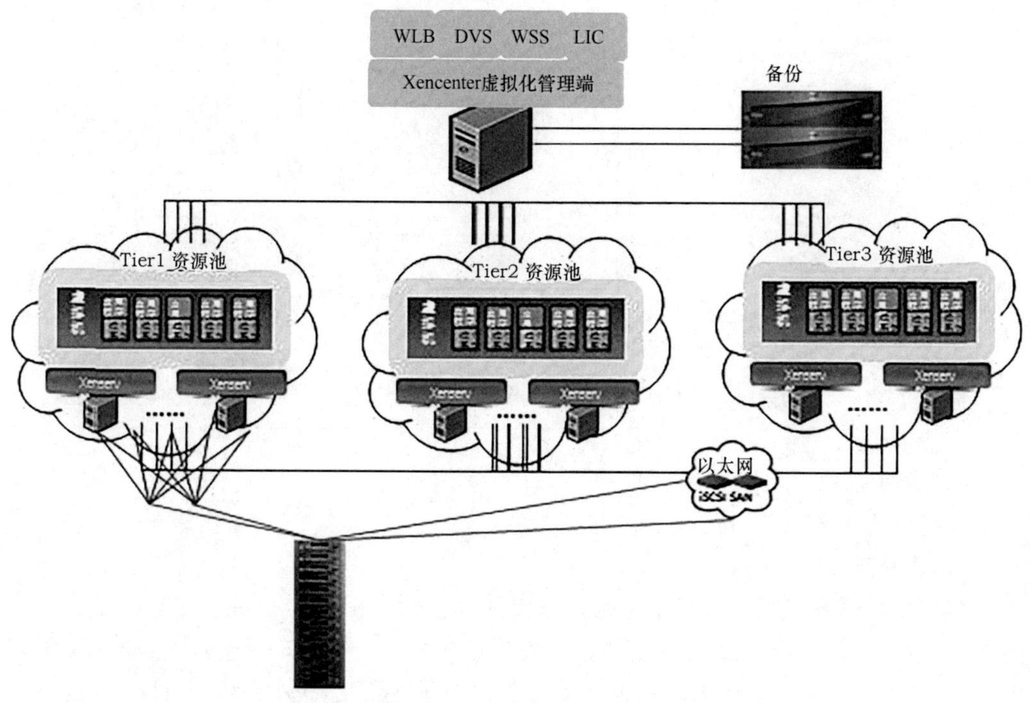

图 4-15　服务器虚拟化的结构

(3)存储虚拟化

存储虚拟化就是对存储硬件资源进行抽象化表现,是在物理存储系统和服务器之间的一个虚拟层,管理和控制所有存储资源并对服务器提供存储服务,也就是说服务器不直接与存储硬件打交道,由这一虚拟层来负责存储硬件的增减、调换、分拆、合并等,即在软件层截取主机端对逻辑空间的 I/O 请求,并把它们映射到相应的真实物理位置,这样将展现给用户一个灵活的、逻辑的数据存储空间。存储虚拟化的原理如图 4-16 所示。

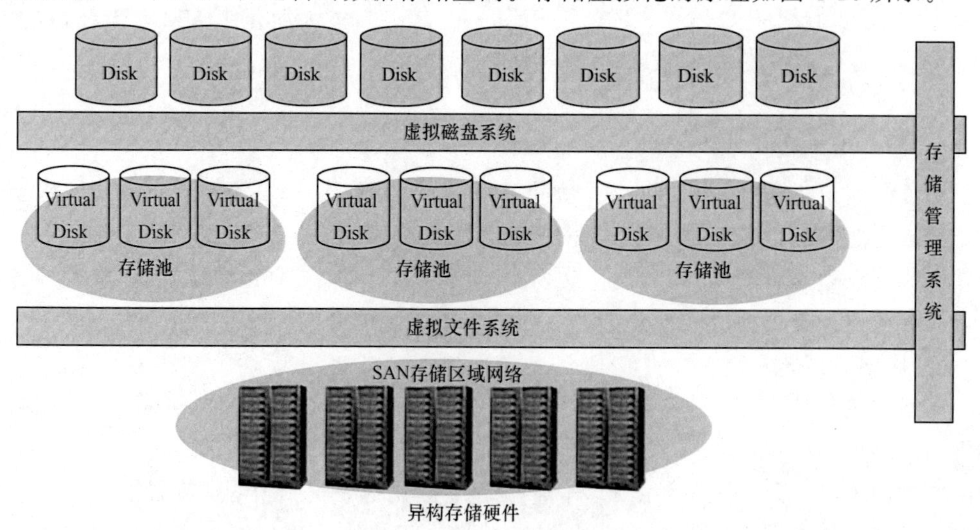

图 4-16　存储虚拟化的原理

(4)应用虚拟化

应用虚拟化是将应用程序与操作系统解耦合,为应用程序提供了一个虚拟的运行环境。应用虚拟化的技术原理是基于应用/服务器计值 A/S 架构,采用类似虚拟终端的技术,把应用程序的人机交互逻辑(应用程序界面、键盘及鼠标的操作、音频输入/输出、读卡器、打印输出等)与计算逻辑隔离开来。在用户访问一个服务器虚拟化后的应用时,用户计算机只需要把人机交互逻辑传送到服务器端,服务器端为用户开设独立的会话空间,应用程序的计算逻辑在这个会话空间中运行,把变化后的人机交互逻辑传送给客户端并且在客户端相应设备展示出来,从而使用户获得如同运行本地应用程序一样的访问感受。应用虚拟化的原理如图 4-17 所示。

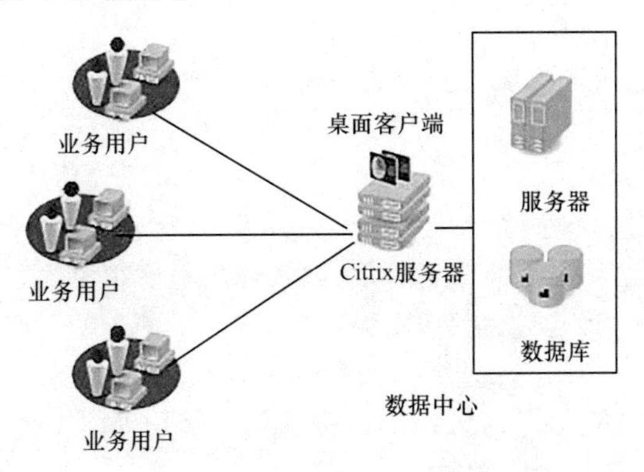

图 4-17　应用虚拟化的原理

(5)桌面虚拟化

桌面虚拟化是指将计算机的终端系统(也称作桌面)进行虚拟化,以到达桌面使用的安全性和灵活性。桌面虚拟化依赖于服务器虚拟化,在数据中心的服务器上进行服务器虚拟化,生成大量独立的桌面操作系统(虚拟机或者虚拟桌面),同时根据专有的虚拟桌面协议发送给终端设备,用户终端通过以太网登录到虚拟主机上,只需要记住用户名和密码及网关信息,即可随时随地通过网络访问自己的桌面系统。通过与 IaaS 的结合,桌面虚拟化也演变成了桌面云,使用户能够从客户端经由互联网络来访问托管在供应商设备中的虚拟计算机。

4.3.4　用户交互技术

随着云计算的逐步普及,浏览器已经不仅仅是一个客户端的软件,而逐步演变为承载着互联网的平台。浏览器与云计算的整合技术主要体现在两个方面,浏览器网络化与浏览器云服务。

国内各家浏览器都将网络化作为其功能的标配之一,主要功能体现在用户可以登录浏览器,并通过自己的帐号将个性化数据同步到服务端。用户在任何地方,只需要登录自己的帐号,就能够同步更新所有的个性内容,包括浏览器选项配置、收藏夹、网址记录、智能填表、密码保存等。

目前的浏览器云服务主要体现在 P2P 下载、视频加速等单独的客户端软件中,主要的应用研究方向包括,基于浏览器的 P2P 下载、视频加速、分布式计算、多任务协同工作等。在多任务协同工作方面，AJAX（Asynchronous JavaScript And XML，异步JavaScript 和 XML）是一种创建交互式网页应用的网页开发技术，改变了传统网页的交互方式，改进了交互体验。

4.3.5 安全管理技术

安全问题是用户是否选择云计算的主要顾虑之一。云计算的多租户、分布性以及对网络和服务提供者的依赖性，为安全问题带来新的挑战。相应的数据安全管理技术包括：

1. 数据保护及隐私(Data Protection and Privacy)

数据保护及隐私包括虚拟镜像安全、数据加密及解密、数据验证、密钥管理、数据恢复和云迁移的数据安全等。

2. 身份及访问管理(Identity and Access Management，IAM)

身份及访问管理包括身份目录服务、联邦身份鉴别/单点登录（Single Sign On，SSO）、个人身份信息保护、安全断言置标语言（SAML）、虚拟资源访问、多租户数据授权、基于角色的数据请访问和云防火墙技术等。

3. 数据传输(Data Transportation)

数据传输包括传输加密及解密、密钥管理和信任管理等。

4. 可用性管理(Availability Management)

可用性管理包括单点故障(Single Point of Failure，SPoF)、主机防攻击和容灾保护等。

5. 日志管理(Log Management)

日志管理包括日志系统、可用性监控、流量监控、数据完整性监控和网络入侵监控等。

6. 审计管理(Audit Management)

审计管理包括审计信任管理和审计数据加密等。

7. 依从性管理(Compliance Management)

依从性管理包括确保数据存储和使用等符合相关的风险管理和安全管理的规定要求。

4.4 云计算的应用

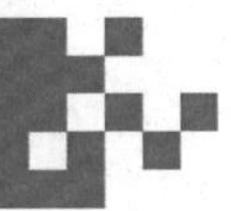

4.4.1 云计算与办公

办公是企事业单位工作人员最重要的日常事务，内容丰富，事务繁杂，包括各种文档、报表的处理，合作伙伴、客户之间交流，市场调研，内部人员之间的协作等。办公手段和工具的改进有利于办公效率的提升，降低成本，方便工作。

1. 传统办公软件存在的问题

在 PC 时代，Microsoft 公司的 Office 软件几乎垄断了全球的办公软件市场。但随着企业协同办公需求的不断增加，传统办公软件暴露出越来越多的问题和不足。

(1)使用复杂,对计算机硬件有一定要求

传统办公软件需要用户购买及安装臃肿的客户端软件,这些客户端软件不但价格昂贵,而且要求用户在每一台计算机上都进行烦琐的下载和安装,最后甚至严重影响用户本地计算机的运行速度。

(2)跨平台能力弱

传统办公软件对于新型智能操作系统(如 iOS、Android 等)缺乏足够的支持。随着办公轻量化、办公时间碎片化逐渐成为现代商业运作的特征之一,也是必不可少的元素之一,传统办公软件已显得越发臃肿与笨重。

(3)协同能力弱

现代商业运作讲究团队协作,传统办公软件"一人一软件"的独立生产模式无法将团队中每位成员的生产力串联起来。虽然传统办公软件厂商(如 Microsoft)推出了 SharePoint 等专有文档协同共享方案,但其高昂的价格与复杂的安装维护方式成为其普及的最大障碍。

2. 云办公的定义

云办公(Cloud Office),广义上是指企事业单位及政府部门的办公完全建立在云计算技术基础上,从而实现三个目标:第一,降低办公成本;第二,提高办公效率;第三,低碳减排。狭义上的云办公是指以"办公文档"为中心,为企事业单位及政府部门提供文档编辑、文档存储、协作、沟通、移动办公、工作流程等云端软件服务。云办公作为 IT 业界的发展方向,正在逐步形成独特的产业链与生态圈,并有别于传统办公软件市场。

3. 云办公的原理

云办公的原理是把传统的办公软件以瘦客户端(Thin Client)(指的是在客户端—服务器网络体系中的一个基本无须应用程序的计算终端)或智能客户端(Smart Client)的形式运行在网络浏览器中,从而达到轻量化目的。云办公原理如图 4-18 所示。

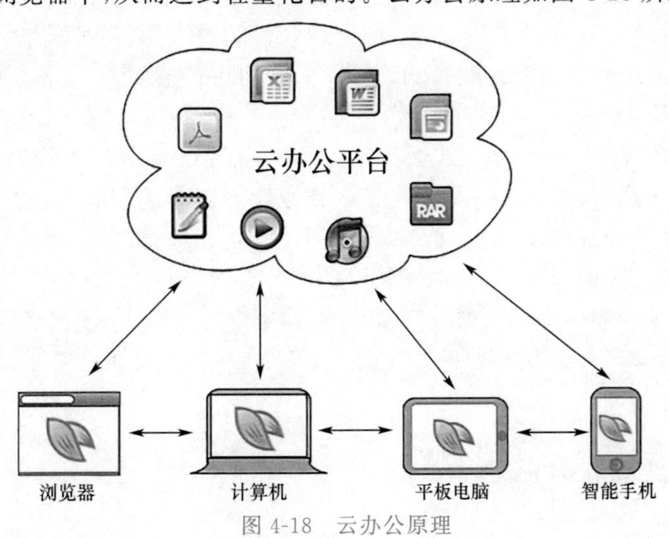

图 4-18　云办公原理

4. 云办公的特征

(1)跨平台

编制出精彩绝伦的文档不再是传统办公软件(如 Microsoft Office)所独有的功能,网络浏览器中的瘦客户端同样可以编写出符合规范的专业文档，并且这些文档与大部分主流操作系统和智能设备兼容。

(2)协同性

文档可以被多人同时进行编辑修改，配合直观的沟通交流，随时构建网络虚拟知识生产小组，从而极大提升办公效率。

(3)移动化办公

配合强大的云存储能力，办公文档数据可以无处不在，可通过移动互联网随时随地同步与访问数据，云办公可以帮助外派人员彻底扔掉公文包。

5. 云办公应用提供商

(1)Google Docs

Google Docs 是云办公应用的先行者，提供在线文档、电子表格、演示文稿三类支持。该产品于 2005 年推出至今，不但为个人提供服务，更整合到了其企业云应用服务 Google Apps 中。

(2)Office 365

传统办公软件 Microsoft 公司于 2011 年推出了其云办公应用 Office 365，预示着 Microsoft 自身对 IT 办公理念的转变，更预示着云办公应用的发展革新浪潮不可阻挡。Office 365 将 Microsoft 众多的企业服务器服务以 SaaS 方式提供给客户。

(3)Evernote

Evernote 主打个人市场，其口号为"记录一切"。Evernote 瞄准跨平台云端同步这个亮点，允许用户在任何设备上记录信息并同步至用户的其他绑定设备中。

(4)搜狐企业网盘

搜狐企业网盘是集云存储、备份、同步、共享为一体的云办公平台，具有稳定、安全、快速、方便的特点。搜狐企业网盘支持所有文件类型的上传、下载和预览，支持断点续传；多平台高效同步，共享文件实时更新，误删文件快速找回；并有用户权限设置，保障文件不被泄露；以及采用 AES-256 加密存储和 HTTP＋SSL 协议传输，多点备份，保障数据安全。

(5)35 移动云办公

35 移动云办公，采用行业领先的云计算技术，基于传统互联网和移动互联网，创新云服务＋云终端的应用模式，为企业用户提供一帐号管理聚合应用服务。35 移动云办公聚合了企业邮箱、企业办公自动化、企业客户关系管理、企业微博、企业即时通信等企业办公应用需求，同时满足桌面互联网、移动互联网的办公模式，开创全新的立体化企业办公新模式。一体化实现企业内部的高效管理，使企业沟通、信息管理以及事务流转不再受使用平台和地域限制，为广大企业提供高效、稳定、安全、一体化的云办公企业解决方案。

4.4.2 云计算与智能生活

1. 智能生活的定义

智能生活是一种新内涵的生活方式。智能生活平台依托云计算技术的存储，在家庭场景功能融合、增值服务挖掘的指导思想下，采用主流的互联网通信渠道，配合丰富的智能家居产品终端，构建享受智能家居控制系统带来的新的生活方式，多方位、多角度地呈现家庭生活中更舒适、更方便、更安全和更健康的具体场景，进而共同打造出具备共同智能生活理念的智能社区。

2. 智能生活系统

依托智能生活平台，用户足不出户便能了解社区附近生活信息，通过广泛使用的智能手机可以一键连通商家服务热线，享受由他们提供的咨询和上门服务：借助各种智能家居终端产品定时传递自己的身体健康数据，云服务后台的专家及时会诊，及时提醒；定时智能门锁汇报当天的访客情况，甚至在您不在家的时候代为签收快递；您的智能灯泡也会及时汇报您当月的用电情况，并给出更合理的用电方案；您的冰箱将随时提醒您的采购项目和对应的健康指数，指导您实现合理饮食。

这一切的智能生活基础系统包括如下部分。

(1)云服务平台：完成智能生活的数据采集、分析、分发。

(2)智能家居产品：智能马桶、智能灯泡、智能门锁、智能开关、智能机顶盒、智能网关、无线血压仪、无线胎心仪、无线心电仪等。

(3)第三方客服：专业的医疗、物流、购物等机构。

智能生活系统组成如图4-19所示。

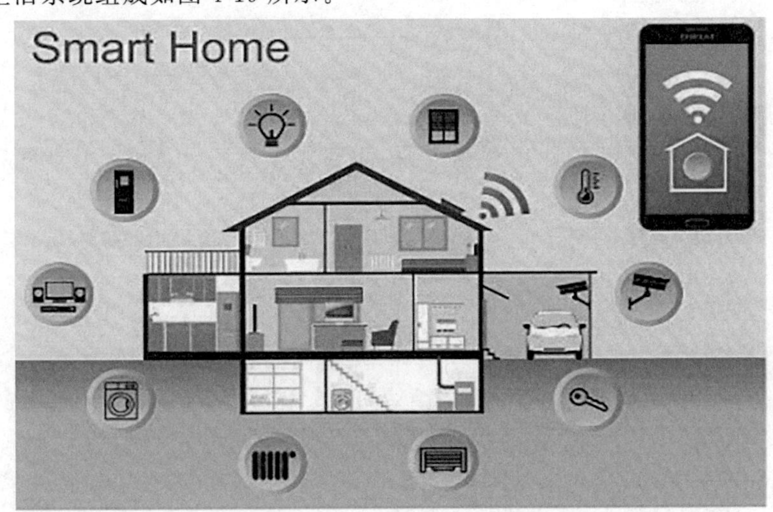

图4-19　智能生活系统组成

3. 智能生活应用

(1)智能停车场系统智能交通应用

“停车难”一直是影响城市现代化发展进程的重要问题，“停车难”也引发了城市交通拥堵等问题，更是直接制约着城市经济发展，影响着市民的出行。

各地政府高度重视停车难问题，尤其是关乎民生的问题。增加停车场资源，完善城市交通设施及规划，合理引导措施缓解城市交通压力，智能的停车管理控制系统，为解决当代停车难问题提供科技手段。

建设“数字交通”工程，通过监控、监测、交通流量分布优化等技术，完善公安、城管、公路等监控体系和信息网络系统，建立以交通诱导、应急指挥、智能出行、出租车和公交车管理等系统为重点的、统一的智能化城市交通综合管理和服务系统建设，实现交通信息的充分共享、公路交通状况的实时监控及动态管理，全面提升监控力度和智能化管理水平，确保交通运输安全、畅通。

(2)智能车辆调度系统

随着经济的发展，物流行业的脚步也剧增，车辆的周转能力以及管理难度也逐渐增大，只要缩短车辆的运输时间以及强化管理能力，才能满足经济发展的市场需求。

在这种社会背景下，智能停车场系统为大型物流中心的中转能力实现智能化管理，从而减少物流层面人员成本以及简化烦琐的出入登记手续，最有利的一点就是基于 TCP 协议的智能停车管理系统，可以实现共享数据库，把全国的所有站点统一起来，可以有效地跟踪物流的出发与到达时间，在市场竞争中占据主动，加强了物流站点间的紧密联系，有利于科学的统筹与运营。

系统包括：

- 出/入口控制系统：司机通过专属智能卡出入物流中心，控制系统会主动记录专属卡的信息(车主信息)。
- 车辆识别系统：记录出入车辆车牌信息，以及出发时间或到达时间。
- 车辆引导系统：通过服务器端操作管理系统，导航显示屏出现行业分类以及运送时间、车辆等信息的分配。
- 车辆管理系统：针对停靠车辆进行监控管理，杜绝公车私用，或出现非工作时间挪用等情况。

(3)智能城市公共服务和城市管理系统

建设智能城市公共服务和城市管理系统，不仅仅包括城市交通的智能管理以及物流运输能力的智能化调度，智能还影响着其他领域，通过加强就业、医疗、文化、安居等专业性应用系统的建设，才能提升城市的“智能数字化”水平，规范城市发展，促进城市公共资源共享。

智能家居方面：融合应用物联网、互联网、移动通信等各种信息技术，发展社区政务、智慧家居系统、智慧楼宇管理、智慧社区服务、社区远程监控、安全管理、智慧商务办公等智慧应用系统，使居民生活向“智能化发展”，加快智慧社区安居标准方面的探索推进工作。

信息综合平台管理：推进经济管理综合平台建设，提高经济管理和服务水平；加强对食品、药品、医疗器械、保健品、化妆品的电子化监管，建设动态的信用评价体系，实施数字化食品药品放心工程。

智能健康体系：建立全市居民电子健康档案；以实现医院服务网络化为重点，推进远程挂号、电子收费、数字远程医疗服务、图文体检诊断系统等智慧医疗系统建设，提升医疗和健康服务水平。

智能服务项目包括：

智慧物流：配合综合物流园区信息化建设，推广射频识别(RFID)、多维条码、卫星定位、货物跟踪、电子商务等信息技术在物流行业中的应用，加快基于物联网的物流信息平台及第四方物流信息平台建设，整合物流资源，实现物流政务服务和物流商务服务的一体化，推动信息化、标准化、智能化的物流企业和物流产业发展。

智慧贸易：支持企业通过自建网站或第三方电子商务平台，开展网上询价、网上采购、网上营销、网上支付等电子商务活动。积极推动商贸服务业、旅游会展业、中介服务业等现代服务业领域运用电子商务手段，创新服务方式，提高服务层次。结合实体市场的建立，积极推进网上电子商务平台建设，鼓励发展以电子商务平台为聚合点的行业性公共信息服务平台，培育发展电子商务企业，重点发展集产品展示、信息发布、交易、支付于一体的综合电子商务企业或行业电子商务网站。

建设智慧服务业示范推广基地。积极通过信息化深入应用，改造传统服务业经营、管理和服务模式，加快向智能化现代服务业转型。结合我市服务业发展现状，加快推进现代金融、服务外包、高端商务、现代商贸等现代服务业发展。

智能安防方面：

充分利用信息技术，完善和深化“平安城市”工程，深化对社会治安监控动态视频系统的智能化建设和数据的挖掘利用，整合公安监控和社会监控资源，建立基层社会治安综合治理管理信息平台；积极推进市级应急指挥系统、突发公共事件预警信息发布系统、自然灾害和防汛指挥系统、安全生产重点领域防控体系等智慧安防系统建设；完善公共安全应急处置机制，实现多个部门协同应对的综合指挥调度，提高对各类事故、灾害、疫情、案件和突发事件防范和应急处理能力。

4.4.3 云计算与政务

1. 政务云的定义

政务云(Government Cloud)是指运用云计算技术，统筹利用已有的机房、计算、存储、网络、安全、应用支撑、信息资源等，发挥云计算虚拟化、高可靠性、高通用性、高可扩展性及快速、按需、弹性服务等特征，为政府部门提供基础设施、支撑软件、应用系统、信息资源、运行保障和信息安全等综合服务平台。

2. 政务云建设意义

(1)杜绝重复建设、节约财政支出

政务云平台可以充分利用现有的基础资源，有效促进各种资源整合，由平台统一为政府部门提供资源、安全、运维和管理服务，能够提升基础设施利用率，减少运维人员和运维费用，杜绝重复建设、投资浪费现象。

(2)促进信息共享、实现业务协同

在当今社会，信息就是力量和财富的源泉，政府不仅是最大的信息收集者，而且是信息资源的最大拥有者。因此，若能充分利用此资源，建设电子政务等信息化平台，实现政府信息流通和共享，必将有助于国家的整体发展。通过政务云平台，在政府部门之间、政府部门与社会服务部门之间建立“信息桥梁”，通过平台内部信息驱动引擎，实现不同应用系统间的信息整合、交换、共享和政务工作协同，将大大地提高各级政府机关的整体工作效率。

(3)构筑信息堡垒、保障数据安全

传统模式下，基础的信息安全保障措施不全，缺少灾备中心和应急机制，有的部门甚至连机房等基础环境都不符合安全标准。政务云平台通过顶层设计制定了从技术、架构、产品、运维、管理、制度等一系列的保障措施,保证了部署在平台的应用及数据的安全。另外,通过建立统一的灾备体系,确保在发生灾难的情况下,快速、完整地恢复应用。当前,国家对政务云的安全越来越重视,中央网信办明确要求“要对为党政部门提供云计算服务的服务商,参照有关网络安全国家标准,组织第三方机构进行网络安全审查”,鼓励重点行业优先采购和使用通过安全审查的服务商提供的云计算服务。通过技术手段和国家强制措施,政务云模式下的信息安全更有保障。

(4)优化资源配置、提升服务能力

通过政务云平台,传统的部门组织朝着网络组织方向发展,打破同级、层级、部门的限制,促使政府组织和职能进行整合,使政府的程序和办事流程更加简明、畅通,使人力和信息资源得到最充分的利用和配置。同时,采用政务云平台集约化模式建设电子政务项目,可以使政府部门从传统的硬件采购、系统集成、运行维护等工作中解脱出来,转而将更多的精力放到业务的梳理和为民服务上来,能够极大提升为民服务的能力和水平,促进政府管理创新和建设服务型政府。

3. 政务云案例

东莞市电子政务云平台的建设,是国内最早采用自主安全可控的 G-Cloud 云操作系统,整合全市电子政务信息资源,创新服务交付模式,走集约、低碳、节能、高效建设之路,并取得了显著的成效。目前,东莞市电子政务云平台有效整合了 132 台物理服务器、145 TB 存储、100 个虚拟网络资源的统一监控管理,承载近 500 个电子政务业务应用,为东莞市 32 个镇/区和近 80 个市属单位的用户提供统一的 IT 资源服务。通过该平台的建设,一方面提高了基础设施资源的利用率,每年节省电费约 80%,另一方面优化了资源审批流程,将新上线业务应用的部署周期从 2 天以上缩短至 2 个小时。东莞市电子政务云平台如图 4-20 所示。

图 4-20　东莞市电子政务云平台

4.4.4 云计算与教育

1. 教育云的定义

云计算在教育领域中的迁移被称为“教育云”，是未来教育信息化的基础架构，包括了教育信息化所必需的一切硬件计算资源，这些资源经虚拟化之后，向教育机构、教育从业人员和学员提供一个良好的平台，该平台的作用就是为教育领域提供云服务。

2. 教育云的优点

云计算能够帮助教育系统建设高质量的教育资源库、高效的网络学习平台以及高集成化、高科技化的教学管理系统。云计算不仅能够做到以上的这些，还可以通过整合资源，为教育机构解决很多问题，为教育机构以后的发展指明方向。现阶段的教育资源共享建设存在很大的漏洞，引入云计算之后，我们可以通过云计算解决各个地区各个学校的资源分布不均状况、学校与学校之间的重复建设情况、资源孤岛现象以及相互协作的缺乏等问题。

首先，云计算有很强大的资源共享能力、无限的存储能力以及良好的容错性。通过这些能力，我们可以利用云计算来实现教育资源数据的分布式存储，在需要的时候又对它进行统一的管理。所有的资源由高效的服务器以及高效的工作团队来维护。

其次，我们可以通过云计算对以前无序、缺乏统一调配的学习资源进行统一的管理。云计算可以有效地整合一个网络学习平台所需要的资源，并能够通过相关的服务程序来对学习平台进行管理。让学生们能够有效、方便地在这个平台上学习。

最后，通过云计算，相关的教育机构可以建设强大的教育管理系统。云计算可以为在网用户提供足够的在线服务，利用这些软件来进行教育管理。

教育云平台结构如图4-21所示。

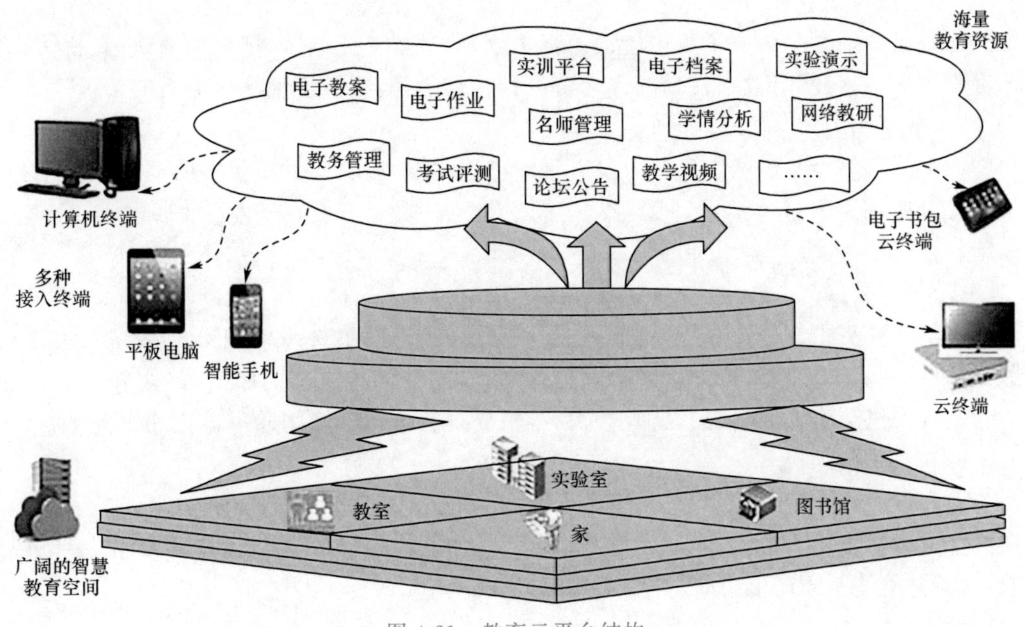

图4-21 教育云平台结构

3. 教育云案例

由亚洲教育网进行研发使用的“三网合一智慧教育云”平台，于 2012 年 2 月亚洲教育网素质教育云平台正式成为国家规划办“十二五”规划课题。该平台具有如下几个模块：

(1)成绩系统

即时统计、分析每个年级、班级、个体学生多科、单科考试成绩，任课班级设置；快速解决校长对年级、教师对班级学生成绩管理的负担，家长可对孩子成绩进行综合分析，查漏补缺，快速提高孩子各科成绩。

(2)综合素质评价系统

为了更好地发展学生素质教育，提高孩子积极性，需要教师、家长的不断鼓励与支持；学生评价系统实现教师与学生、家长与学生、学生与学生之间的互评功能，告别传统式的用笔墨对孩子学习态度、作业评分评等级等评价方式。

(3)家校互动系统

学生的成长需要教师和家长密切配合，三网合一互动家校通方便快速地解决学校教师与家长之间的信息沟通，告别传统烦琐的家长会，良好的沟通能促进学生健康成长。

(4)选修课系统

选修课系统实现在计算机网络平台上的选修课查询、提交、管理等工作；拓展学生的知识与技能，发展学生的兴趣和特长，培养学生的个性，促进教师的专业成长；方便学校对选修课程信息的管理。

(5)平安考勤系统

平安考勤系统详细记录学生上学、放学时间，便于班级管理，教师上下班出入校门刷卡，按月统计刷卡情况，可作为学校教师考勤的有效工具。为学校管理简化了学生、教师的考勤情况记录保存问题。

(6)亚教英语课程

亚教英语为学生解决了英语单词记忆难题，与教材单元同步，把单词的认读、拼写、测试融为一体；通过网络数字教育的方式来进行辅导学习，提升学生学习英语的积极性。

(7)数字图书馆

数字图书馆是基于网络环境下没有围墙的图书馆，可共建共享扩展的网络知识中心，精选上万册数字图书供学生阅读，使学生阅览群书成为可能，拓宽学生视野，打开学生思维。

(8)班级社区

同学们在班主任的引导下，可自主协作创建班级资源，班级动态、班级公告、班级相册、班级作文、班级竞赛，拉近班级学生与教师、学生与学生之间的距离，给家长参与班级活动建设提供渠道。为学校、教师、家长、学生提供管理、教学、沟通一体化的服务平台。

(9)教育博客

教育博客让学生互相学习，互相讨论，相互沟通，共同进步；还让学生充分展示个性，在博客或微博里发表自己的见解，让家长可以随时关注孩子的成长，且培养学生具有思想，勇于并善于表现的能力，促进学生健康成长。

4.4.5 云计算与医疗

1. 云医疗的定义

云医疗(Cloud Medical Treatment,CMT)是指在云计算、物联网、移动通信以及多媒体等新技术基础上,结合医疗技术,旨在提高医疗水平和效率、降低医疗开支,实现医疗资源共享,扩大医疗范围,以满足广大人民群众日益提升的健康需求的一项全新的医疗服务。

2. 云医疗的内容

(1)云医疗健康信息平台

云医疗健康信息平台主要是将电子病历、预约挂号、电子处方、电子医嘱以及医疗影像文档、临床检验信息文档等整合起来建立一个完整的数字化电子健康档案(EHR)系统,并将健康档案通过云端存储便于今后医疗的诊断依据以及其他远程医疗、医疗教育信息的来源等。在云医疗健康信息平台我们还将建立一个以视频语音为基础的"多对多"的健康信息沟通平台,建立多媒体医疗保健咨询系统,以方便居民更多更快地与医生进行沟通。云医疗健康信息平台将作为云医疗远程诊断及会诊系统、云医疗远程监护系统以及云医疗教育系统的基础平台。

(2)云医疗远程诊断及会诊系统

云医疗远程诊断及会诊系统主要针对边远地区以及应用于社区门诊,在医学专家和患者之间建立起全新的联系,使患者在原地、原医院即可接受远地专家的会诊并在其指导下进行治疗和护理,可以节约医生和患者的大量时间和金钱。云医疗运用云计算、移动通信、物联网以及医疗技术与设备,通过数据、文字、语音和图像资料的远距离传送,实现专家与患者、专家与医务人员之间异地"面对面"的会诊。

(3)云医疗远程监护系统

云医疗远程监护系统主要应用于老年人、心脑血管疾病患者、糖尿病患者以及术后康复的监护。云医疗监护设备提供了全方位的生命信号检测,包括心脏、血压、呼吸等,并通过移动通信、物联网等设备将监测到的数据发送到云医疗远程监护系统,如出现异常数据,系统将会发出警告并通知监护人。云医疗监护设备还将附带安装一个 GPS 定位仪以及 SOS 紧急求救按钮,如病人出现异常,通过 SOS 求助按钮将信息传送回云医疗远程监护系统,云医疗远程监护系统将与云医疗远程诊断及会诊系统对接,远程为病人进行会诊治疗,如出现紧急情况,云医疗远程监护系统也能通过 GPS 定位仪迅速找到病人进行救治,以免错过最佳救治时间。

(4)云医疗教育系统

云医疗教育系统主要在云医疗健康信息平台基础上,以现实统计数据为依据,结合各地疑难急重症患者进行远程、异地、实时、动态电视直播会诊以及进行大型国际会议全程转播,并通过组织国内外专题讲座、学术交流和手术观摩等手段,极大地促进了我国云医疗事业的发展。

4.5 云计算的现状及发展趋势

4.5.1 云计算的现状

云计算带来了很多便利和优势,同时也带来了诸多挑战。一项云计算服务,可能在全球十几个国家拥有数以亿计的用户,每秒需要处理成千上万个事物。如果设计不当或存在技术缺陷,就会经常发生系统问题甚至系统崩溃,导致数据泄露,形成数据安全隐患。如果企业希望成功地应用云计算,必须面对着一系列的挑战。归纳起来,需要特别注意系统安全、成本管理及法律问题。

1. 系统安全挑战

系统安全无论对于传统的 IT 还是云计算,一直是一个严峻的挑战。使用云服务的机构并不拥有用来处理数据和存储信息的基础设施,这使得机密数据的保护面临着挑战,机密数据泄露的后果是任何机构都无法承受的。因此,需要寻求确保数据机密性且符合安全标准的方法,这是对云计算系统的信息处理的最低要求。这个问题并不那么明显,尽管秘密可以保护从客户端到云硬件设备之间的数据传输,然而为了处理信息,还需要在内存中进行解密。这是整个过程中的薄弱环节,因为虚拟化允许透明地获取应用程序的内存页,恶意的商家可以轻易地得到这些数据。

2. 成本挑战

如何节省开支也是经常遇见的问题,这是一个业务问题而不是一个技术问题。客户可能对云计算的发展太过乐观,或者执行了不恰当的云计算商业模式,仓促花巨资建设大规模云数据中心,采购了海量服务器。在系统及服务器上进行大量投入,一部分运行良好,也有不少花了很多的冤枉钱。除了建设费用之外,运营成本也是一个巨大的数目。运营一个云计算环境消费是多方面的,其中最主要的是品宣和会务的成本、维护协议的费用和人员投入。绿色节能技术、可管理运营,特别是面向大规模自动化的部署与监管技术的进展,都会对未来的云的发展方向带来不可低估的影响。

3. 法律挑战

云计算具有无处不在的特性,即计算基础设施部署在不同的地理位置,这会带来法律问题。不同国家关于隐私、网络安全等有不同的法律法规,可能会在第三方(包括政府部门)对数据拥有什么权利的问题上引发潜在的争议纠纷。众所周知,当可疑操作可能会对国家安全造成威胁时,美国立法赋予了政府机构极端的权利去获取机密数据。而欧洲国家则更加严格地保护隐私权。当美国机构使用云服务将其数据存储在欧洲时,如果美国政府对该机构产生怀疑,也很难甚至不可能对位于欧洲云数据中心存储的数据进行控制。我国也非常重视云计算的安全问题,于 2011 年 6 月成立了中国云计算安全政策与法律工作组,旨在通过云计算的安全政策法规研究,为国家决策提供政策法律建议。

4.5.2 云计算的发展趋势

云计算未来的发展趋势，将向大规模的、与应用程序密切结合的底层基础设施的方向发展。从应用的角度来说，不断创新的云计算应用程序、为用户提供更多更完善的互联网服务也可作为云计算的发展方向。云计算的新业态，也将催生新的商业机会、新的产业，促进技术进步。移动互联网、大数据和物联网这些与云计算密切相关的领域进一步对人类的生产生活起到积极的作用。

1. 移动云计算

现在，云计算技术被认为是“网络的未来”。云计算的发展并不局限于 PC，随着移动互联网的蓬勃发展，基于手机等移动终端的云计算服务已经出现，成为日常生活的一部分。移动云计算在商业领域，通常是围绕着远程办公开展的。常见的应用有工作派遣、日程安排、内部邮件、工作流程等移动企业相关服务，也有后勤、库存控制等移动商务应用。移动云计算在个人用户的应用，一般通过移动网络的接入进行交流(通话、视频聊天)，方便生活(购物、支付)、娱乐(游戏、看影视剧)、查询等个人行为，涉及吃、住、行、游、购、娱各个方面。同时，政府服务、军事等领域也应用云计算。

2. 云计算与大数据

近年来，随着移动互联网和物联网的快速发展，实现了人、机、物三元世界的高度融合。早在 2011 年，全球被复制和创建的数据量就达到了 1.8 ZB，远超过人类有史以来印刷材料的数据总量。如果把 1.8 ZB 的数据刻录在普通的光盘里，光盘叠加起来的高度将等同于从地球到月球的一个半来回的距离。大数据带来的信息风暴正在变革人类的生活、工作和思维，是新一代信息技术的集中反映。对于云计算与大数据的关系，狭义的虚拟化云计算和大数据代表了计算的两个极端。云计算是指硬件处理能力太强了，通常的应用一般用不完，所以将其“分”为多台小机器来用。大数据则是指计算任务太大了，一台服务器搞不定，需要多台来共同完成。也就是说，云计算是把大“化”小，而大数据则是把大“合”为更大。它们之间相辅相成、相得益彰，云计算将计算资源作为服务支撑大数据的挖掘，而大数据的发展趋势是对实时交互的海量数据查询、分析提供各自需要的价值信息。

3. 云计算与物联网

物联网这个概念从产生到现在也不过一二十年时间，中国、日本和欧盟都在积极开展相关的研究和探索。科研院所、生产企业、应用行业甚至财经媒介，都在发表自己关于物联网的观点和认识。过去的 20 年，互联网给人类带来了前所未有的机遇，改变了人类的生活、娱乐和学习的方式，也创造了很多财富及经济效益。而现在，物联网的兴起为互联网的发展注入了新的动力。目前认为，物联网包括感知层、网络层和应用层，而在应用层面，有分布存储、数据融合、数据挖掘、搜索引擎、云计算、数据安全等多种技术为其应用提供基础服务。云计算在物联网中占据非常重要的地位，因物联网的数据收集、分析、关联都需要后端云平台的支持。云计算的分布式大规模服务器，很好地解决了物联网服务器节点不可靠的问题。云计算通过利用其规模较大的计算集群和较高的传输能力，能有效地促进物联网基层传感数据的传输和计算。云计算的标准化技术接口能使物联网的应用更容易被建设和推广。云计算技术的高可靠性和高扩展性为物联网提供了更为可靠的服务。云计算集成的 AI 和大数据处理能力，很好的充当了“大脑”的角色，能够从收集到的实物信息中分析出潜在规律并给终端设备发送指令，使物联网所连接的设备具备了真正意义上的“智能”。

思考题

1. 什么是云计算？它有哪几个重要的特性？
2. 云计算架构由哪些部分组成？各组成部分有何功能？
3. 云计算的相关技术有哪些？功能是什么？
4. 举例说明云计算技术的应用领域。

第5章
物联网技术

物联网是新一代信息技术的重要组成部分,也是“信息化”时代的重要发展阶段。其英文全称是“The Internet of Things”,简称 IoT。顾名思义,物联网就是物物相连的互联网。它包含两层意思:(1)物联网的核心和基础仍然是互联网,是在互联网基础上的延伸和扩展的网络;(2)用户端延伸/扩展到了任何物与物之间,进行信息交换和通信,即物物相息。

5.1 物联网概述

5.1.1 物联网的起源

1995年,比尔·盖茨在《未来之路》一书中最早提到“物联网”的理念。他预言:自己可以选择喜欢看的电视节目;购买冰箱可以不用通过推销员了解更多信息;音乐产品将出现在全新数字音乐市场;用钱不用钱包;地图导航出现……这些对于我们今天理解物联网发展背景有着很好的启示作用。只是当时受限于无线网络、硬件及传感器设备的发展,并未引起世人的重视。

1998年,英国工程师 Kevince Ashton 在一次演讲中最早真正提出“物联网”的概念,即把所有物品通过射频识别等信息传感设备与互联网连接起来,实现智能化识别和管理。后来他与美国麻省理工学院共同创立了 RFID(Radio Frequency Identification,射频识别)研究机构——自动识别中心,创造性地提出了当时被称作 EPC(Electronic Product Code,电子产品代码)系统的物联网构想。

5.1.2 物联网的发展

2005年11月17日,国际电信联盟(International Telecommunications Union,ITU)发布《ITU 互联网报告 2005:物联网》,正式提出物联网的概念。报告指出,无所不在的

“物联网”通信时代即将来临。世界上所有物体都可以通过互联网主动进行信息交换。按照国际电信联盟的定义，物联网主要解决物与物(Thing to Thing，T2T)、人与物(Human to Thing，H2T)、人与人(Human to Human，H2H)的互联。

2009年1月9日，IBM全球副总裁麦特·王博士做了主题为“构建智慧的地球”的演讲。提出把感应器嵌入和装备到家居、电网、铁路、桥梁、隧道、公路、建筑、供水系统、大坝、油气管道等各种物体中，并且被普遍连接，形成“物联网”，然后将“物联网”与现有的互联网整合起来，实现人类社会与物理系统的整合。

2008年11月，在北京大学举行的第二届中国移动政务研讨会“知识社会与创新2.0”提出移动技术、物联网技术的发展代表着新一代信息技术的形成，并带动了经济社会形态、创新形态的变革，推动了面向知识社会的以用户体验为核心的下一代创新(创新2.0)形态的形成，创新与发展更加关注用户，注重以人为本。而创新2.0形态的形成又进一步推动新一代信息技术的健康发展。

2009年8月，无锡市率先建立了“感知中国”研究中心，中国科学院、运营商、多所大学在无锡建立了物联网研究院。物联网被正式列为国家五大新兴战略性产业之一，写入了十一届全国人大三次会议政府工作报告，物联网在中国受到了全社会极大的关注。物联网被十二五规划列为七大战略新兴产业之一，是引领中国经济华丽转身的主要力量，2014年，国内物联网产业规模突破6 200亿元，同比增长24%；截止到2015年底，随着物联网信息处理和应用服务等产业的发展，中国物联网产业规模增至7 500亿元。物联网作为一个新经济增长点的战略新兴产业，具有良好的市场效益，《2015－2020年中国物联网行业应用领域市场需求与投资预测分析报告前瞻》数据表明，2010年物联网在安防、交通、电力和物流领域的市场规模分别为600亿元、300亿元、280亿元和150亿元。2011年中国物联网产业市场规模达到2 600多亿元。2018年底，中国移动蜂窝物联网连接已经超过5亿，电信和联通物联网连接也超过1亿。根据中国移动预测，2019年底，中国运营商蜂窝物联网连接超过11亿。在市场方面，在2018年底，中国物联网市场规模超过2万亿元人民币规模，预测在2020年全国物联网市场规模超过7.2万亿。

中国电信在2009年率先在无锡成立物联网应用和推广中心，以基地形式支持全国物联网业务发展，并在2014年挂牌成立中国电信物联网公司。中国移动于2010年在重庆成立物联网基地，并以更快的速度，于2012年挂牌成立中移物联网公司。中国联通于2014年底在南京成立物联网运营支撑中心，2017年底挂牌成立物联网公司。三大运营商也投资建设专用平台。中国移动在成立物联网基地后就开始着手建立自有的管理平台，一直做到现在，并改名叫OneLink；中国联通则于2015年引入国际知名的Jasper平台；中国电信则选择了华为的OC平台。

物联网就是利用局部网络或互联网等通信技术把传感器、控制器、机器、人员和物等通过新的方式联系在一起，形成人与物、物与物相联，实现信息化、远程管理控制和智能化的网络。物联网是互联网的应用拓展，物联网是继计算机、互联网之后世界信息产业发展的第三次浪潮。

5.1.3 物联网的未来

自2015年开始，物联网的发展逐年火爆，未来几年，全球物联网市场规模将出现快速增长。2017年6月，《工业和信息化部办公厅关于全面推进移动物联网(NB-IoT)建设发展的通知》中提道：到2017年末，实现NB－IoT网络覆盖直辖市、省会城市等主要城市，基站规模达到40万个；到2020年，NB－IoT网络实现全国普遍覆盖，面向室内、交通路网、地下管网等应用场景实现深度覆盖，基站规模达到150万个。据前瞻产业研究院《中国物联网行业细分市场需求与投资机会分析报告》综合分析：未来十年，全球物联网将实现大规模普及，年均复合增速将保持在20%左右，到2022年全球物联网市场规模有望达到2.3万亿美元左右；按照当前发展趋势，未来几年，我国物联网市场仍将保持高速增长态势，预计到2022年，中国物联网整体市场规模在3.1万亿元，年复合增长率在22%左右，可增长空间巨大。

物联网产业在自身发展也带来庞大的产业集群效应。例如，传感技术在智能交通、公共安全、重要区域防入侵、环保、电力安全、平安家居、健康监测等诸多领域的市场规模均超过百亿元甚至千亿元。未来物联网市场前景将远远超过计算机、互联网、移动通信等市场。随着物联网的发展，用于动物、植物和机器、物品的传感器与电子标签及配套的接口装置的数量将大大超过手机的数量。物联网的推广将会成为推进经济发展的又一个驱动器，为产业开拓了又一个潜力无穷的发展机会。按照对物联网的需求，需要按亿计的传感器和电子标签，这将大大推进信息技术元件的生产，同时增加大量的就业机会。

2014年2月18日，全国物联网工作电视电话会议在北京召开。会议上指出，物联网是新一代信息网络技术的高度集成和综合运用，是新一轮产业革命的重要方向和推动力量，对于培育新的经济增长点、推动产业结构转型升级、提升社会管理和公共服务的效率和水平具有重要意义。发展物联网必须遵循产业发展规律，正确处理好市场与政府、全局与局部、创新与合作、发展与安全的关系。要按照“需求牵引、重点跨越、支撑发展、引领未来”的原则，着力突破核心芯片、智能传感器等一批核心关键技术；着力在工业、农业、节能环保、商贸流通、能源交通、社会事业、城市管理、安全生产等领域，开展物联网应用示范和规模化应用；着力统筹推动物联网整个产业链协调发展，形成上下游联动、共同促进的良好格局；着力加强物联网安全保障技术、产品研发和法律法规制度建设，提升信息安全保障能力；着力建立健全多层次、多类型的人才培养体系，加强物联网人才队伍建设。

物联网作为新一代信息技术的重要领域，一直受到国家高度重视，物联网标准化工作在我国经济转型升级过程中发挥着积极和重要作用。谁掌握了标准，谁就拿到市场的入场券，甚至成为行业的定义者，标准之争即是市场之争。想参与物联网的各种物品、个人、企业、团体以及机构可以通过标准方便地使用物联网的应用，享受物联网的建设成果；通过标准，可以促进物联网解决方案市场的竞争性，增进各种技术解决方案之间的互操作能力，也可以避免和限制垄断的形成，保证物联网开放基础平台的解决方案可以不受限制地、平等地向用户提供各种各样应用和服务；参与物联网的个人和组织可以通过标准进行信息共享和数据交换时可以高效地完成工作，最大限度地减少并避免交换信息产生歧义的可能性。在ISO/IEC JTC1/WG10国际物联网标准工作组中,我国主导的《物联网参考体系结构》标准通过委员会草案投票,标志着我国提出并主导的物联网顶层系统架构的标准内容已得到国际社会认可。我国还参与了物联网互操作框架标准制定,结合当前智能制造、工业互联网等一些研究热点,带头开展信息物理系统、网络互联等研究,并取得了阶段性研究成果。国家标准GB/T 31866—2015《物联网标识体系 物品编码Ecode》、GB/T33474—2016《物联网参考体系结构》已经正式发布,还正式发布《物联网标准化白皮书》《信息物理系统标准化白皮书》,针对物联网行业中的数据、连接、安全、测试等方面标准架构进行了规划。物联网目前全球物联网相关的技术、标准、产业、应用、服务还处于发展阶段。整体上物联网核心技术持续发展,标准体系正在构建,产业体系处于建立和完善过程中。

在未来几年,随着物联网的发展,数据流量和设备将快速增长、数字化转型行业会有所增多、物联网投资会增加、人工智能和物计算为物联网助力、物联网安全更重要、物联网标准亟须制定;等等。

5.1.4 物联网与互联网

物联网是通过射频识别、各种传感器、全球定位系统、激光扫描仪等信息传感设备,按约定的协议,把任何物品与互联网相连接,进行信息交换和通信,以实现对物品的智能化识别、定位、跟踪、监控和管理的一种网络。物联网的核心和基础仍是互联网,互联网是物联网传输层的主干网,物联网通过各种有线和无线网络与互联网融合,将物体的信息实时准确地传递出去,是在互联网基础上的延伸和扩展的网络;物联网的用户端延伸和扩展到任何物品与物品之间进行信息交换和通信,即物物相息。物联网是利用最新信息技术将物品互联互通在一起的新一代网络。

物联网是一个新的世界,一个比互联网大太多太多的世界,互联网只是物联网中的一部分。互联网连接所有的人和信息内容,提供标准化服务,而物联网则要考虑各种各样的硬件融合、多种场景的应用、人们的习惯差异等问题。相对于互联网,物联网需要更有深度的内容和服务,以及更加差异化、人性化的应用。

5.2 物联网相关技术

物联网是在互联网和移动通信网等网络通信的基础上,针对不同领域的需求,利用具有感知、通信和计算的智能设备自动获取现实世界的信息,并将这些对象互联,实现全面感知、可靠传输、智能处理,构建人与物、物与物互联的智能信息服务系统。

物联网的体系结构主要由三层组成:感知层、网络层和应用层。模型如图5-1所示。

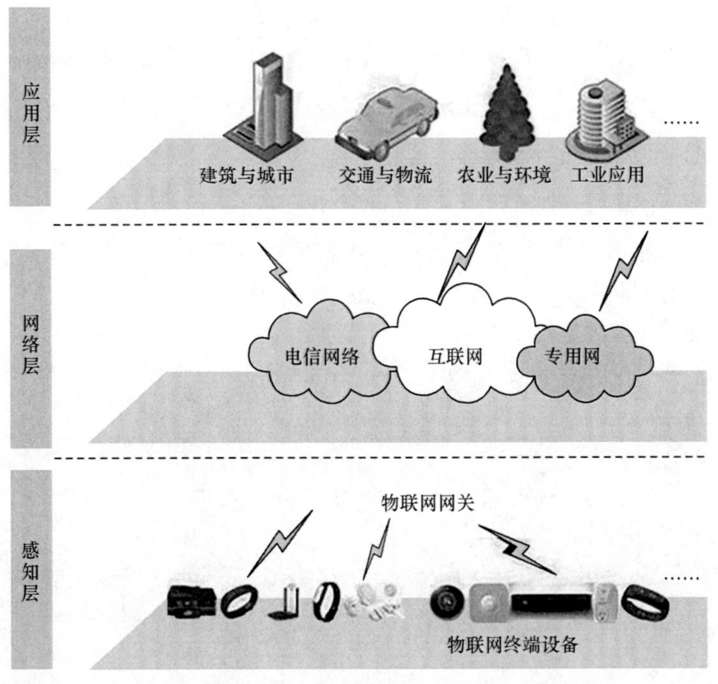

图 5-1 物联网的体系结构

5.2.1 感知层技术

感知层主要完成对物体的识别和对数据的采集。感知层的主要设备有：各种传感器（如温度传感器、烟雾传感器、红外传感器等）、各种标签（如 RFID 标签、二维码标签等）、摄像头、GPS、M2M 终端等。

感知层涉及的信息采集技术主要包括传感器技术、RFID 技术、多媒体信息采集技术、MEMS 技术、激光扫描技术和实时定位技术等。

1. 传感器技术

人类在获取外界信息时，往往依靠人的“五官”产生视、听、嗅、味和触觉等直接感受外界事物的变化，人的大脑对“五官”感受到的信息进行加工、处理，然后调整人的相应行为活动。

人类在研究自然规律及生产规律时，往往需要进行大量实验以进行数据研究，只靠人类的“五官”感觉是远远不够的，这时需要借助于仪器设备完成，此种仪器设备就是传感器。因此可以说，传感器是人类“五官”的延伸，又被称为“电五官”。

传感器是指能感受规定的被测量，并按照一定的规律转换成可用输出信号的器件或装置。通常由敏感元件和转换元件组成。传感器是一种检测装置，它能感受到被测量的信息，并能将检测感受到的信息，按一定规律变换成为电信号或其他所需形式的信息输出，以满足信息的传输、处理、存储、显示、记录和控制等要求。它是实现自动检测和自动控制的首要环节。传感器是以一定的精度和规律把被测量转换为与之有确定关系的、便于应用的某种物理量的测量装置。传感器作为信息获取的重要手段，与通信技术和计算机技术共同构成信息技术的三大支柱。

传感器一般由敏感元件、转换元件和转换电路组成，如图 5-2 所示。

图 5-2　传感器的组成框图

● 敏感元件

敏感元件可以直接感受被测量，输出与被测量有确定关系且易于测量的其他物理量。例如，弹性敏感元件将力、力矩转换为位移或应变量输出。

● 转换元件

转换元件是指传感器中将敏感元件感受到的被测量转换成适于传输或测量的电信号（如电阻、电容等）部分。

● 转换电路

转换电路是把转换元件输出的电信号变换成易于处理、显示、控制、记录和传输的可用电信号（如电压、电流等）。

实际的传感器有的很简单，有的很复杂。有些传感器可以只利用转换元件感受被测量直接输出电压信号（如利用热电偶传感器测量温度）；有些传感器只有敏感元件和转换元件，不需要转换电路；有些传感器需要敏感元件、转换元件和转换电路，并且可能有多个敏感元件。

传感器可以感知周围环境或者特殊物质，比如气体感知、光线感知、温湿度感知、人体感知等，通过数据处理，把气体浓度参数、光线强度参数、范围内是否有人、温湿度数据等分析处理或显示出来。

传感器按照其用途可以分为：力或压力传感器、温度传感器、液位传感器、位移传感器、角度传感器、速度传感器、加速度传感器、烟雾传感器、湿度传感器、流量传感器、转矩传感器等。常见的传感器实物如图 5-3 所示。

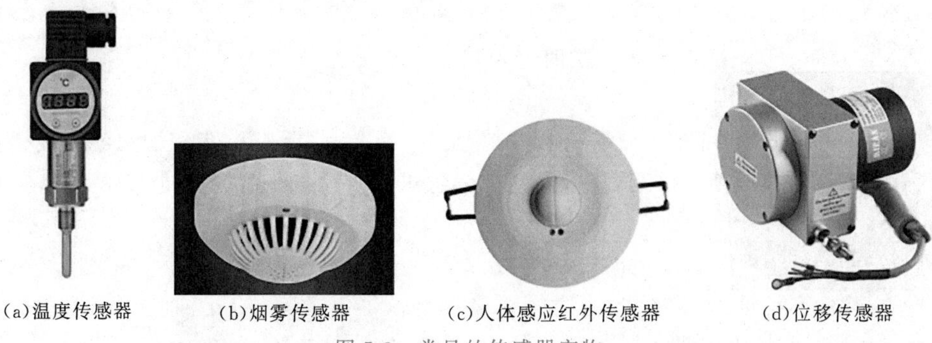

（a）温度传感器　（b）烟雾传感器　（c）人体感应红外传感器　（d）位移传感器

图 5-3　常见的传感器实物

传感器按照工作原理可以分为：电阻式传感器、电容式传感器、电感式传感器、磁电式传感器、电涡流式传感器、振动式传感器、红外传感器、湿敏传感器、磁敏传感器、气敏传感器、超声波传感器、生物传感器、光电式传感器等。

2. RFID 技术

射频识别（RFID）技术，又称无线射频识别，是一种通信技术，可通过无线电信号识别特定目标并读写相关数据。无线电信号通过调成无线电频率的电磁场，把数据从附着在物品上的标签上传送出去，以自动辨识与追踪该物品。与条形码不同的是，射频标签不需要处在识别器视线之内，也可以嵌入被追踪物体之内。射频识别系统最重要的优点是非接触识别，它能穿透雪、雾、冰、涂料、尘垢和条形码无法使用的恶劣环境阅读标签，并且阅读速度极快，大多数情况下不到100毫秒。

仓库可以根据射频标签追踪物品的所在；射频标签也可以附于牲畜与宠物上，方便对牲畜与宠物的识别；射频识别的身份识别卡可以使员工进入锁住的建筑部分；汽车上的射频应答器也可以用来征收收费路段与停车场的费用；等等。

3. 多媒体信息采集技术

多媒体采集器作为未来物联网感知层常用的感知设备之一，泛指音频、视频、图像等信息的采集装置，如摄像头、话筒、微型照相机等。对一种或者多种多媒体信息，进行实时或准实时的获取和采集。

4. MEMS技术

MEMS（Micro-Electro-Mechanical System）即微电子机械系统，是指尺寸在几毫米乃至更小的传感器装置，其内部结构一般在微米甚至纳米量级，是一个独立的智能系统。MEMS具备普通传感器无法具备的微型化和高集成度。智能手机（可检测手机运动的加速度计和陀螺仪；测量手机环境的光、温度、压力和湿度传感器；具有联网特性的RFID、蓝牙和WiFi；麦克风和扬声器等）、手环、汽车、无人机、VR/AR头戴式设备等，都应用了MEMS器件。MEMS可燃气体传感器如图5-4所示。

随着更多装置和应用被添加到物联网，MEMS器件会因其低功耗、外形小巧、成本效益低、可靠性、易于集成和实现智能化等优点成为未来物联网更可行的解决方案。

5. 激光扫描技术

一维码是由纵向黑条和白条组成，黑白相间，而且条纹的粗细也不同，通常条纹下还会有英文字母或阿拉伯数字。用一维码可以标出物品的生产国、制造厂家、商品名称、生产日期、图书分类号、邮件起止地点、类别、日期等信息，因而在商品流通、图书管理、邮政管理、银行系统等许多领域都得到了广泛的应用。其编码如图5-5(a)所示。组成一维码的信息部分只能是字母和数字。一维码的数据容量较小，一般只可容纳30个字符左右。一维码可以识别商品的基本信息，例如商品名称、价格等，但并不能提供商品更详细的信息，要调用更多的信息，需要电脑数据库的进一步配合。

二维码技术主要就是利用几何图形，按照特定规律，在平面分布图形当中记录信息。通过对图像输入设备与光电扫描设备自动识读功能的使用，能够自动处理信息内容。二维码的数据容量很大，能利用较小的面积来表达大量的信息内容。二维码突破了字母与数字的限制，且尺寸比较小，抗损毁的能力极强。二维码与RFID相比，最明显的优势就是成本不高。二维码能够采用保密措施，且保密性能要更优于一维码。一维码和二维码如图5-5所示。

图5-4 MEMS可燃气体传感器

(a)一维码

(b)二维码

图5-5 一维码和二维码

6. 实时定位技术

实时定位技术是利用无线电以及其他辅助设备，实现移动的人和物体精确位置查询、跟踪的技术。

通常用到的定位技术有蓝牙定位技术、WiFi 定位技术、RFID 定位技术、ZigBee 定位技术、超宽带（UWB）定位技术、卫星定位技术、计算机视觉定位技术、超声波定位技术等。在实际实时定位技术使用时，为了提高精度和定位速度，可以有多种定位技术同时使用。

蓝牙定位技术可以为特定场景提供导航导览等专项服务；UWB 定位技术可以用于机器人运动跟踪等；超声波定位技术可以解决机器人迷路问题等。

卫星定位系统是利用卫星进行无线电定位的系统。美国的全球定位系统（Global Positioning System，GPS）、俄罗斯的格洛纳斯卫星导航系统（俄文 Global'naya Navigatsionnaya Sputnikovaya Sistema，GLONASS）、中国的北斗卫星导航系统（BeiDou Navigation Satellite System，BDS）和欧盟的伽利略卫星定位系统（Galileo Positioning System，GALILEO）是全球四大卫星定位系统，是联合国卫星导航委员会已认定的供应商。

- 美国的 GPS

由美国国防部于 20 世纪 70 年代初开始设计、研制，于 1993 年全部建成。1994 年，美国宣布在 10 年内向全世界免费提供 GPS 使用权，但美国只向外国提供低精度的卫星信号。GPS 导航系统是以全球 24 颗定位人造卫星为基础，向全球各地全天候地提供三维位置、三维速度等信息的一种无线电导航定位系统。此系统已经实现单机导航精度约为 10 米，综合定位精度可达厘米级和毫米级，但民用领域开放的精度约为 10 米。它由三部分构成，一是地面控制部分，由主控站、地面天线、监测站及通讯辅助系统组成；二是空间部分，由 24 颗卫星（一共 28 颗卫星，4 颗备用）组成，分布在 6 个轨道平面，每轨道 4 颗卫星，距离地面约 20000 千米；三是用户装置部分，由 GPS 接收机和卫星天线组成。

- 俄罗斯的 GLONASS

俄罗斯 1993 年开始独自建立本国的全球卫星导航系统。需要至少 18 颗卫星才能确保覆盖俄罗斯全境，如要提供全球定位服务，则需要 24 颗卫星。格洛纳斯全球卫星导航系统现由 26 颗卫星构成，包括 24 颗“格洛纳斯－M”卫星和 2 颗“格洛纳斯－K”卫星。俄罗斯航天局文件显示，航天局打算 2019 年至 2033 年发射 4 颗“格洛纳斯－M”型卫星、9 颗“格洛纳斯－K”型卫星和 33 颗“格洛纳斯－K2”型卫星。格洛纳斯全球导航卫星系统，为全球地表、海洋和空中物体提供实时定位数据，民用精度为 100 米，军用精度为 10－20 米，时间精度低于 1000 纳秒。

- 中国的 BDS

中国自行研制的全球卫星导航系统。2003 年我国北斗一号建成并开通运行，不同于 GPS，“北斗”的指挥机和终端之间可以双向交流。北斗卫星导航系统由空面段、地面段和用户段三部分组成，可在全球范围内全天候、全天时为各类用户提供高精度、高可靠定位、导航、授时服务，并具短报文通信能力，已经初步具备区域导航、定位和授时能力。开放服务是向全球免费提供定位、测速和授时服务，定位精度 10 米，测速精度 0.2 米/秒，授时精度 10 纳秒。授权服务是向授权用户提供更安全的定位、测速、授时和通信服务以及系统完好性信息。2019年5月,北斗二号系统定位精度由10米提升至6米。2019年6月25日2时09分,我国在西昌卫星发射中心用长征三号乙运载火箭,成功发射第46颗北斗导航卫星。这颗卫星是北斗三号系统的第二十一颗组网卫星、第二颗倾斜地球同步轨道卫星。经过二十多年的发展,北斗系统攻克了数百项技术难题,实现了从无到有、从区域到全球、从跟随到引领的转变。核心元器件国产化率达到百分之百,完全实现自主可控。

- 欧盟的GALILEO

1999年,欧洲提出"伽利略"卫星定位系统。由欧盟主导的新一代民用全球卫星导航系统,耗资超过30亿欧元。系统由两个地面控制中心和30颗卫星组成,其中27颗为工作卫星,3颗为备用卫星。卫星轨道高度约2.4万公里,位于3个倾角为56度的轨道平面内。美国GPS向别国提供的卫星信号,只能发现地面大约10米长的物体,而伽利略的卫星则能发现1米长的目标。

5.2.2 网络层技术

网络层通过位于物联网三层结构中的第二层,连接着感知层和应用层,其功能为"传送",即通过通信网络进行信息传输。网络层是物联网的神经中枢,负责将感知层获取的信息,安全可靠地传输到应用层,然后根据不同的应用需求进行信息处理。网络层由各种私有网络、互联网、有线和无线通信网等组成。

物联网网络层包含接入网和传输网,分别实现接入功能和传输功能。接入网包括光纤接入、无线接入、以太网接入、卫星接入等各类接入方式,实现底层的传感器网络、RFID网络的接入。传输网由公网与专网组成,典型传输网络包括电信网(固网、移动通信网)、广电网、互联网、电力通信网、专用网(数字集群)。3G/4G通信网络、IPv6、WiFi和WiMAX、蓝牙、ZigBee、NB-IoT、LoRa(Long Range Radio,远距离无线电)技术等各种新技术也被广泛应用在物联网的网络层。物联网的网络层基本上综合了已有的全部网络形式,来构建更加广泛的"互联"。

每种网络都有自己的特点和应用场景,互相组合才能发挥出最大的作用,因此在实际应用中,信息往往经由任何一种网络或几种网络组合的形式进行传输。物联网的网络层承担着巨大的数据量,物联网需要对现有网络进行融合和扩展,以满足更高的服务质量要求。

5.2.3 应用层技术

应用层位于物联网三层结构中的最顶层,其功能为"处理",即通过云计算平台进行信息处理。应用层对感知层采集数据进行计算、处理和知识挖掘,从而实现对物理世界的实时控制、精确管理和科学决策。应用层是物联网和用户(包括人、组织和其他系统)的接口,它与行业需求结合,实现物联网的智能应用。

物联网应用层的核心功能围绕两个方面：一是“数据”，应用层需要完成数据的管理和数据的处理；二是“应用”，仅仅管理和处理数据还远远不够，必须将这些数据与各行业应用相结合。例如在智能电网中的远程电力抄表应用：安置于用户家中的读表器就是感知层中的传感器，这些传感器在收集到用户用电信息后，通过网络发送并汇总到发电厂的处理器上，该处理器及其对应工作就属于应用层，它将完成对用户用电信息的分析，并自动采取相关措施。

从物联网三层结构的发展来看，网络层已经非常成熟，感知层的发展也非常迅速，而应用层的技术成果落后于其他两个层面。应用层可以为用户提供具体服务，是与我们最紧密相关的，因此应用层的未来发展潜力很大。应用层不仅是管理和处理数据，必须将这些数据与各行业应用相结合，以达到为人类服务的目的。

5.3 物联网的应用

2013 年以来，传感技术、云计算、大数据、移动互联网融合发展，全球物联网应用已进入实质推进阶段。物联网已经逐渐深入社会各个领域，并发挥着重要的作用。绿色农业、工业监控、公共安全、城市管理、远程医疗、智能家居、智能交通和环境监测等各个行业均有物联网应用的尝试，某些行业已经积累一些成功的案例。

5.3.1 智慧农业

智慧农业是农业中的智慧经济，或智慧经济形态在农业中的具体表现。智慧农业是物联网技术在现代农业领域的应用，主要有监控功能系统、监测功能系统、实时图像与视频监控功能。智慧农业模型如图 5-6 所示。

图 5-6 智慧农业模型

1. 监控功能系统

根据无线网络获取的植物生长环境信息，如监测土壤水分、土壤温度、空气温度、土壤中的pH、空气湿度、光照强度、植物养分含量等参数。并根据以上各类信息的反馈对农业园区进行自动灌溉、自动降温、自动卷模、自动进行液体肥料施肥、自动喷药等自动控制。

2. 监测功能系统

在农业园区内实现自动信息检测与控制，通过配备无线传感节点，传感节点可监测土壤水分、土壤温度、空气温度、空气湿度、光照强度、植物养分含量等参数。根据种植作物的需求提供各种声光报警信息和短信报警信息。

3. 实时图像与视频监控功能

农业物联网是实现农业上作物与环境、土壤及肥力间的物物相联的关系网络，通过多维信息与多层次处理实现农作物的最佳生长环境调理及施肥管理。但是作为管理农业生产的人员而言，仅仅数值化的物物相联并不能完全营造作物最佳生长条件。视频与图像监控为物与物之间的关联提供了更直观的表达方式。视频监控的引用，直观地反映了农作物生产的实时状态，引入视频图像与图像处理，既可直观反映一些作物的生长长势，也可以侧面反映出作物生长的整体状态及营养水平。可以从整体上给农户提供更加科学的种植决策理论依据。

智慧农业可以让农业生产人员通过监测数据对环境进行分析，从而有针对性地投放农业生产资料，并根据需要调动各种执行设备，进行调温、调光、换气等动作，实现对农业生长环境的智能控制。农业生产环境监控：通过布设于农田、温室、园林等目标区域的大量传感节点，实时收集温度、湿度、光照、气体浓度以及土壤水分、电导率等信息并汇总到中控系统。

智慧农业可以保证食品安全：利用物联网技术，建设农产品溯源系统，通过对农产品的高效可靠识别和对生产、加工环境的监测，实现农产品追踪、清查功能，进行有效的全程质量监控，确保农产品安全。物联网技术贯穿生产、加工、流通、消费各环节，实现全过程严格控制，使用户可以迅速了解食品的生产环境和过程，从而为食品供应链提供完全透明的展现，保证向社会提供优质的放心食品，增强用户对食品安全程度的信心，并且保障合法经营者的利益，提升可溯源农产品的品牌效应。

5.3.2 智能物流

智能物流就是利用条形码、射频识别技术、传感器、全球定位系统等先进的物联网技术通过信息处理和网络通信技术平台广泛应用于物流业运输、仓储、配送、包装、装卸等基本活动环节，实现货物运输过程的自动化运作和高效率优化管理，提高物流行业的服务水平，降低成本，减少自然资源和社会资源消耗。

物联网为物流业将传统物流技术与智能化系统运作管理相结合提供了一个很好的平台，进而能够更好更快地实现智能物流的信息化、智能化、自动化、透明化、系统的运作模式。智能物流在实施的过程中强调的是物流过程数据智慧化、网络协同化和决策智慧化。智能物流在功能上要实现六个“正确”,即正确的货物、正确的数量、正确的地点、正确的质量、正确的时间、正确的价格,在技术上要实现:物品识别、地点跟踪、物品溯源、物品监控、实时响应。

智能仓储是物流过程的一个环节,智能仓储的应用,保证了货物仓库管理各个环节数据输入的速度和准确性,确保企业及时准确地掌握库存的真实数据,合理保持和控制企业库存。通过科学的编码,还可方便地对库存货物的批次、保质期等进行管理。利用库位管理功能,更可以及时掌握所有库存货物当前所在位置,有利于提高仓库管理工作效率。智能仓储如图 5-7 所示。

图 5-7　智能仓储

运输成本在经济全球化的影响下,竞争日益激烈。如何配置和利用资源,有效地降低制造成本是企业所要重点关注的问题。要实现这种战略,没有一个高度发达的、可靠快捷的物流系统是无法实现的。下面介绍几个国内外智能物流公司。

大福(集团)公司(Daifuku)在过去的 70 多年里始终致力于物料搬运技术与设备的开发、研究。将仓储、搬运、分拣和管理等多种技术综合为优质的物料搬运系统,提供给全世界各行各业的广大用户。此外,大福公司还将物料搬运技术成功应用于 LSP(Lifestyle Products)行业,从事自动洗车机、保龄球、社会福利及环保设施的制造、销售及相关售后服务。代表产品有:自动化存储及检索系统;输送系统,高速分拣系统,旋转货柜,仓库管理解决方案,控制(管理)软件。

创建于 1937 年的胜斐迩(SSI SCHAEFER)总部位于德国,致力于提供高质量的工业仓储设备及自动化仓储系统,被誉为“解决仓储问题的专家”。在规划、设计和实现高效率的内部物流系统方面,胜斐迩为客户提供“一站式”的仓储解决方案,包括:前期规划设计,囊括所有类型的货架系统和仓储自动化系统,以及后期安装、调试和售后服务。胜斐迩在软件开发方面也具有丰富的经验,自主开发的 WMS 和 WCS 系统为仓库管理和配送流程提供透明可靠的操作流程。

科纳普(KNApp)是仓储物流自动化领域国际领先的系统解决方案提供商,总部位于奥地利格拉茨(Graz),自1952年成立至今全球已发展33家子公司和分支机构,员工超过2 500名。KNApp业务覆盖了无论是商业库房还是生产型库房自动化抑或是库房升级所需要的全部内容:从系统软、硬件设计开发,系统安装,系统启动到范围全面的售后服务。产品范围广泛,除一般产品外,还包括为用户定制的专利物流自动化模块和为用户定制的子系统,以便满足用户复杂的特殊要求,此外还包括对用户现成库房的改造、维修和技术支持。科纳普拥有全球超过1 000个不同行业成功案例的丰富经验,客户包括各个行业的知名企业,如博姿、John Lewis、雅芳、爱马仕、Clarks、Hugo Boss、Mark&Spencer、Ocado、沃尔玛等。

百年国际领导品牌——瑞仕格(Swisslog),在全球50多个国家,成功交付了数千套立体仓库及自动化配送物流系统。进入中国市场20年来,瑞仕格为国内来自食品饮料、医药、零售及电子商务、烟草、银行、机械制造等不同行业的近50家客户,提供了专业的立体仓库和配送中心物流系统集成服务。

德马泰克(Dematic)是全球领先物流集成商,4 000多名高技能物流专业人才覆盖全球网络,德马泰克为客户提供独一无二的世界级物料搬运解决方案设计视角。在美国、欧洲、中国、澳大利亚设有工厂,德马泰克有能力在全球范围内提供可靠、灵活、具有成本效益的解决方案。有超过5 000个世界级的集成系统成功发展并实施的案例记录在案,所有方案都基于客户,其中不乏世界级著名企业。德马泰克凭借超过75年的经营发展,已为世界上超过40%的零售企业实施过零售订单履行系统。

林德物料搬运(Linde Material Handling),总部位于德国阿萨芬堡,是欧洲市场的领先者,世界领先技术的带头人,在全球100多个国家均设有分支机构。林德物料搬运始终致力于科技创新,多年来一直保持世界领先地位,向全球市场提供全系列产品及全方位服务和解决方案,也是世界上唯一将静压传动技术大规模应用于工业车辆的制造商。林德(中国)叉车有限公司,1993年成立于厦门,是林德物料搬运在亚洲的生产、销售、服务及技术支持基地,总投资17亿元人民币,占地面积22万平方米,林德(中国)向市场提供全系列的平衡重及仓储等叉车,专业的、全方位的服务,优质的物料搬运综合解决方案及物流方案设计及咨询。

特格威(TGW)物流集团是提供高动态自动化物流解决方案的世界领先供应商,且在欧洲、北美洲、南美洲和亚洲等地均有本土公司的项目总包和系统集成商,TGW还是一个独立的机电系统供应商。建立了世界范围的系统集成商和总承包商网络。与该网络内的合作伙伴一起创建了复杂的物流中心,并设计了整个物料处理和存储构想。

库卡机器人是德国起步最早的机器人公司。1898年,在奥克斯堡建立,最开始并不是做工业机器人,而是关注室内照明方面。直到1995年才成立现今的库卡工业机器人有限公司,是世界上领先的工业机器人制造商之一。库卡机器人公司目前在全球拥有超过3 000名员工,其总部在德国奥格斯堡。公司主要客户来自汽车制造领域,但在其他工业领域的运用也越来越广泛。库卡机器人可用于物料搬运、加工、堆垛、点焊和弧焊,涉及自动化、金属加工、食品和塑料等行业。库卡工业机器人的用户包括:通用汽车、克莱斯勒、福特、保时捷、宝马、奥迪、奔驰、大众、法拉利、哈雷戴维森、一汽大众、波音、西门子、宜家、施华洛世奇、沃尔玛、百威啤酒、BSN medical、可口可乐等。

京东物流率先在上海嘉定建设国内首个5G智能物流示范园区，依托5G网络通信技术，通过AI、IoT、自动驾驶、机器人等智能物流技术和产品融合应用，打造高智能、自决策、一体化的智能物流示范园区。其中包含智能人员管理系统、智能车辆管理系统、物流全链路可视化监控、机器人智能配送系统等多个物流场景。园区内将设置智能车辆匹配、自动驾驶覆盖、人脸识别管理和全域信息监控，预留全园自动驾驶技术接入，实现无人重卡、无人轻型货车、无人巡检机器人调度行驶；依托5G定位技术实现车辆入园路径自动计算和最优车位匹配；通过人脸识别系统实现员工管理，进行园区、仓库、分拣多级权限控制；基于5G提供园区内无人机、无人车巡检以及人防联动系统，实现人、车、园区管理的异常预警和实时状态监控。在数字化仓库中，使用5G技术进行自动入仓及出仓匹配、实时库容管理、仓储大脑和机器人无缝衔接、AR作业、包裹跟踪定位。园区将通过自动识别仓内商品实物体积，匹配最合理车辆，提升满载率；借助仓储大脑实现所有搬运、拣选、码垛机器人互联互通和调度统筹，及仓内叉车、托盘、周转筐等资产设备的定位跟踪；通过AR眼镜帮助操作员自动识别商品，并结合可视化指令辅助作业；实现包裹实时追踪和全程视频监控，方便商家、客户随时查询包裹情况并进行履约超时预警。

日日顺物流青岛物流产业园占地面积463亩，于2010年12月投入运营。在基础设施方面引入智能化设备以及视觉识别、控制算法、机器自学习、大数据云计算等先进人工智能技术，大大提升了日日顺物流智能仓平台能力。日日顺物流顺应时代发展趋势，聚焦物联网场景物流生态战略升级，加强智能化、数字化、场景化、差异化竞争力建设，打造青岛物流产业园，以树立智慧物流创新升级样板。日日顺物流青岛物流产业园从功能性智能仓切入，从价值枢纽点(仓/车)延伸，通过链接产业端和用户端，打造了端到端的大件物流供应链一体化的智能仓平台。在产业端，日日顺物流青岛物流产业园构建了开放的国家级智慧物流信息系统云平台和全球化SCM定制解决方案平台，将众多资源方聚集在一起，为其提供一体化定制物流方案。在用户端，通过与用户深度交互，构建了开放的场景化社群服务平台，为用户提供从送产品到全流程解决方案的增值服务，解决用户“吃、穿、住、用、行”全场景的服务和需求。日日顺物流青岛物流产业园将通过平台开放模式打造智能化仓储服务生态圈，最终实现服务范围从青岛辐射山东乃至全国的目标。日日顺物流青岛物流产业园是物联网时代下场景物流与物流园区融合发展的产物。物联网时代，物流行业的竞争焦点已转移至用户价值的释放与增值，传统的交付行为已无法满足用户的个性化需求，场景化的物流服务逐渐成为主流。日日顺物流以场景物流模式，颠覆传统物流发展模式，打造健身、家居、智家服务、便捷出行等场景生态链群，搭建起由行业TOP级品牌资源方组成的生态平台，成为行业首个物联网场景生态物流的独角兽。举例来说，在为用户提供沙发、橱柜等家具的同步送装服务时，日日顺物流可根据用户需求为新装修家庭提供除甲醛、净化空气等服务解决方案等。可以认为，场景物流的搭建让日日顺物流在物联网时代树立了差异化优势，并助力日日顺物流青岛物流产业园成功入选全国优秀物流园区。

5.3.3 智慧鱼塘

智能鱼塘控制管理系统主要有水质监测、环境监测、视频监测、远程控制、短信通知等功能，该系统综合利用电子技术、传感器技术、计算机与网络通信技术，实现对水产苗种繁育阶段的水温、pH 和溶氧量等各项基本参数进行实时监测预警，一旦发现问题，能够及时自动处理或用短信通知相关人员。智慧鱼塘 App 如图 5-8 所示。

图 5-8 智慧鱼塘 App

使用智慧鱼塘可以自动定时定点定量投饵、24 小时实时检测水质、24 小时红外线摄像头记录水下养殖状况，给养殖户足够的“安全感”；当监测到各项理化指标达到危险值时，系统会自动启动声光警报系统，并给管理者发送手机短信；养殖户可通过手机、电脑网络查询水质参数和各种设备工作状况，远程控制增氧机、投料机、水泵等设备启动或停止；可以监测并存储一些参数，以水中的溶解氧为例，可自动记录、储存现场监测到的溶解氧数据，并永久保存，以方便用户查询和分析季节、时间、天气、温度等因素对溶解氧含量的影响，用户可根据水中溶解氧测量值，精准控制饵料投放量，提高饵料的转化率。

智能鱼塘管理系统投运，不仅能有效提高经济效益，同时有利于水产养殖生产技术日趋完善，实施标准化养殖要求，严格控制投入品的使用，促成池塘水质的净化循环使用，从而保证养殖生态系统的良性循环，减少水产养殖污染，提高生态环境质量。

5.3.4 智能家居

智能家居通过物联网技术将家中的各种设备（如音视频设备、照明系统、窗帘控制、空调控制、安防系统、数字影院系统、影音服务器、影柜系统、网络家电等）连接到一起，提供家电控制、照明控制、电话远程控制、室内外遥控、防盗报警、环境监测、暖通控制、红外转发以及可编程定时控制等多种功能和手段。与普通家居相比，智能家居不仅具有传统的居住功能，兼备建筑、网络通信、信息家电、设备自动化，提供全方位的信息交互功能，甚至为各种能源费用节约资金。智能家居系统如图 5-9 所示。

根据 2012 年 4 月 5 日中国室内装饰协会智能化委员会《智能家居系统产品分类指导手册》的分类依据，智能家居系统产品共分为二十个分类：

控制主机（集中控制器）、智能照明系统、电器控制系统、家庭背景音乐、家庭影院系统、对讲系统、视频监控、防盗报警、电锁门禁、智能遮阳（电动窗帘）、暖通空调系统、太阳能与节能设备、自动抄表、智能家居软件、家居布线系统、家庭网络、厨卫电视系统、运动与健康监测、花草自动浇灌、宠物照看与动物管制等。

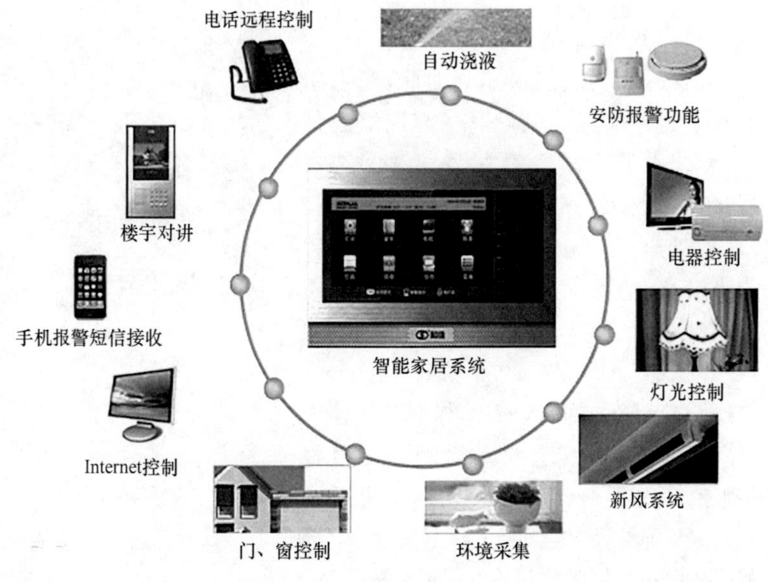

图 5-9　智能家居系统

5.3.5　智慧医疗

智慧医疗结合无线网技术、RFID、物联网技术、移动计算技术、数据融合技术等，有助于一步提升医疗诊疗流程的服务效率和服务质量，提升医院综合管理水平，实现监护工作无线化，全面改变和解决现代化数字医疗模式、智能医疗及健康管理、医院信息系统等问题和困难，并大幅度体现医疗资源高度共享，降低公众医疗成本。智慧医疗 App 如图 5-10 所示。

图 5-10　智慧医疗 App

通过电子医疗和 RFID 物联网技术能够使大量的医疗监护的工作实现无线化，而远程医疗和自助医疗，信息及时采集和高度共享，可缓解资源短缺、资源分配不均的窘境，降低公众的医疗成本。

通过智慧医疗，可以实现医疗服务水平的提升。比如：远程探视，避免探访者与病患的直接接触，杜绝疾病蔓延，缩短恢复进程；远程会诊，支持优势医疗资源共享和跨地域优化配置；自动报警，对病患的生命体征数据进行监控，降低重症护理成本；临床决策系统，协助医生分析详尽的病历，为制订准确有效的治疗方案提供基础;智慧处方,分析患者过敏和用药史,反映药品产地批次等信息,有效记录和分析处方变更等信息,为慢性病治疗和保健提供参考。

智慧医疗的家庭健康系统,可以对行动不便无法送往医院的病患进行视讯医疗,对慢性病以及老幼病患远程照护,对智障、残疾、传染病等特殊人群进行健康监测,还可以自动提示用药时间、服用禁忌、剩余药量等。

5.3.6 智能电网

智能电网就是电网的智能化,也被称为"电网 2.0",它是建立在集成的、高速双向通信网络的基础上,通过先进的传感和测量技术、先进的设备技术、先进的控制方法以及先进的决策支持系统技术的应用,实现电网的可靠、安全、经济、高效、环境友好和使用安全的目标。智能电网示意图如图 5-11 所示。

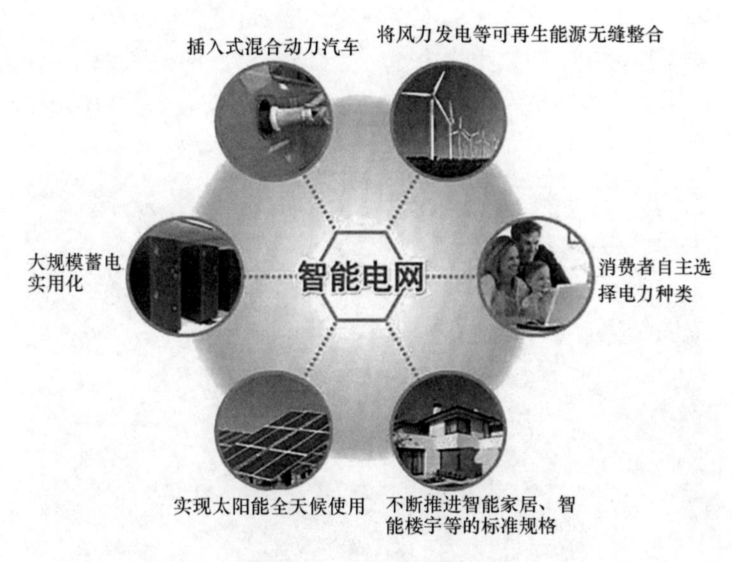

图 5-11 智能电网示意图

电网的智能化可以:加强资源优化配置能力;提高安全稳定运行水平,电网各级防线之间紧密协调,具备抵御突发性事件和严重故障的能力,能够有效避免大范围连锁故障的发生,降低停电损失;促进清洁能源发展,电网将具备风电机组功率预测和动态建模、对清洁能源并网的运行控制能力将显著提升;实现高度智能化的电网调度,实现电网在线智能分析、预警和决策;满足电动汽车等新型电力用户的服务要求,形成完善的电动汽车充、放电配套基础设施网,满足电动汽车行业的发展需要;实现电网资产高效利用和全寿命周期管理,通过智能电网调度和需求侧管理,电网资产利用效率显著提高;实现电力用户与电网之间的便捷互动,为用户提供优质的电力服务;实现电网管理信息化和精益化;发挥电网基础设施的增值服务潜力,在提供电力的同时,服务国家"三网融合"战略,为用户提供社区广告、网络电视、语音等集成服务,为供水、热力、燃气等行业的信息化、互动化提供平台支持,拓展及提升电网基础设施增值服务的范围和能力,有力推动智能城市的发展;促进电网相关产业的快速发展。建设智能电网,有利于促进装备制造和通信等行业的技术升级,为我国占领世界电力装备制造领域的制高点奠定基础。

5.3.7 智能工业

智能工业是将具有环境感知能力的各类终端、基于泛在技术的计算模式、移动通信等不断融入工业生产的各个环节,大幅提高制造效率,改善产品质量,降低产品成本和资源消耗,将传统工业提升到智能化的新阶段。工业和信息化部制定的《物联网"十二五"发展规划》中将智能工业应用示范工程归纳为:生产过程控制、生产环境监测、制造供应链跟踪、产品全生命周期监测,促进安全生产和节能减排。

如图 5-12 所示,一汽大众长春奥迪 Q 工厂焊装车间,偌大厂房却看不到几个工人,清一色的机器人作业。据工作人员介绍,这是一汽大众目前最先进的焊装生产线,其高自动化率,整个车型将经过 400 台机器人的工序处理,可达到更高精度的车身尺寸及更稳定的质量状态。涂装车间,车身喷漆流程均由 60 台"身着"白衣的机器人完成,其智能程度让人惊叹。据了解,原本这样的生产线需要 1 000 人操作,设置了 70 台机器人进行自动化改造后,仅需 200 人左右。

图 5-12　长春奥迪智造生产线

5.3.8 智慧交通

智慧交通是在整个交通运输领域充分利用物联网、空间感知、云计算、移动互联网等新一代信息技术,综合运用交通科学、系统方法、人工智能、知识挖掘等理论与工具,以全面感知、深度融合、主动服务、科学决策为目标,通过建设实时的动态信息服务体系,深度挖掘交通运输相关数据,形成问题分析模型,实现行业资源配置优化能力、公共决策能力、行业管理能力、公众服务能力的提升,推动交通运输更安全、更高效、更便捷、更经济、更环保、更舒适的运行和发展,带动交通运输相关产业转型、升级。智慧交通应用视图如图 5-13 所示。

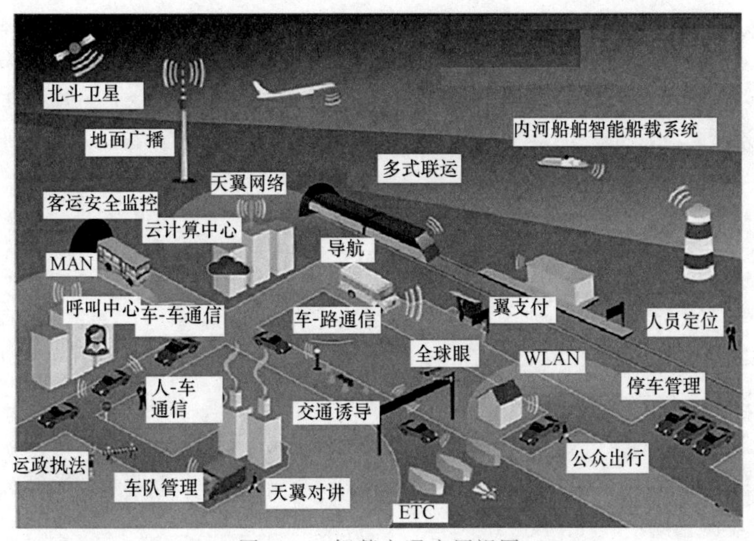

图 5-13 智慧交通应用视图

智慧交通系统一般由交通信息系统、交通管理系统、公共交通系统、车辆控制系统、货运管理系统、电子收费系统和紧急救援系统等组成。

● 交通信息系统

交通参与者通过装设在道路上、车上、换乘站上、停车场上以及气象中心的传感器和传输设备，向交通信息中心提供各地的实时交通信息；交通信息系统得到这些信息并通过处理后，实时向交通参与者提供道路交通信息、公共交通信息、换乘信息、交通气象信息、停车场信息以及与出行相关的其他信息；出行者根据这些信息确定自己的出行方式、选择路线。如果车上装设了自动定位和导航系统时，该系统可以帮助驾驶员自动选择行驶路线。

● 交通管理系统

交通管理系统有一部分与交通信息系统共用信息采集、处理和传输系统，但交通管理系统主要给交通管理者使用，用于检测控制和管理公路交通，在道路、车辆和驾驶员之间提供通讯联系。它将对道路系统中的交通状况、交通事故、气象状况和交通环境进行实时的监视，依靠先进的车辆检测技术和计算机信息处理技术，获得有关交通状况的信息，并根据收集到的信息对交通进行控制，如信号灯、发布诱导信息、道路管制、事故处理与救援等。

● 公共交通系统

公共交通系统的主要目的是采用各种智能技术促进公共运输业的发展，使公交系统实现安全便捷、经济、运量大的目标。例如：通过个人计算机、闭路电视、手机 App 等向公众就出行方式和事件、路线及车次选择等提供咨询，在公交车站通过显示器向候车者提供车辆的实时运行信息；在公交车辆管理中心，可以根据车辆的实时状态合理安排发车、收车等计划，提高工作效率和服务质量。

● 车辆控制系统

车辆控制系统的目的是开发帮助驾驶员实行本车辆控制的各种技术，从而使汽车行

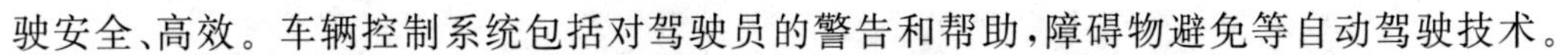

驶安全、高效。车辆控制系统包括对驾驶员的警告和帮助，障碍物避免等自动驾驶技术。

● 货运管理系统

以高速道路网和信息管理系统为基础，利用物流理论进行管理的智能化的物流管理系统。综合利用卫星定位、地理信息系统、物流信息及网络技术有效组织货物运输，提高货运效率。

● 电子收费系统

电子收费系统(ETC)是世界上最先进的路桥收费方式。通过安装在车辆挡风玻璃上的车载器与在收费站 ETC 车道上的微波天线之间的微波专用短程通讯，利用计算机联网技术与银行进行后台结算处理，从而达到车辆通过路桥收费站不需停车而能交纳路桥费的目的，且所交纳的费用经过后台处理后清分给相关的收益业主。在现有的车道上安装电子不停车收费系统，可以使车道的通行能力提高 3～5 倍。电子收费系统也可以延伸扩展应用到停车场收费系统中。

● 紧急救援系统

紧急救援系统是一个特殊的系统，它的基础是交通信息系统、交通管理系统和有关的救援机构和设施，通过交通信息系统和交通管理系统将交通监控中心与职业的救援机构联成有机的整体，为道路使用者提供车辆故障现场紧急处置、拖车、现场救护、排除事故车辆等服务。具体包括：车主可通过电话、短信、翼卡车联网三种方式了解车辆具体位置和行驶轨迹等信息；车辆失盗处理，此系统可对被盗车辆进行远程断油锁电操作并追踪车辆位置；车辆故障处理，接通救援专线，协助救援机构展开援助工作；交通意外处理，此系统会在 10 秒钟后自动发出求救信号，通知救援机构进行救援。

智慧交通系统以国家智能交通系统体系框架为指导，建成"高效、安全、环保、舒适、文明"的智慧交通与运输体系；大幅度提高城市交通运输系统的管理水平和运行效率，为出行者提供全方位的交通信息服务和便利、高效、快捷、经济、安全、人性、智能的交通运输服务；为交通管理部门和相关企业提供及时、准确、全面和充分的信息支持和信息化决策支持。

5.3.9 智慧城市

智慧城市就是运用信息和通信技术手段感测、分析、整合城市运行核心系统的各项关键信息，从而对包括民生、环保、公共安全、城市服务、工商业活动在内的各种需求做出智能响应。其实质是利用先进的信息技术，实现城市智慧式管理和运行，进而为城市中的人创造更美好的生活，促进城市的和谐、可持续成长。"智慧城市"是指利用领先的信息技术，提高城市规划、建设、管理、服务的智能化水平，使城市运转更高效、更敏捷、更低碳，是信息时代城市发展的新模式。智慧城市全景图如图 5-14 所示。

主要应用体系：智慧物流体系、智慧制造体系、智慧贸易体系、智慧能源应用体系、智慧公共服务、智慧社会管理体系、智慧交通体系、智慧健康保障体系、智慧安居服务体系、智慧文化服务体系。

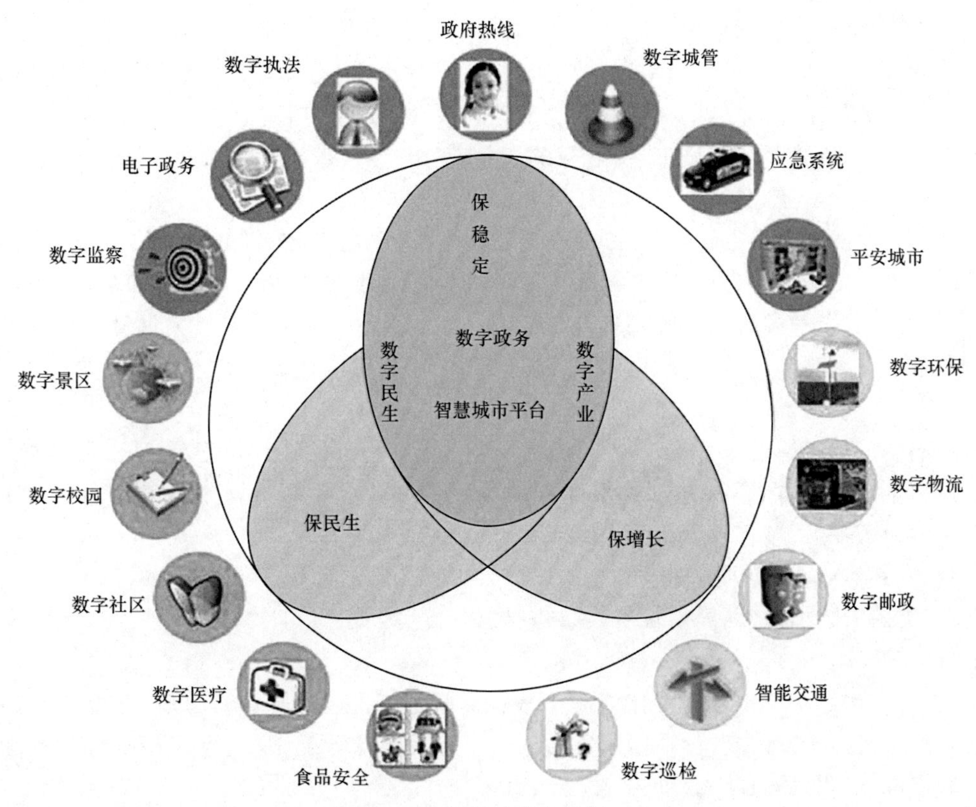

图5-14 智慧城市全景图

2009年，迪比克市与IBM合作，建立美国第一个智慧城市。利用物联网技术，在一个有6万居民的社区里将各种城市公用资源（水、电、油、气、交通、公共服务等）连接起来，监测、分析和整合各种数据以做出智能化的响应，更好地服务市民。迪比克市的第一步是向所有住户和商铺安装数控水电计量器，其中包含低流量传感器技术，防止水电泄漏造成的浪费。同时搭建综合监测平台，及时对数据进行分析、整合和展示，使整个城市对资源的使用情况一目了然。更重要的是，迪比克市向个人和企业公布这些信息，使他们对自己的耗能有更清晰认识，对可持续发展有更多的责任感。

韩国以网络为基础，打造绿色、数字化、无缝移动连接的生态、智慧型城市。通过整合公共通信平台，以及无处不在的网络接入，消费者可以方便地开展远程教育、远程医疗、办理税务，还能实现家庭建筑能耗的智能化监控等。

新加坡2006年启动"智慧国2015"计划，通过物联网等新一代信息技术的积极应用，将新加坡建设成为经济、社会发展一流的国际化城市。在电子政务、服务民生及泛在互联方面，新加坡成绩引人注目。其中智能交通系统通过各种传感数据、运营信息及丰富的用户交互体验，为市民出行提供实时、适当的交通信息。

美国麻省理工学院比特和原子研究中心发起的Fab Lab（微观装配实验室）基于从个人通信到个人计算再到个人制造的社会技术发展脉络，试图构建以用户为中心、面向应用的用户创新制造环境，使人们即使在自己的家中也可随心所欲地设计和制造他们想象中的产品，巴塞罗那等城市从Fab Lab到Fab City的实践则从另外一个视角解读了智慧城市以人为本、可持续创新的内涵。

欧洲的智慧城市更多地关注信息通信技术在城市生态环境、交通、医疗、智能建筑等民生领域的作用，希望借助知识共享和低碳战略来实现减排目标，推动城市低碳、绿色、可持续发展，投资建设智慧城市，发展低碳住宅、智能交通、智能电网，提升能源效率，应对气候变化，建设绿色智慧城市。

丹麦建造智慧城市哥本哈根(Copenhagen)，有志在2025年前成为第一个实现碳中和的城市。要实现该目标，主要依靠市政的气候行动计划，在力争取得城市的可持续性发展时，许多城市的挑战在于维持环保与经济之间的平衡。采用可持续发展城市解决方案，哥本哈根正逐渐接近目标。哥本哈根的研究显示，其首都地区绿色产业5年内的营收增长了55%。

瑞典首都斯德哥尔摩，2010年被欧盟委员会评定为"欧洲绿色首都"；在普华永道2012年智慧城市报告中，斯德哥尔摩名列第五，分项排名中智能资本与创新、安全健康与安保均为第一，人口宜居程度、可持续能力也是名列前茅。

2018年全球智慧城市建设TOP10：新加坡市(新加坡)、伦敦(英国)、纽约(美国)、旧金山(美国)、芝加哥(美国)、首尔(韩国)、柏林(德国)、东京(日本)、巴塞罗那(西班牙)和墨尔本(澳大利亚)。

2012年12月，住建部发布"关于开展国家智慧城市试点工作的通知"。2012年，公布首批国家智慧城市试点(包括山东省的东营市、威海市、德州市、新泰市、寿光市、昌邑市、肥城市、济南西区等)共90个，其中地级市37个、区县50个、镇3个。2013年，公布第二批国家智慧城市试点名单(包括山东省的临沂市、淄博市、烟台市、曲阜市、济宁市任城区、青岛市崂山区、青岛高新技术产业开发区、青岛中德生态园、潍坊市昌乐县、平度市明村镇等)103个城市；2015年4月，公布第三批国家智慧城市试点84个新增试点(包括山东省的莱芜市、章丘市、诸城市、枣庄市薛城区、日照市莒县、潍坊市临朐县、济宁市嘉祥县、青岛西海岸新区(黄岛区)、莱西市等)、13个扩大试点、41个专项试点。截至2018年底，我国95%的副省级城市、83%的地级城市，总计超过500个城市均在规划或正在建设智慧城市。到2020年建成一批特色鲜明的智慧城市，国家智慧城市建设与发展上升为国家战略。

《2019—2024年中国智慧城市建设发展前景与投资分析报告》数据显示，截至2016年底，国内100%的副省级以上城市、87%的地级以上城市提出了智慧城市计划，前三批智慧城市试点共签约311个城市，重点项目签约总量超过4 000个。2017年我国智慧城市IT投资规模达到3 752亿元，到2021年IT投资规模将达到12 341亿元。到2022年市场规模将达25万亿元。整个智慧城市产业链都会是投资热点。

5.3.10 智慧地球

2008年11月IBM提出"智慧地球"概念，2009年8月，IBM又发布了《智慧地球赢在中国》计划书，正式揭开IBM"智慧地球"中国战略的序幕。按照IBM的定义，"智慧地球"

包括三个维度：第一，能够更透彻地感应和度量世界的本质和变化；第二，促进世界更全面地互联互通；第三，在上述基础上，所有事物、流程、运行方式都将实现更深入的智能化，企业因此获得更智能的洞察。

除此之外，还有智能安防、智慧能源环保、智慧建筑等。物联网是一个大的产业，涉及方方面面。面对新一轮的科技革命和产业革命，物联网正孕育着巨大的潜能，物联网产业的未来发展，我们拭目以待。

未来的物联网生活可以用一句话概括，那就是“身在外，家就在身边；回到家，世界就在眼前”。

思考题

1. 什么是物联网？
2. 物联网的体系结构是什么？
3. 感知层的关键技术有哪些？
4. 物联网的应用有哪些？
5. 简述物联网和互联网的不同和联系。
6. 畅想物联网世界。

第6章 虚拟现实技术

虚拟现实(Virtual Reality,VR),也称为灵境、幻真、赛博空间等,是一种可以创建和体验虚拟世界(或称虚拟环境)的计算机系统,可以形成一种"人既可沉浸其中又可超越其上、进出自如、相互交互的多维信息空间"。作为一项尖端科技,虚拟现实融合了数字图像处理、计算机图形学、多媒体技术、计算机仿真技术、传感器技术、显示技术和网络并行处理等多个信息技术分支,已成为计算机相关领域中继多媒体技术、网络技术及人工智能之后备受人们关注及研究、开发与应用的热点,也是目前发展最快的一项多学科综合技术。

6.1 虚拟现实概述

6.1.1 虚拟现实的定义

虚拟现实是由英文名 Virtual Reality 翻译而来,它的另一个名称为 Virtual Environment(虚拟环境)。Virtual 是虚拟的意思,说明这个世界或环境是虚拟的、不真实的、人造的,是存在于计算机内部的。Reality 是真实的意思,意味着现实的世界或现实的环境。两个词合并起来就是虚拟现实。

虚拟现实是指用计算机生成的一种特殊环境,人可以通过使用各种虚拟现实设备将自己与这种特殊环境连接起来,并操作、控制环境中的任何事物,实现与环境自然交互的目的。为此,可以将虚拟现实分为现实虚化、穿透现实、虚物实感三种类型。

现实虚化型的虚拟现实是指将现实世界真实存在的一切事物或环境,通过数字化技术手段进行数字化建模后,由计算机将其按照一切都符合客观规律的原则仿真出来。这样的虚拟现实有时也被称为仿真型虚拟现实,并已被广泛用于工业中,如"虚拟驾驶模拟器"等。学员坐在座舱里便可获得和真实驾驶中一样的感受,根据这种感受进行各种操作,并根据操作后出现的效果来判断这样操作是否正确。

穿透现实型的虚拟现实虽然也是根据真实存在进行模拟,但所模拟的对象或者是用人的五官无法感觉到,或者是在日常生活中无法接触到的。穿透现实型虚拟现实可以充分发挥人的认识和探索能力,揭示未知世界的奥秘。它以现实为基础,但可能创造出超越现实的情景。例如，模拟宇宙太空和原子世界，把人带入浩瀚无比或纤细入微的世界里，对那里发生的一切取得感性认识。还可用于虚拟旅游、虚拟维修核设施等。

虚物实感型的虚拟现实是指随心所欲地营造出现实世界不可能出现的情景或者不符合客观规律的现象。游戏、神话、童话、科学幻想在这个世界中可以轻而易举地化作“现实”。因此，虚物实感型虚拟现实给人带来广阔的想象时空，尽管有时不符合客观规律和逻辑性，但能促进人类想象和创造力的发展。

由此，虚拟现实可定义为用计算机技术生成一个逼真的三维视觉、听觉、触觉或嗅觉的感官世界，用户可借助一些专业传感设备，如传感头盔、数据手套等，完全融入虚拟空间，成为虚拟环境的一员，实时感知和操作虚拟世界中的各种对象，从而获得置身于相应的真实环境中的虚幻感、沉浸感、身临其境的感觉。在某种角度上，可以把它看成一个更高层次的计算机用户接口技术，通过视觉、听觉、触觉等信息通道来感受设计者的思想。此概念包含三层含义：

1. 环境

虚拟现实强调环境，而不是数据和信息。简言之，虚拟现实不仅重视文本、图形、图像、声音、语言等多种媒体元素，更强调综合各种媒体元素形成的环境效果。它以环境为计算机处理的对象和人机交互的内容，开拓计算机应用的新思路。

2. 主动式交互

虚拟现实强调的交互方式是通过专业的传感设备来实现的，改进了传统的人机接口形式，即打破传统的键盘、鼠标、屏幕被动地与计算机交互的方式。用户可以由视觉、听觉、触觉通过头盔显示器、立体眼镜、耳机以及数据手套等来感知和参与。虚拟现实人机接口是完全面向用户来设计的，用户可以通过在真实世界中的行为参与到虚拟环境中。

3. 沉浸感

虚拟现实强调的效果是沉浸感，即使人产生身临其境的感觉。传统交互方式，人被动、间接、非直觉、有限地操作当前计算机，容易产生疲倦感。而虚拟现实系统通过相关的设备，采用逼真的感知和自然的动作，使人仿佛置身于真实世界，消除了人的枯燥、生硬和被动的感觉，大大提高了工作效率。

6.1.2 虚拟现实的本质特征

1. 虚拟现实的基本特征

虚拟现实的 Immersion（浸没感）、Interactivity（交互性）和 Imagination（构想性）是虚拟现实的三个基本特征，也称 3I 特征。

（1）浸没感：又称临场感，指操作者感受作为主角存在于虚拟世界中的真实程度。理想虚拟世界应该使操作者难以分辨真假，使操作者全身心地投入计算机创建的三维虚拟世界中，该虚拟世界中的一切看上去是真的，听上去是真的，动起来是真的，甚至闻起来、尝起来等一切感觉都是真的，如同在现实世界中的感觉一样。

（2）交互性：指操作者对模拟环境内物体的可操作程度和从环境得到反馈的自然程度

(包括实时性)。例如,操作者可以用手去直接抓取模拟环境中的虚拟物体,这时手有握着东西的感觉,并可以感觉物体的重量,视野中被抓的物体也能立刻随着手的移动而移动。

(3)构想性:强调虚拟现实具有广阔的可想象空间,可拓宽人类认知范围,不仅可再现真实存在的环境,也可以随意构想客观不存在的甚至是不可能实现的环境。

2. 虚拟现实的多感知性特征

虚拟现实系统虽然也是计算机系统,但它除了具有一般计算机技术系统所具有的视觉感知功能外,还具有听觉感知、力觉感知、触觉感知、运动感知、味觉感知、嗅觉感知等感知功能,即理想的虚拟现实系统应该具有一切人类所具有的感知功能。因此虚拟现实系统除了 3I 特征外,还具有多感知性特征。相信随着相关技术,特别是传感技术的发展,虚拟现实系统所具有的味觉感知、嗅觉感知功能也将被逐一实现。

此外,虚拟环境中的物体还具有自主性。即在虚拟环境中,物体的行为是自主的,是由程序自动完成的,且会让操作者感到虚拟环境中的物体(生物)是“有生命的”和“自由的”,而各种非生物物体是“可操作的”,对象的行为符合各种客观规律。

6.1.3 虚拟现实系统的组成

根据虚拟现实的基本概念及相关特征可知,虚拟现实技术是融合计算机图形学、智能接口技术、传感器技术和网络技术等综合性的技术。虚拟现实系统应具备与用户交互、实时反映所交互的结果等功能。所以,一般的虚拟现实系统主要由专业图形处理计算机、应用软件系统、输入/输出设备和数据库来组成,如图 6-1 所示。

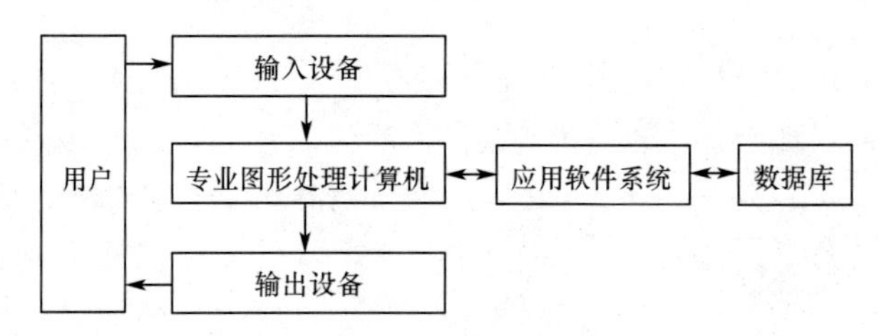

图 6-1　虚拟现实系统的组成

1. 专业图形处理计算机

计算机在虚拟现实系统中处于核心地位,是系统的心脏,是 VR 的引擎,主要负责从输入设备中读取数据、访问与任务相关的数据库,执行任务要求的实时计算,从而实时更新虚拟世界的状态,并把结果反馈给输出显示设备。由于虚拟世界是一个复杂的场景,系统很难预测所有用户的动作,也就很难在内存中存储所有相应状态,因此虚拟世界需要实时绘制和删除,以至于大大地增加了计算量,这对计算机的配置提出了极高的要求。

2. 应用软件系统

虚拟现实的应用软件系统是实现 VR 技术应用的关键,提供了工具包和场景图,主要完成虚拟世界中对象的几何模型、物理模型、行为模型的建立和管理;三维立体声的生成、三维场景的实时绘制;虚拟世界数据库的建立与管理等。目前这方面国外的软件较成熟，如 MultiGen Creator、VEGA、EON Studio 和 Virtools 等。国内也有一些比较好用的软件，例如中视典公司的 VRP 软件等。

3. 数据库

数据库用来存放整个虚拟世界中所有对象模型的相关信息。在虚拟世界中，场景需要实时绘制，大量的虚拟对象需要保存、调用和更新，所以需要数据库对对象模型进行分类管理。

4. 输入设备

输入设备是虚拟现实系统的输入接口，其功能是检测用户的输入信号，并通过传感器输入计算机。基于不同的功能和目的，输入设备除了包括传统的鼠标、键盘外，还包括用于手势输入的数据手套、身体姿态输入的数据衣、语音交互的麦克风等，以解决多个感觉通道的交互。

5. 输出设备

输出设备是虚拟现实系统的输出接口，是对输入的反馈，其功能是由计算机生成的信息通过传感器传给输出设备，输出设备以不同的感觉通道（视觉、听觉、触觉）反馈给用户。输出设备除了屏幕外，还包括声音反馈的立体声耳机、力反馈的数据手套以及大屏幕立体显示系统等。

6.2 虚拟现实系统的分类

根据用户参与和沉浸感的程度，通常把虚拟现实分成四大类：桌面虚拟现实系统、沉浸式虚拟现实系统、增强虚拟现实系统和分布式虚拟现实系统。

6.2.1 桌面虚拟现实系统

桌面虚拟现实系统（Desktop VR）基本上是一套基于普通 PC 平台的小型桌面虚拟现实系统。使用个人计算机（PC）或初级图形 PC 工作站去产生仿真，计算机的屏幕作为用户观察虚拟环境的窗口。用户坐在 PC 显示器前，戴着立体眼镜，并利用位置跟踪器、数据手套或者 6 个自由度的三维空间鼠标等设备操作虚拟场景中的各种对象，并可以在 360°范围内浏览虚拟世界。然而用户是不完全投入的，因为即使戴上立体眼镜，屏幕的可视角也仅仅是 20°～30°，仍然会受到周围现实环境的干扰。桌面虚拟现实系统如图 6-2 所示。

图 6-2 桌面虚拟现实系统

有时为了增强桌面虚拟现实系统的投入效果，在桌面虚拟现实系统中还会借助专业的投影机(RGB)，达到增大屏幕范围和多数人观看的目的。桌面虚拟现实系统的体系结构如图 6-3 所示。

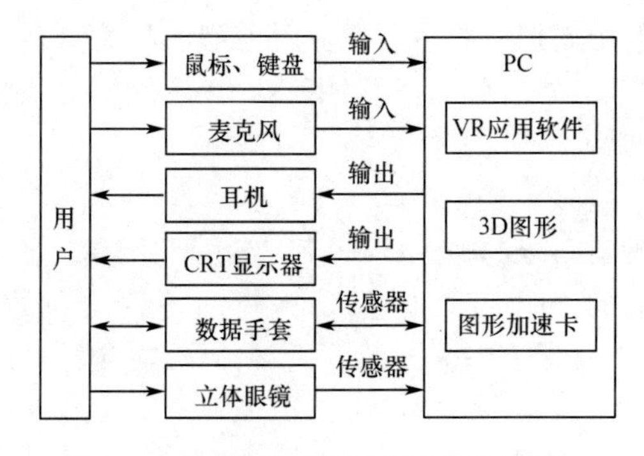

图 6-3　桌面虚拟现实系统的体系结构

桌面虚拟现实系统虽然缺乏头盔显示器的投入效果，但已经具备了虚拟现实技术的技术要求，并且其成本相对低很多，所以目前应用较为广泛。例如，高考结束的学生在家里可以参观未来大学里的基础设施，如学校里的虚拟校园、虚拟教室和虚拟实验室等；虚拟小区、虚拟样板房不仅为买房者带来了便利，也为商家带来了利益。桌面虚拟显示系统主要用于计算机辅助设计、计算机辅助制造、建筑设计、桌面游戏、军事模拟、生物工程、航天航空、医学工程和科学可视化等领域。

6.2.2　沉浸式虚拟现实系统

沉浸式虚拟现实系统(Immersive VR)是一种高级的、较理想的、较复杂的虚拟现实系统。它采用封闭的场景和音响系统将用户的视、听觉与外界隔离，使用户完全置身于计算机生成的环境之中，用户通过利用空间位置跟踪器、数据手套和三维鼠标等输入设备输入相关数据和命令，计算机根据获取的数据测得用户的运动和姿态，并将其反馈到生成的视景中，使用户产生一种身临其境、完全投入和沉浸于其中的感觉。沉浸式虚拟现实系统的体系结构如图 6-4 所示。

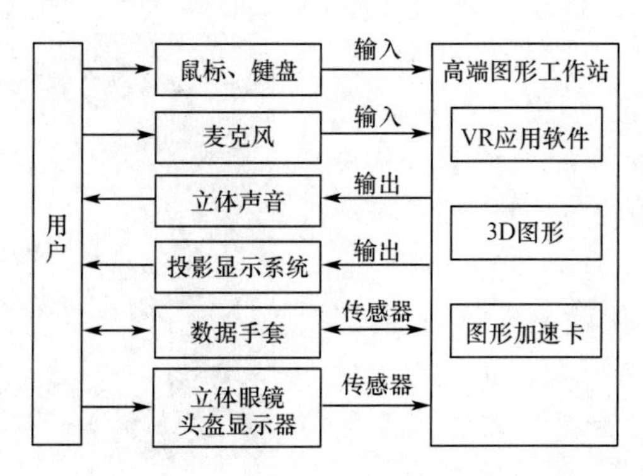

图 6-4　沉浸式虚拟现实系统的体系结构

1.沉浸式虚拟现实系统的特点

沉浸式虚拟现实系统与桌面虚拟现实系统相比,具有以下特点。

(1)具有高度的实时性。即当用户转动头部改变观察点时,空间位置跟踪设备及时检测并输入计算机,由计算机计算,快速地输出相应的场景。为使场景快速平滑地连续显示,系统必须具有足够小的延迟,包括传感器的延迟、计算机计算延迟等。

(2)具有高度的沉浸感。沉浸式虚拟现实系统必须使用户与真实世界完全隔离,不受外界的干扰,依据相应的输入和输出设备,完全沉浸到环境中。

(3)具有先进的软、硬件。为了提供"真实"的体验,尽量减少系统的延迟,必须尽可能利用先进的、相容的硬件和软件。

(4)具有并行处理的功能。这是虚拟现实的基本特性,用户的每一个动作都涉及多个设备综合应用,例如手指指向一个方向并说:"那里!"会同时激活三个设备:头部跟踪器、数据手套及语音识别器,产生三个同步事件。

(5)具有良好的系统整合性。在虚拟环境中,硬件设备互相兼容,并与软件系统很好地结合,相互作用,构造一个更加灵巧的虚拟现实系统。

沉浸式虚拟现实系统的优点是用户可完全沉浸到虚拟世界中。例如,在消防仿真演习系统中,消防员会沉浸于极度真实的火灾场景并做出不同反应。但有一个很大的缺点是系统设备尤其是硬件价格相对较高,难以大规模普及推广。

沉浸式虚拟现实主要依赖于各种虚拟现实硬件设备,如头盔显示器、舱型模拟器、投影虚拟现实设备和其他的一些手控交互设备等。参与者戴上头盔显示器后,外部世界就被有效地屏蔽在视线以外,其仿真经历要比桌面虚拟现实更可信、更真实。

2.沉浸式虚拟现实系统的类型

沉浸式虚拟现实系统提供了一种完全沉浸的体验,使操作者有身临其境的感觉。它主要利用头盔式显示器(Head Mounted Display,HMD)等设备,把操作者的视觉、听觉和其他感觉封闭在设计好的虚拟现实空间中,利用声音、位置跟踪器、数据手套和其他输入设备使操作者产生全身心投入的感觉。沉浸式虚拟现实系统如图6-5所示。

图6-5 沉浸式虚拟现实系统

常见的沉浸式虚拟现实系统有基于头盔式的显示器系统、投影式虚拟现实系统(包括多通道的柱形幕、弧形幕的Powerwall、CAVE系统)和遥在系统。

基于头盔式的显示器系统是通过头盔式显示器来实现完全投入的。它将现实世界与操作者隔离，使操作者从听觉到视觉都能投入虚拟环境中。

“遥在”技术是一种新兴的综合利用计算机、三维成像、电子、全息等技术，把远处的现实环境移动到近前，并对这种移近环境进行干预的技术。目前，遥在系统常用于VR技术与机器人技术相结合的系统。通过这样的系统，当某处的操作者操纵一个虚拟现实系统时，其结果却在另一个地方发生，操作者通过立体显示器获得深度感，显示器与远地的摄像机相连；通过运动跟踪与反馈装置跟踪操作员的运动，反馈远地的运动过程，并把动作传送到远地完成。

沉浸式虚拟现实系统具有以下五个特点。

(1)具有实时性能。沉浸式虚拟现实系统中，要达到与真实世界相同的感觉，必须要有高度实时性能。如在操作者头部转动改变观察视点时，系统中的跟踪设备必须及时检测到，由计算机计算并输出相应的场景，同时要求必须有足够小的延迟，且变化要连续平滑。

(2)具有高度的沉浸感。由于沉浸式虚拟现实系统采用了多种输入与输出设备来营造一个虚拟的世界，产生一个看起来、听起来、摸起来都是真实的虚拟世界，同时要求具有高度的沉浸感，使操作者与真实世界完全隔离，不受外面真实世界的影响。

(3)具有良好的系统集成性。为了使操作者产生全方位的沉浸感，必须要有多种设备与多种相关软件技术相互作用，且相互之间不能有影响，所以系统必须有良好的系统集成性。

(4)具有良好的开放性。在沉浸式虚拟现实系统中，要尽可能利用最新的硬件设备和软件技术，这要求虚拟现实系统能方便地改进硬件设备、软件技术，因此必须使用比以往更灵活的方式构造系统的软、硬件结构体系。

(5)具有支持多种输入与输出设备的并行工作机制。为了使操作者产生全方位的沉浸感，可能需要多种设备综合应用，并保持同步工作，虚拟现实系统应具备支持多种输入与输出设备并行工作的机制。

6.2.3 增强虚拟现实系统

增强虚拟现实系统(Aggrandize VR)的产生得益于20世纪60年代以来计算机图形学技术的迅速发展，是近年来国内外众多知名学府和研究机构的研究热点之一。它是借助计算机图形技术和可视化技术产生现实环境中不存在的虚拟对象，并通过传感技术将虚拟对象准确“放置”在真实环境中，借助显示设备将虚拟对象与真实环境融为一体，并呈现给使用者一个感官效果真实的新环境。因此增强虚拟现实系统具有虚实结合、实时交互和三维注册的新特点。即把真实环境和虚拟环境组合在一起的一种系统，它既允许用户看到真实世界，同时也可以看到叠加在真实世界的虚拟对象，这种系统既可减少对构成复杂真实环境的计算，又可对实际物体进行操作，真正达到亦真亦幻的境界。

增强现实系统是将操作者看到的真实环境和计算机所仿真出来的虚拟现实景象融合

起来的一种技术系统，具有虚实结合、实时交互的特点。与传统的虚拟现实系统不同，增强虚拟现实系统主要是在已有的真实世界的基础上，为操作者提供一种复合的视觉效果。当操作者在真实场景中移动时，虚拟物体也随之变化，使虚拟物体与真实环境完美结合，既可以减少生成复杂实验环境的开销，又便于对虚拟试验环境中的物体进行操作，真正达到亦真亦幻的境界。增强虚拟现实系统如图 6-6 所示。

图 6-6 增强虚拟现实系统

6.2.4 分布式虚拟现实系统

分布式虚拟现实系统(Distributed VR)的研究开发工作可追溯到 20 世纪 80 年代初。1983 年，美国国防部(DOD)制订了 SIMENT 的研究计划；1985 年，SGI 公司开发成功了网络 VR 游戏 DogFlight。到了 20 世纪 90 年代，一些著名大学和研究所的研究人员也开展了对分布式虚拟现实系统的研究工作，并陆续推出了多个实验性分布式虚拟现实系统或开发环境，典型的例子有 1990 年美国 NPS 开发的 NPSNET，1992 年美国斯坦福大学的 PARADISE/Inverse 系统，1993 年瑞典计算机科学研究所的 DIVE 以及加拿大 Albert 大学的 MR 工具库，1994 年新加坡国立大学的 BrickNet 以及英国诺丁汉大学的 AVIARY。

分布式虚拟现实系统是一个基于网络的可供异地多用户同时参与的分布式虚拟环境。在这个环境中，位于不同物理位置的多个用户或多个虚拟环境通过网络相连接，使多个用户同时参加一个虚拟现实环境，通过计算机与其他用户进行交互，共享信息，并对同一虚拟世界进行观察和操作，以达到协同工作的目的。

分布式虚拟现实系统具有以下特征。

(1)共享的虚拟工作空间。

(2)伪实体的行为真实感。

(3)支持实时交互，共享时钟。

(4)多个用户以多种方式相互通信。

(5)资源信息共享以及允许用户自然操作环境中的对象。

分布式虚拟现实系统是基于网络的虚拟环境,在这个环境中,位于不同物理环境位置的多个用户或多个虚拟环境通过网络相连接。根据分布式系统环境下所运行的共享应用系统的个数,可把 DVR 系统分为集中式结构和复制式结构两种。

集中式结构是只在中心服务器上运行一份共享应用系统,该系统可以是会议代理或对话管理进程。中心服务器的作用是对多个参与者的输入/输出操作进行管理,允许多个参与者信息共享。它的特点是结构简单,容易实现,但对网络通信带宽有较高的要求,并且高度依赖于中心服务器。

复制式结构是在每个参与者所在的机器上复制中心服务器,这样每个参与者进程都有一份共享应用系统。服务器接收来自其他工作站的输入信息,并把信息传送到运行在本地机上的应用系统中,由应用系统进行所需要的计算并产生必要的输出。它的优点是所需网络带宽较小。另外,由于每个参与者只与应用系统的局部备份进行交互,因此交互式响应效果好。但它比集中式结构复杂,在维护共享应用系统的多个备份的信息或状态一致性方面比较困难。

分布式虚拟现实系统的设计与实现必须考虑以下因素。

(1)网络带宽的发展。网络带宽是虚拟世界大小和复杂度的一个决定因素。当用户增加时,网络的延迟就会明显,带宽的需求也随之增加。

(2)先进的硬件设备和软件技术。为了减少数据传输的延迟,实现实时操作,增强真实感,必须采用兼容的先进的硬件设备。例如改进路由器和交换技术、使用快速交换接口和对计算机进行硬件升级。

(3)分布机制。分布机制直接影响系统的可扩充性。常用的消息发布方法为广播、多播和单播。其中,多播机制允许任意大小的组在网上进行通信,它能为远程会议系统和分布式仿真应用系统提供一对多和多对多的消息发布服务。

(4)可靠性。在增加通信带宽和减少通信延迟这两方面进行折中时,应考虑通信的可靠性问题。可靠性是能够顺利通信的保证之一,它由具体的应用需求来决定。有些协议有较高的可靠性,但传输速度慢,反之亦然。

分布式虚拟现实的典型实例是在军事训练中应用的 SIMNET 系统。此系统中军队被布置在与实际车辆和指挥中心相同的位置,用户可以看到一个有山、树、云彩、硝烟、道路以及由其他部队操纵的车辆的模拟现场。这些由实际人员操纵的车辆可以相互射击,系统利用无线电通信和声音效果来加强真实感。系统的每个用户可以通过环境视点来观察别人的举动。炮火的显示极为逼真,用户可以看到被攻击部队炸毁的情况。SIMNET 系统可将多达 1 000 个部队用网络连接起来。因此,SIMNET 被称为第一个廉价而又实用的模拟网络系统,它可以用来训练坦克、直升机以及战斗演习,并训练部队之间的协同作战能力。

目前,分布式虚拟现实系统在远程教育、科学计算可视化、工程技术、建筑、电子商务、交互式娱乐和艺术等领域都有着极其广泛的应用前景。利用它可以创建多媒体通信、设计协作系统、实境式电子商务、网络游戏和虚拟社区全新的应用系统。

6.3　虚拟现实的发展和现状

6.3.1　虚拟现实的发展历程

计算机技术的发展促进了多种技术的飞速发展。虚拟现实技术跟其他技术一样，技术的要求不断提高和市场的需求不断增加，使它也随即发展起来。在这个漫长的过程中，主要经历了以下三个阶段：

1. 20 世纪 50～70 年代，虚拟现实技术的探索阶段

1956 年，在全息电影技术的启发下，美国电影摄影师 Morton Heiling 开发了 Sensorama。Sensorama 是一个多通道体验的显示系统。用户可以感知到事先录制好的体验，包括景观、声音和气味等。

1960 年，Morton Heiling 研制的 Sensorama 的立体电影系统获得了美国专利，此设备与 20 世纪 90 年代的 HMD 非常相似，只能供一个人观看，是具有多种感官刺激的立体显示设备。

1965 年，计算机图形学的奠基者、美国科学家 Ivan Sutherland 博士在国际信息处理联合会大会上提出了 The Ultimate Display（终极的显示）的概念，首次提出了全新的、富有挑战性的图形显示技术，即不通过计算机屏幕这个窗口来观看计算机生成的虚拟世界，而是使观察者直接沉浸在计算机生成的虚拟世界中，就像在客观世界中。随着观察者随意转动头部与身体，其所看到的场景就会随之发生变化，也可以用手、脚等部位以自然的方式与虚拟世界进行交互，虚拟世界会产生相应的反应，使观察者有一种身临其境的感觉。

1968 年，伊凡·苏泽兰使用两个戴在眼睛上的阴极射线管（Cathode Ray Tube，CRT），研制了第一台头盔式显示器（HMD），并对头盔式三维显示装置的设计要求、构造原理进行了深入讨论，绘出了这种装置的设计原型，成为三维立体显示技术的奠基性成果。第一台头盔式显示器如图 6-7 所示。

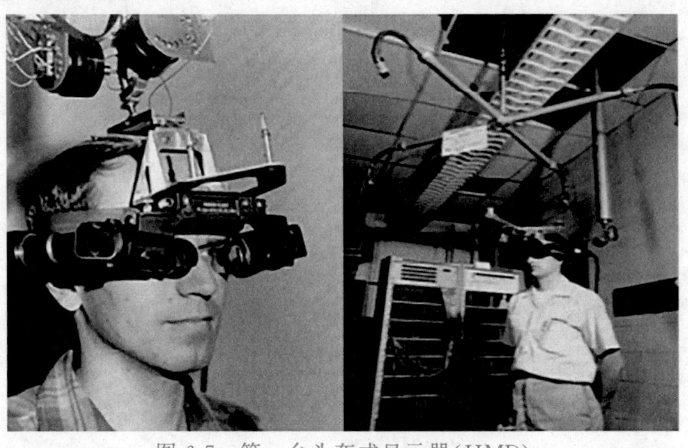

图 6-7　第一台头盔式显示器（HMD）

20世纪70年代,Ivan Sutherland 在原来的基础上把模拟力量和触觉的力反馈装置加入系统中,研制出了一个功能较齐全的头盔式显示器系统。该显示器使用类似于电视机显像管的微型阴极射线管(CRT)和光学器件,为每只眼镜显示独立的图像,并提供与机械或超声波跟踪器的接口。

1976年,Myron Kruger 完成了 Videoplace 原型,它使用摄像机和其他输入设备创建了一个由参与者动作控制的虚拟世界。

2. 20世纪80年代初期~中期,虚拟现实技术系统化,从实验室走向实用阶段

20世纪80年代初,美国的 VPL 公司创始人 Jaron Lanier 正式提出了 Virtual Reality 一词。当时,研究此项技术的目的是提供一种比传统计算机模拟更好的方法。

1984年,美国宇航局 NASA 研究中心虚拟行星探测实验室开发了用于火星探测的虚拟世界视觉显示器,将火星探测器发回的数据输入计算机,为地面研究人员构造火星表面的三维虚拟世界。

3. 20世纪80年代末期至今,虚拟现实技术高速发展的阶段

1996年10月31日,世界上第一个虚拟现实技术博览会在伦敦开幕。全世界的人们可以通过因特网坐在家中参观这个没有场地,没有工作人员,没有真实展品的虚拟博览会。1996年12月,世界上第一个虚拟现实环球网在英国投入运行。这样,因特网用户便可以在一个由立体虚拟现实世界组成的网络中遨游,身临其境地欣赏各地风光、参观博览会和在大学课堂听讲座等。

目前,迅速发展的计算机硬件技术与不断改进的计算机软件系统极大地推动了虚拟现实技术的发展,使基于大型数据集合的声音和图像的实时动画制作成为可能,人机交互系统的设计不断创新,很多新颖、实用的输入/输出设备不断地出现在市场上,为虚拟现实系统的发展打下了良好的基础。

6.3.2 国外虚拟现实技术的研究现状

美国是虚拟现实技术研究的发源地,其研究水平基本就代表国际虚拟现实发展的水平。近年来,虚拟现实在美国航空航天和军事领域的若干成功应用获得了巨大经济效益和社会效益,促使美国政府进一步加大对虚拟现实技术研究的支持力度。

在军事领域,虚拟现实在武器系统的性能评价和设计、操纵训练和大规模军事演习及战役指挥方面发挥了重要作用,并产生了巨大的经济效益。美国已初步建成一些洲际范围的分布式虚拟环境,并将有人操纵和半自主兵力引入虚拟的战役空间,在世界上处于领先地位。

美国空军技术研究所(Air Force Institute of Technology)主要研究人类因素的检测、计算机图形学以及与大规模分布综合环境应用有关的人机交互问题,尤其是研究培养实际操作人员的环境。其目标是实现在大规模、复杂的环境中,活动者在明确的目标的驱动下,主动采取行动的过程。海军研究生院图形和图像实验室(Naval Postgraduate School Graphics and Video Laboratory)主要研究基于网络化虚拟环境的交互仿真,开发低价格模拟器。目前正在研制一种便宜、实时网络化的飞行模拟器 NPSNET 4，它使用 SIMNET 和分布式交互仿真两种协议进行主机之间的通信。美国陆军研究所(U. S. Army Research Institute)从事虚拟环境的行为科学和计算机科学两方面的研究，并在美国陆军委员会支持下用于战斗训练的仿真电子战场的应用中发挥着重要作用。密西根大学(University of Michigan)承担了 SOAR 项目，其目的是通过提供改进的空军仿真兵力来扩充 LORAL MODSAF。这一计划将使美国国防部在虚拟战役仿真中具有智能化，同时具备时态推理能力、多目标管理和传感能力，使管理和操纵虚拟兵力的人减至最少。

在航天领域，美国宇航局(NASA)已经建立了航空、卫星维护 VR 训练系统，空间站 VR 训练系统，并且建立了可供全国使用的 VR 教育系统。北卡罗来纳大学(UNC)是进行 VR 研究最早的大学，他们主要研究分子建模、航空驾驶、外科手术仿真和建筑仿真等。乔治梅森大学研制出一套在动态虚拟环境中的流体实时仿真系统。施乐公司研究中心在 VR 领域主要从事利用 VRT 建立未来办公室的研究，并努力设计一项基于 VR 使得数据存取更容易的窗口系统。波音公司的波音 777 运输机采用无纸化设计，利用开发的虚拟现实系统将虚拟环境叠加于真实环境之上，把虚拟的模板显示在正在加工的工件上，工人根据此模板控制待加工尺寸，从而简化加工过程。

在欧洲，英国在 VR 开发的某些方面，特别是分布并行处理、辅助设备(包括触觉反馈)设计和应用研究方面是领先的。英国 Bristol 公司认为，VR 应用的焦点应集中在整体综合技术上，该公司在软件和硬件的某些领域处于领先地位。英国 ARRL 公司关于远地呈现的研究实验，主要包括 VR 重构问题，其产品还包括建筑和科学可视化计算。

欧洲其他一些较发达的国家如荷兰、德国和瑞典等也积极进行 VR 的研究与应用。瑞典的 DIVE 分布式虚拟交互环境是一个基于 UNIX 的、不同节点上的多个进程可以在同一个世界中工作的异质分布式系统。

荷兰海牙 TNO 研究所的物理电子实验室(TNO-PEL)开发的训练和模拟系统，通过改进人机界面来改善现有的模拟系统，以使用户完全介入模拟环境。

德国在 VR 的应用方面取得了出乎意料的成果。在改造传统产业方面，一是用于产品设计、降低成本，避免新产品开发的风险；二是产品演示，吸引客户，争取订单；三是用于培训，在新生产设备投入使用前，用虚拟工厂来提高工人的操作水平。

2008 年 10 月 27～29 日在法国举行的 ACM Symposi-um on Virtual Reality Software and Technology 大会，整体上促进了虚拟现实技术的深入发展。

日本的虚拟现实技术的发展在世界相关领域的研究中同样具有举足轻重的地位，它在建立大规模 VR 知识库和虚拟现实的游戏方面取得了很大的成就。东京技术学院精密和智能实验室研究了一个用于建立三维模型的人性化界面，称为 SpmAR。NEC 公司开发了一种虚拟现实系统，借助代用手来处理 CAD 中的三维模型，通过数据手套把对模型的处理与操作者的手联系起来；日本国际工业和商业部产品科学研究院开发了一种采用 X、Y 记录器的受力反馈装置；东京大学的高级科学研究中心的研究重点主要集中在远程控制方面，最近的研究项目是可以使用户控制远程摄像系统和一个模拟人手的随动机械人手臂的主从系统；东京大学广濑研究室重点研究虚拟现实的可视化问题，他们正在开发一种虚拟全息系统，用于克服当前显示和交互作用技术的局限性；日本奈良尖端技术研究生院大学教授千原国宏领导的研究小组于 2004 年开发出一种嗅觉模拟器，只要把虚拟空间里的水果放到鼻尖上一闻，装置就会在鼻尖处放出水果的香味，这是虚拟现实技术在嗅觉研究领域的一项突破。

除了前面所提到的使用相关设备而实现的虚拟现实外，近几年流行的 3D 街画也是一种虚拟现实。3D 街画是使用彩色粉笔或者蜡笔来作画，所以又称作粉笔画、3D 街面粉质画。它是一种极具视觉冲击的变形艺术，利用特殊的透视原理，使用复杂的几何作画，通过彩笔勾擦揉抹，产生清新明丽、丰富细腻的色彩效果，在街头地面或墙面上创造出逼真的、虚拟的、复杂的场景物体，也可以精细入微地刻画形象的质地肌理。站在特定的角度位置可以达到以假乱真、形象逼真的感官效果和身临其境的感受。3D 街画被国家地理杂志誉为一种全新的艺术形式。3D 街画大师 Kurt Wenner 的作品如图 6-8 所示。

图 6-8　室内街画

6.3.3　国内虚拟现实技术的研究现状

我国虚拟现实技术研究起步较晚，与发达国家相比还有一定的差距。随着计算机图形学、计算机系统工程等技术的高速发展，虚拟现实已得到国家有关部门和科学家们的高度重视，引起我国各界人士的关注，国内许多研究机构和高校也都在进行虚拟现实的研究和应用，并取得了一些不错的研究成果。目前，我国虚拟现实技术在城市规划、教育培训、文物保护、医疗、房地产、因特网、勘探测绘、生产制造和军事航天等数十个重要的行业得到广泛的应用。

北京航空航天大学计算机系是国内最早进行 VR 研究、最有权威的单位之一，其虚拟实现与可视化新技术研究室集成了分布式虚拟环境，可以提供实时三维动态数据库、虚拟现实演示环境、用于飞行员训练的虚拟现实系统、虚拟现实应用系统的开发平台等，并着重研究虚拟环境中物体物理特性的表示与处理；在虚拟现实中的视觉接口方面开发出部分硬件，并提出有关算法及实现方法等。

清华大学国家光盘工程研究中心所做的“布达拉宫”采用了 QuickTime 技术，实现大全景 VR 系统。

浙江大学 CAD&CG 国家重点实验室开发了一套桌面型虚拟建筑环境实时漫游系统,还研制出在虚拟环境中一种新的快速漫游算法和一种递进网格的快速生成算法。

哈尔滨工业大学计算机系已经成功地合成人的高级行为中的特定人脸图像,解决了表情的合成和唇动合成技术问题,并正在研究人说话时手势和头势的动作、语音和语调的同步等。

武汉理工大学智能制造与控制研究所主要研究使用虚拟现实技术进行机械虚拟制造,包括虚拟布局、虚拟装配和产品原型快速生成等。

西安交通大学信息工程研究所对虚拟现实中的立体显示技术这一关键技术进行了研究。在借鉴人类视觉特性的基础上提出了一种基于 JPEG 标准压缩编码新方案,并获得了较高的压缩比、信噪比以及解压速度,并且已经通过实验结果证明了这种方案的优越性。

中国科技开发院威海分院主要研究虚拟现实中视觉接口技术,完成了虚拟现实中的体视图像的算法回显及软件接口。在硬件的开发上已经完成 LCD 红外立体眼镜,并且已经实现商品化。

北方工业大学 CAD 研究中心是我国最早开展计算机动画研究的单位之一,中国第一部完全用计算机动画技术制作的科教片《相似》就出自该中心。关于虚拟现实的研究已经完成了两个“863”项目,完成了体视动画的自动生成部分算法与合成软件处理,完成了 VR 图像处理与演示系统的多媒体平台及相关的音频资料库,制作了一些相关的体视动画光盘。

另外,北京邮电大学自动化学院、西北工业大学 CAD/CAM 研究中心、上海交通大学图像处理模式识别研究所、长沙国防科技大学计算机研究所、华东船舶工业学院计算机系、安徽大学电子工程与科学系等单位也进行了一些研究工作和尝试。

除了高等学府对此的研究外,我国在最近几年涌现出许多从事虚拟现实技术的公司。中视典数字科技有限公司是从事虚拟现实与仿真、多媒体技术、三维动画研究与开发的专业机构,是国际领先的虚拟现实技术整体解决方案供应商和相关服务提供商,2006 年入选中国软件自主创新 100 强企业行列,提供的产品有虚拟现实编辑器(VRP-Builder)、数字城市仿真平台(VRP-Digicity)、物理模拟系统(VRP-Physics)、三维网络平台(VRPIE)、工业仿真平台(VRP-Indusim)、旅游网络互动教学创新平台系统(VRP-Travel),三维仿真系统开发包(VRP-SDK)以及多通道环幕立体投影解决方案等,能够满足不同领域不同层次的客户对虚拟现实的需求。目前是国内市场占有率最高的一款国产虚拟现实平台软件,已有超过 300 所重点理工科和建筑类院校采购了 VRP 虚拟现实平台及其相关硬件产品,例如清华大学电机系、上海同济大学建筑学院、中国传媒大学动画学院、天津大学水利工程学院、青岛海洋大学、武汉理工大学和山东理工大学等,在教学和科研中发挥了重要的作用。

北京阳光中图数字技术有限公司以计算机三维图形技术为核心,业务范围涵盖图形仿真、地质学工程三维仿真、地理三维可视化城市信息统计应用、地理资源三维建模与资源管理、虚拟现实、三维动画及多媒体信息产业等应用领域。

北京优联威迅科技发展有限责任公司以清华大学工业系仿真实验室雄厚的技术开发实力为基础，以开发和制作适合中国虚拟仿真市场的仿真系统解决方案和适于推广的可视化软件平台为主要方向，立志创造中国虚拟仿真软、硬件的旗帜名牌。公司现已独立研发了包括数据手套、虚拟环境的力反馈等系统，并成功实现了中国第一套动作捕捉系统，填补了国内空白，成绩丰硕，已成为用户在中国仿真界中首选的理想合作企业。

伟景行科技集团(Gvitech Technologies)是业界领先的三维可视化和专业显示技术开发及服务机构，由伟景行数字城市科技有限公司(GDC)、伟景行数字科技有限公司(GDT)以及清华规划院数字城市研究所(DCRC)三大机构组成，它们的主要研究领域分别为数字城市可视化、虚拟仿真模拟和专业大屏幕显示。

厦门创壹软件(OneSoft)主要致力于互联网络三维动态交互软件平台的研制、开发、运用与推广，累积近 20 年国内外最先进的虚拟现实技术的科研经验，以英国、新加坡各大院校及相关研究机构的技术背景为依托，拥有完全自主知识产权的创壹在线虚拟现实系统引擎。该引擎具有大型多用户、在线、完全的交互性、逼真、可扩展和操作简单等特点。目前创壹软件已经拥有多套成熟且广泛应用的虚拟现实系列产品，如创壹 Web3D 虚拟现实平台、创壹虚拟教学培训系统、创壹虚拟数控机床培训系统、创壹虚拟桥吊实训系统、创壹虚拟现实展示系统等一批成熟的软件产品线，这些产品都得到用户的高度赞扬。

6.3.4 虚拟现实技术的发展趋势

虚拟现实技术的实质是构建一种人为的能与之进行自由交互的“世界”，在这个“世界”中参与者可以实时地探索或移动其中的对象。沉浸式虚拟现实是最理想的追求目标。但虚拟现实相关技术研究遵循“低成本、高性能”原则，桌面虚拟现实是较好的选择。因此，根据实际需要，未来虚拟现实技术的发展趋势为两个方面。一方面是朝着桌面虚拟现实发展。目前已有数百家公司正在致力于桌面级虚拟现实的开发，其主要用途是商业展示、教育培训及仿真游戏等。由于 Internet 的迅速发展，网络化桌面级虚拟现实也随之诞生。另一方面是朝着高性能沉浸式虚拟现实发展。在众多高科技领域如航空航天、军事训练和模拟训练等，由于各种特殊要求，因此需要完全沉浸在环境中进行仿真试验。这两种类型的虚拟现实系统的未来发展主要在建模与绘制方法、交互方式和系统构建等方面提出了新的要求，表现出一些新的特点和技术要求，主要表现在以下方面。

1. 动态环境建模技术

虚拟环境的建立是 VR 技术的核心内容，动态环境建模技术的目的是获取实际环境的三维数据，并根据需要建立相应的虚拟环境模型。

2. 实时三维图形生成和显示技术

三维图形的生成技术已比较成熟，而关键是如何“实时生成”，在不降低图形的质量和复杂程度的前提下，如何提高刷新频率将是今后重要的研究内容。此外，VR 还依赖于立体显示和传感器技术的发展，现有的虚拟设备还不能满足系统的需要，有必要开发新的三

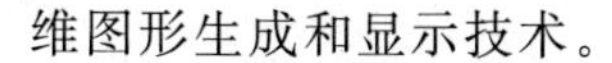

维图形生成和显示技术。

3. 新型人机交互设备的研制

虚拟现实技术能够实现使人自由与虚拟世界对象进行交互，犹如身临其境，借助的输入/输出设备主要有头盔式显示器、数据手套、数据衣服、三维位置传感器和三维声音产生器等。但在实际应用中，它们中有一些效果并不理想，因此，新型、便宜、鲁棒性优良的数据手套和数据衣服将成为未来研究的重要方向。

4. 智能化语音虚拟现实建模

虚拟现实建模是一个比较复杂的过程，需要大量的时间和精力。如果将 VR 技术与智能技术、语音识别技术结合起来，可以很好地解决这个问题。对模型的属性、方法和一般特点的描述通过语音识别技术转化成建模所需要的数据，然后利用计算机的图形处理技术和人工智能技术进行设计、导航以及评价，将模型用对象表示出来，并且将各种基本模型静态或动态地连接起来，最终形成系统模型。

5. 网络分布式虚拟现实技术的研究与应用

分布式虚拟现实是今后虚拟现实技术发展的重要方向。随着众多分布式虚拟现实开发工具及其系统的出现，DVR 本身的应用也渗透到各行各业，包括医疗、工程、训练与教学以及协同设计。近年来，随着 Internet 应用的普及，一些面向 Internet 的分布式虚拟现实应用使得位于世界各地的多个用户可以进行协同工作。将分散的虚拟现实系统或仿真器通过网络连接起来，采用协调一致的结构、标准、协议和数据库，形成一个在时间和空间上互相耦合的虚拟合成环境，参与者可自由地进行交互作用。特别是在航空航天中应用价值极为明显，因为国际空间站的参与国分布在世界不同区域，分布式 VR 训练环境不需要在各国重建仿真系统，这样不仅减少了研制费用和设备费用，还减少了人员出差的费用以及异地生活的不适。在我国国家“863”计划的支持下，由北京航空航天大学、杭州大学、中国科学院计算所、中国科学院软件所和装甲兵工程学院等单位共同开发了一个分布虚拟环境基础信息平台，为我国开展分布式虚拟现实的研究提供了必要的网络平台和软、硬件基础环境。

6.4 虚拟现实技术的应用

虚拟现实的本质是先进的计算机接口技术，可适用于任何领域，主要用在工程设计、计算机辅助设计(CAD)、数据可视化、飞行模拟、多媒体远程教育、远程医疗、艺术创作、游戏、娱乐等方面。例如，较早的虚拟现实系统产品是图形仿真器，其概念在 20 世纪 60 年代被提出，到 80 年代逐步兴起，90 年代有产品问世。1992 年，世界上第一个虚拟现实开发工具问世，1993 年，众多虚拟现实应用系统出现，1996 年，NPS 公司使用惯性传感器和全方位的踏车将人的运动姿态集成到虚拟环境中。目前，虚拟现实技术在军事与航空航天、娱乐、医学、机器人等方面的应用占据主流，其次是教育及艺术商业方面。另外，在可视化计算、制造业等领域也有一定的比重，并且应用越来越广泛。其中应用增长最快的是制造业。

1. 在军事与航空航天中的应用

军事应用是推动虚拟现实技术发展的原动力，直到现在依然是虚拟现实系统的最大应用领域。在军事应用中，采用虚拟现实系统不仅提高了作战能力和指挥效能，而且大大减少了军费开支，节省了大量人力、物力，同时公共安全等方面可以得到保证。与虚拟现实技术最为相关的两个应用方面是军事训练和武器的设计制造，其中 SIMNET 是最为典型的虚拟战场。

在航空航天方面，美国国家航空航天局(NASA)于 20 世纪 80 年代初就开始研究虚拟现实技术，并于 1984 年研制出新型的头盔式显示器。虚拟现实的研究与应用范围在不断扩大，宇航员利用虚拟现实系统进行了各种训练。美国航空航天局计划将虚拟现实系统用于国际空间站组装、训练等工作，欧洲航天局(EVA)利用虚拟现实系统开展虚拟现实训练，英国空军将其应用于虚拟座舱。

2. 在文化产业中的应用

娱乐业是文化产业的重要部分，是虚拟现实技术应用最广阔的领域。1991 年英国 W-Industries 公司开发出第一个基于 HMD 的娱乐系统，从此，不论是立体电影、电视还是沉浸式的游戏，均是虚拟现实技术应用最多的领域之一。由于在娱乐方面对虚拟现实的真实感要求不是太高，所以近几年来虚拟现实在该方面发展较为迅猛。丰富的感觉能力与 3D 显示世界使得虚拟现实成为理想的视频游戏工具。与此同时，艺术也是虚拟现实技术的重要应用领域。虚拟现实的沉浸性和交互性可以把静态的艺术(绘画、雕刻等)呈现为动态艺术。目前在艺术领域，虚拟现实技术主要用于开发虚拟博物馆、虚拟音乐、虚拟演播室、虚拟演员、虚拟世界遗产等。

3. 在医学领域中的应用

在医学领域，虚拟现实技术和现代医学两者的融合使得虚拟现实技术已开始对生物医学领域产生重大影响。目前正处于应用虚拟现实的初级阶段，其应用范围包括从建立合成药物的分子结构模型到各种医学模拟，以及进行解剖和外科手术教育等。在此领域，虚拟现实应用大致上有两类：一类是虚拟人体模型，基于这样的人体模型，医生、学生更容易了解人体的生理构造和功能；另一类是基于虚拟人体模型的虚拟手术系统，可用于验证手术方案、训练手术操作等，尤其是通过网络实施远程手术。如英国 UK Haptics 公司研发的、用于护士专业训练的触摸式三维虚拟系统；丹麦奥胡斯大学高级视觉及互动中心(CAVI)的科学家研制成功的辅助儿科医生诊断新生儿心脏病的系统。在国家高技术研究发展计划(“863”计划)支持下，我国于 2001 年由中国科学院计算技术研究院、首都医科大学、华中科技大学和第一军医大学四家单位协作攻关，共同承担了中国数字化虚拟人体中的“数字化虚拟人体若干关键技术”和“数字化虚拟中国人的数据结构与海量数据库系统”项目，旨在建立中国人种的“数字化虚拟人”(“虚拟可视人”、“虚拟物理人”和“虚拟生物人”的统称)，其原理是通过先进的信息技术与人体生物技术相结合的方式，建立起可在计算机上操作可视的模型(从由几何图形的数字化“可视人”到真实感的数字化“物理人”，再到随心所欲的数字化“生物人”的模型)。“数字化虚拟人”在医学、航天、航空、建筑、机电制造、影视制作等领域有广泛的应用价值。

4. 在教育与培训方面的应用

基于虚拟现实技术开发的教学软件系统，可以实现对设备类、工程类对象的组成结构及其功能原理、操作流程进行真实模拟和仿真；还可从数据库中随机调出模拟对象相应的题目来培训与测试学员，同时系统自动记录学员的操作过程。这样的软件系统实行二、三维结合，并辅以立体环幕的展示，从而达到高度沉浸感、立体感的体验，增强了培训与学习效果。目前，VRT在教育与培训方面的应用主要体现在虚拟校园、虚拟演示教学与实验、远程教育系统、特殊教育、技能培训等方面。在航天航空、重大装备领域，如神舟飞船操控模拟等模拟训练器训练工作中发挥重要作用，虚拟现实还可以应用于高难度和危险环境中的作业训练。

5. 在市政规划设计中的应用

市政规划设计也是虚拟现实技术广泛应用的领域之一。虚拟现实与建筑信息模型(Building Information Modeling，BIM)结合应用会带来巨大的经济与社会效益。

(1)展现规划方案。虚拟现实系统的沉浸感和互动性不但能够给操作者带来强烈、逼真的感官冲击，获得身临其境的体验，还可以通过其数据接口在实时的虚拟环境中随时获取项目的数据资料，方便大型复杂工程项目的规划、设计、投标、报批、管理，有利于设计与管理人员对各种规划设计方案进行辅助设计与方案评审，从而规避规划与设计的风险。

(2)基于所建立的虚拟现实环境(基于真实数据建立的数字模型组合而成)，严格遵循工程项目设计的标准和要求建立逼真的三维场景，对规划设计项目进行真实的“再现”。操作者在三维场景中任意漫游，人机交互，这样能暴露出很多不易察觉的设计缺陷，减少由于事先规划设计不周全而造成的无可挽回的损失与遗憾，大大提高了优化规划设计的方案。

(3)缩短设计周期。因为不用基于实物模型来验证规划设计方案，可以比传统的数字化规划设计方法节省大量时间，从而提高了方案设计的速度和质量，也提高了方案设计和修正的效率，同时节省了大量制作实物模型的资金。

(4)提升宣传效果。对于公众关心的大型规划项目，在项目方案设计过程中，虚拟现实系统可以将现有的方案发布为视频文件，制作为多媒体资料予以公示，让公众真正了解甚至参与到项目中来。当项目方案最终确定后，也可以通过视频输出制作多媒体宣传片甚至网页，进一步提升项目的宣传展示效果。

6. 用于虚拟样机的技术

虚拟样机技术以虚拟现实和仿真技术为基础，结合领域产品的设计制造理论与技术，对产品的设计、生产过程进行统一建模，在计算机里实现产品从设计、加工和装配、检测与评估、产品使用等整个生命周期的活动过程的模拟和仿真的综合技术。

现在，利用VRT、仿真技术等可以在计算机里建立起一种接近人们现实进行产品设计制造“自然”环境。在这样的环境下，设计人员可以充分发挥想象力和创造力，相互协作，发挥集体智慧，从而大大提高产品开发的质量和缩短开发周期，并在产品的设计阶段就可在计算机里模拟出产品功能、性能和产品制造过程，以此来评估与优化产品的设计质量和制造过程，优化生产管理和资源规划，以达到产品开发周期和成本的最小化、产品设计质量的最优化、生产效率和产品的一次性成功率最高化，从而形成企业在T(时间)、

Q(质量)、C(成本)、S(服务)、E(资源消耗与环境保护)等指标上的市场竞争优势。

美国波音公司基于虚拟样机技术环境实现波音777飞机的完全无纸化开发。该环境是一个由数百台工作站组成的虚拟环境系统。设计师戴上虚拟现实系统中的头盔式显示器后,可穿行于这个虚拟的"飞机"中,去审视"飞机"的各项设计是否合乎理想。过去要设计一架新型飞机必须先制造两架实体模型飞机,至少要花120万美元,虚拟现实技术不仅节约了这笔经费,而且节省了研发时间,波音787飞机只用2年多时间就研发成功,大大增加了其在时间上的市场竞争能力。我国也已经建立歼击机产品的完全数字样机技术平台。

美国通用、福特等汽车公司的虚拟现实技术工作室里,人们可以看到各种各样的新颖装备和制作工具,工程师们正在进行着试验性的工作,通过头盔和感应手套等工具,在工作站上生成立体的汽车原型图像,用1∶1的大型屏幕,把立体图像的汽车完全与实体一样显示出来,并可以随意进行设计改进。

德国汽车业应用虚拟现实技术最快也最广泛。目前,德国所有的汽车制造企业都建成了自己的虚拟现实开发中心。奔驰、宝马、大众等公司的报告显示,应用虚拟现实技术、以"数字汽车"模型来代替木制或铁皮制的汽车模型,可将新车型开发时间从1年以上缩短到2个月左右,开发成本最多可降低到原先的1/10。目前,德国汽车制造企业已将虚拟现实技术应用到零部件设计、内部设计、空气动力学试验和模拟撞车安全试验等细小局部的工作中。汽车零部件的设计因为使用了虚拟现实技术,成本降低达40%。研究人员还计划将虚拟现实技术降低成本后进一步应用于销售、客户服务和市场调查。届时,客户可以先体验多媒体"数字汽车"之后再选择订购。虚拟现实技术的应用大幅度提高了德国汽车产业的竞争力。

国家超级计算深圳中心(深圳云计算中心)基于虚拟现实技术开发出一款机电产品虚拟样机技术云平台,该平台在企业中示范应用,获得令人满意的效果。

7. 在运动生物力学中的应用

运动生物力学仿真就是应用力学原理和方法,并结合虚拟现实技术和人体科学理论,实现对生物体中的运动力学原理进行虚拟分析与仿真研究。利用虚拟仿真技术研究和表现生物力学特性,不但可以提高运动体的真实感,还可以大大节约研发成本,提高研发效率,这点在竞技体育和艺术体操项目中的高难动作设计方面效果显著。

8. 在康复训练领域的应用

康复训练,包括身体康复训练和心理康复训练,是针对有各种运动障碍(动作不连贯、不能随心所动)和心理障碍的人群。传统的康复训练不但耗时耗力,单调乏味,而且训练强度和效果得不到及时评估,很容易错失训练良机,而结合三维虚拟与仿真技术的康复训练就很好地解决了这些问题。

(1)虚拟身体康复训练。身体康复训练是指操作者通过输入设备(如数据手套、动作捕捉仪)把自己的动作传入计算机,并从输出反馈设备得到视觉、听觉或触觉等多种感官反馈,最终达到最大限度地恢复患者的部分或全部机体功能的训练目的。这种训练省时省力,能提高治疗的趣味性和体验性,激发被训练者的积极性,最终达到有效提高治疗效果的目的。

(2)虚拟心理康复训练。狭义的虚拟心理康复训练是指利用搭建的三维虚拟环境治疗诸如恐高症之类的心理疾病。广义上的虚拟心理康复训练还包括搭配“脑机交互系统”和“虚拟人”等先进技术手段，并进行脑信号人机交互心理训练。这种训练采用患者的脑电信号控制虚拟人的行为，通过分析虚拟人的表现，实现对患者心理的分析，从而制定有效的康复课程。此外，还可以通过显示设备把虚拟人的行为展现出来，让被训练者直接学习某种心理活动带来的结果，从而实现对被训练者的有效治疗。

9. 在地球科学领域的应用

地球是目前人类唯一赖以生存的星球，合理开发与利用地球资源，有效保护与优化地球环境，是全人类共同的责任。为此，1998 年 1 月 31 日，美国时任副总统戈尔提出了数字地球的概念。基于数字地球，人类可以更深入地了解地球、保护地球。

数字地球是未来信息资源的综合平台和集成，现代社会拥有信息资源的重要性更胜于基于工业经济社会拥有自然资源的重要性。为此，“数字地球”战略成为各国推动信息化建设和社会经济、资源环境可持续发展的重要武器。数字地球集诸如遥感、地理信息系统，全球定位系统，互联网、数字仿真与虚拟现实技术于一体，是人类定量化研究地球、认识地球、科学利用地球的先进工具。严格地讲，数字地球是以计算机技术、多媒体技术和大规模存储技术为基础，以宽带网络为纽带，运用海量地球信息对地球进行多分辨率、多尺度、多时空和多种类的三维描述，并利用它作为工具来支持和改善人类活动和生活质量。显然，虚拟现实(含增强现实)技术是开发利用数字地球的有效技术手段。

10. 在电子商务领域的应用

虚拟现实技术在电子商务领域的应用主要是产品的 3D 虚拟展示与虚拟购物体验。阿里巴巴集团目前已应用增强现实技术开发了新型购物体验系统。虚拟购物体验包括商品的全方位观看，了解产品的外观、结构及功能，与商家进行实时交流等方面，如买家对一部手机感兴趣，他不但可以从不同的角度观看手机的外观(颜色、商标、材质纹理、外形、功能布局等)，还可以通过鼠标模拟操作手机(使用手机、维护手机等)。例如，深圳大学成功开发出一款虚拟产品展示与电子商务云平台(面向消费者、商家、产品制造商)，通过该平台，消费者可以用鼠标实现上述的购物体验；对商家来说，可以通过平台提供的产品立体显示模型的开发环境，制作出 3D 显示模型；而对于产品制造商来讲，完全可以通过该平台实现虚拟产品的网上交易和按订单生产的生产模式。

思考题

1. 什么是虚拟现实？它有哪几个重要的特性？
2. 什么是虚拟现实系统？由哪些部分组成？各组成部分有何功用？
3. 虚拟现实系统有哪几种类型？各有什么特点？
4. 虚拟现实技术对人类的生活、工作方式产生什么影响？
5. 虚拟现实技术融合了哪些技术成果？
6. 举例说明虚拟现实技术应如何为教育服务。

第7章 人工智能

人工智能在最近的 IT 领域可以说是被炒得火热，但大部分人对人工智能仍然是一头雾水，究竟什么是人工智能？人工智能应用在什么地方，人工智能和人类智能有什么联系，人工智能是怎么发展的？

在计算机出现之前人们就幻想着有一种机器可以实现人类的思维，可以帮助人们解决问题，甚至比人类有更高的智力。20 世纪 40 年代计算机被发明以来，这几十年来计算速度飞速提高，从最初的科学数学计算演变到了现代的各种计算机应用领域，如多媒体应用、计算机辅助设计、数据库、数据通信、自动控制等，人工智能是计算机科学的一个研究分支，是多年来计算机科学研究发展的结晶。

人工智能之父 John McCarthy 说：人工智能就是制造智能的机器，更特指制作人工智能的程序。人工智能模仿人类的思考方式使计算机能智能地思考问题，人工智能通过研究人类大脑的思考、学习和工作方式，将研究结果作为开发智能软件和系统的基础。

7.1 人工智能发展阶段

1956 年夏季，以麦卡赛、明斯基、罗切斯特和申农等为首的一批有远见卓识的年轻科学家在一起聚会，共同研究和探讨用机器模拟智能的一系列有关问题，并首次提出了“人工智能”这一术语，它标志着“人工智能”这门新兴学科的正式诞生。

人工智能的探索道路曲折。如何描述人工智能自 1956 年以来 60 余年的发展历程，学术界可谓仁者见仁、智者见智。我们将人工智能的发展历程划分为以下六个阶段：

1. 起步发展期

20 世纪 50 年代～60 年代初。人工智能概念提出后，相继取得了一批令人瞩目的研究成果，如机器定理证明、跳棋程序等，掀起人工智能发展的第一个高潮。

- 1950 年：图灵测试。著名的图灵测试诞生，按照“人工智能之父”艾伦·图灵的定义：如果一台机器能够与人类展开对话（通过电传设备）而不能被辨别出其机器身份，那么称这台机器具有智能。同一年，图灵还预言会创造出具有真正智能的机器的可能性。
- 1954 年：第一台可编程机器人诞生。美国人乔治· 戴沃尔设计了世界上第一台可编程机器人。

● 1956年:人工智能诞生。1956年夏天,美国达特茅斯学院举行了历史上第一次人工智能研讨会,被认为是人工智能诞生的标志。会上,麦卡锡首次提出了"人工智能"这个概念,纽厄尔和西蒙则展示了编写的逻辑理论机器。

2. 反思发展期

20世纪60年代~70年代初。人工智能发展初期的突破性进展大大提升了人们对人工智能的期望,人们开始尝试更具挑战性的任务,并提出了一些不切实际的研发目标。然而,接二连三的失败和预期目标的落空(例如,无法用机器证明两个连续函数之和还是连续函数、机器翻译闹出笑话等),使人工智能的发展走入低谷。

● 1966年:世界上第一个聊天机器人ELIZA发布。美国麻省理工学院的魏泽鲍姆发布了世界上第一个聊天机器人ELIZA。ELIZA的智能之处在于它能通过脚本理解简单的自然语言,并能产生类似人类的互动。

● 1968年:首台人工智能机器人Shakey诞生。美国斯坦福国际研究所研制出机器人Shakey,这是首台采用人工智能的移动机器人。

● 1968年:计算机鼠标发明。1968年12月9日,美国加州斯坦福研究所的道格·恩格勒巴特发明计算机鼠标,构想出了超文本链接概念,它在几十年后成了现代互联网的根基。

3. 应用发展期

20世纪70年代初~80年代中。20世纪70年代出现的专家系统模拟人类专家的知识和经验解决特定领域的问题,实现了人工智能从理论研究走向实际应用、从一般推理策略探讨转向运用专门知识的重大突破。专家系统在医疗、化学、地质等领域取得成功,推动人工智能走入应用发展的新高潮。

● 1981年:日本研发人工智能计算机。日本经济产业省拨款8.5亿美元用以研发第五代计算机项目,在当时被叫作人工智能计算机。随后,英国、美国纷纷响应,开始向信息技术领域的研究提供大量资金。

● 1984年:启动Cyc(大百科全书)项目。在美国人道格拉斯·莱纳特的带领下,启动了Cyc项目,其目标是使人工智能的应用能够以类似人类推理的方式工作。

● 1986年:3D打印机问世。美国发明家查尔斯·赫尔制造出人类历史上首个3D打印机。

4. 低迷发展期

20世纪80年代中~90年代中。随着人工智能的应用规模不断扩大,专家系统存在的应用领域狭窄、缺乏常识性知识、知识获取困难、推理方法单一、缺乏分布式功能、难以与现有数据库兼容等问题逐渐暴露出来。

5. 稳步发展期

20世纪90年代中~21世纪初。由于网络技术特别是互联网技术的发展,加速了人工智能的创新研究,促使人工智能技术进一步走向实用化。

● 1997年:电脑"深蓝"战胜国际象棋世界冠军。1997年5月11日,IBM公司的电脑"深蓝"战胜国际象棋世界冠军卡斯帕罗夫,成为首个在标准比赛时限内击败国际象棋世界冠军的电脑系统。

● 2008 年:IBM 提出“智慧地球”的概念。以上都是这一时期的标志性事件。

6. 蓬勃发展期

2011 年至今。随着大数据、云计算、互联网、物联网等信息技术的发展,泛在感知数据和图形处理器等计算平台推动以深度神经网络为代表的人工智能技术飞速发展,大幅跨越了科学与应用之间的“技术鸿沟”,诸如图像分类、语音识别、知识问答、人机对弈、无人驾驶等人工智能技术实现了从“不能用、不好用”到“可以用”的技术突破,迎来爆发式增长的新高潮。

● 2011 年:开发出使用自然语言回答问题的人工智能程序。Watson(沃森)作为 IBM 公司开发的使用自然语言回答问题的人工智能程序参加美国智力问答节目,打败两位人类冠军,赢得了 100 万美元的奖金。

● 2012 年:Spaun 诞生。加拿大神经学家团队创造了一个具备简单认知能力、有 250 万个模拟“神经元”的虚拟大脑,命名为“Spaun”,并通过了最基本的智商测试。

● 2013 年:深度学习算法被广泛运用在产品开发中。Facebook 人工智能实验室成立,探索深度学习领域,借此为 Facebook 用户提供更智能化的产品体验;Google 收购了语音和图像识别公司 DNNResearch,推广深度学习平台;百度创立了深度学习研究院等。

● 2015 年:人工智能突破之年。Google 开源了利用大量数据直接就能训练计算机来完成任务的第二代机器学习平台 Tensor Flow;剑桥大学建立人工智能研究所等。

● 2016 年:AlphaGo 战胜围棋世界冠军李世石。2016 年 3 月 15 日,Google 人工智能 AlphaGo 与围棋世界冠军李世石的人机大战最后一场落下帷幕。人机大战第五场经过长达 5 个小时的搏杀,最终李世石与 AlphaGo 总比分定格在 1 比 4,以李世石认输结束。这一次的人机对弈让人工智能正式被世人所熟知,整个人工智能市场也像是被引燃了导火线,开始了新一轮爆发。

7.2 人工智能基础

人工智能(Artificial Intelligence),英文缩写为 AI。它是研究、开发用于模拟、延伸和扩展人的智能的理论、方法、技术及应用系统的一门新的技术科学。因此人工智能是一门基于计算机科学、生物学、心理学、神经科学、数学和哲学等学科的科学和技术。人工智能的一个主要推动力是要开发与人类智能相关的计算机功能,例如推理、学习和解决问题的能力。

人工智能是计算机科学的一个分支,它企图了解智能的实质,并生产出一种新的能以人类智能相似的方式做出反应的智能机器,该领域的研究包括机器人、语言识别、图像识别、自然语言处理和专家系统等。人工智能从诞生以来,理论和技术日益成熟,应用领域也不断扩大,可以设想,未来人工智能带来的科技产品,将会是人类智慧的“容器”。人工智能可以对人的意识、思维的信息过程进行模拟。人工智能不是人的智能,但能像人那样思考,也可能超过人的智能。

人工智能是一门极富挑战性的科学，从事这项工作的人必须懂得计算机科学、心理学和哲学知识。总的说来，人工智能研究的一个主要目标是使机器能够胜任一些通常需要人类智能才能完成的复杂工作。但不同的时代、不同的人对这种“复杂工作”的理解是不同的。2017年12月，人工智能入选“2017年度中国媒体十大流行语”。

7.2.1 人工智能的定义

中国《人工智能标准化白皮书2018》对人工智能的解释是利用数字计算机或者数字计算机控制的机器模拟、延伸和扩展人的智能，感知环境、获取知识并使用知识获得最佳结果的理论、方法、技术及应用系统。

人工智能的定义可以分为两部分，即“人工”和“智能”。“人工”比较好理解，争议性也不大。有时我们会考虑什么是人力所能及制造的，或者人自身的智能程度有没有高到可以创造人工智能的地步，等等。但总的来说，“人工系统”就是通常意义下的人工系统。

关于什么是“智能”，分歧意见较多了。这涉及其他诸如意识(Consciousness)、自我(Self)、思维(Mind)[包括无意识的思维(Unconscious_Mind)]等问题。人唯一了解的智能是人本身的智能，这是普遍认同的观点。但是我们对自身智能的理解都非常有限，对构成人的智能的必要元素也了解有限，所以就很难定义什么是“人工”制造的“智能”了。因此人工智能的研究往往涉及对人的智能本身的研究。关于动物或其他人造系统的智能也普遍被认为是人工智能相关的研究课题。

人工智能在计算机领域内，得到了愈加广泛的重视，并在机器人、经济政治决策、控制系统、仿真系统中得到应用。

尼尔逊教授对人工智能下了这样一个定义：“人工智能是关于知识的学科——怎样表示知识以及怎样获得知识并使用知识的科学。”而美国麻省理工学院的温斯顿教授认为：“人工智能就是研究如何使计算机去做过去只有人才能做的智能工作。”这些说法反映了人工智能学科的基本思想和基本内容，即人工智能是研究人类智能活动的规律，构造具有一定智能的人工系统，研究如何让计算机去完成以往需要人的智力才能胜任的工作，也就是研究如何应用计算机的软、硬件来模拟人类某些智能行为的基本理论、方法和技术。

人工智能是计算机学科的一个分支，20世纪70年代以来被称为世界三大尖端技术之一(空间技术、能源技术、人工智能)。也被认为是21世纪三大尖端技术(基因工程、纳米科学、人工智能)之一。近30年来它获得了迅速的发展，在很多学科领域都获得了广泛应用，并取得了丰硕的成果。人工智能已逐步成为一个独立的分支，在理论和实践上都已自成一个系统。

人工智能是研究使计算机来模拟人的某些思维过程和智能行为(如学习、推理、思考、规划等)的学科，主要包括计算机实现智能的原理、制造类似于人脑智能的计算机，使计算机能实现更高层次的应用。人工智能与思维科学的关系是实践和理论的关系，人工智能处于思维科学的技术应用层次，是思维学科的一个应用分支。从思维观点看，人工智能的突破性发展不仅限于逻辑思维，还要考虑形象思维、灵感思维，数学常被认为是多种学科

的基础科学，人工智能学科也必须借用数学工具，它们将互相促进从而实现更快的发展。

7.2.2 人工智能的分类

人工智能的概念很宽，种类也很多。通常，按照水平高低，即是否能真正实现推理、思考和解决问题，人工智能可以分成三大类：弱人工智能、强人工智能和超人工智能。

1. 弱人工智能

弱人工智能是指不能真正实现推理和解决问题的智能机器，这些机器仅仅是表面像是智能的，但是并不真正拥有智能，也不会有自主意识。迄今为止的人工智能系统都还是实现特定功能的专用智能，而不是像人类智能那样能够不断适应复杂的新环境并不断涌现出新的功能，因此都还是弱人工智能。目前的主流研究仍然集中于弱人工智能，并取得了显著进步，如在语音识别、图像处理和物体分割、机器翻译等方面取得了重大突破，甚至可以接近或超越人类水平。

弱人工智能应用范围非常广泛，但是因为比较"弱"，所以很多人没有意识到它们就是人工智能。就好像现在手机当中的自动拦截骚扰电话、邮箱的自动过滤，还有在围棋方面打败人类的机器人，这些都属于弱人工智能。

弱人工智能只能专注于完成某个特定的任务，例如语音识别、图像识别和翻译，是擅长单个方面的人工智能，类似高级仿生学。它们只是用于解决特定具体类的任务问题而存在，大都是统计数据，从中归纳出模型。Google 的 AlphaGo 和 AlphaGo Zero 就是典型的"弱人工智能"，可以说它们是一个优秀的数据处理者，尽管它们能战胜围棋领域的世界级冠军，但是 AlphaGo 和 AlphaGo Zero 也仅会下围棋，是一项擅长于单个游戏领域的人工智能，如果让它们更好的在硬盘上存储和处理数据，就不是它们的强项了。

2. 强人工智能

"强人工智能"一词最初是约翰·罗杰斯·希尔勒针对计算机和其他信息处理机器创造的，其定义："强人工智能观点认为计算机不仅是用来研究人的思维的一种工具；相反，只要运行适当的程序，计算机本身就是有思维的。"

强人工智能是指真正能思维的智能机器，并且认为这样的机器是有知觉的和自我意识的，这类机器可分为类人与非类人两大类。前者指的是机器的思考和推理类似人的思维，后者指的是机器产生了和人完全不一样的知觉和意识，使用和人完全不一样的推理方式。

强人工智能不仅在哲学上存在巨大争论即涉及思维与意识等根本问题的讨论，在技术上的研究也具有极大的挑战性。因为即使有更高性能的计算平台和更大规模的大数据助力，也还只是量变，不是质变，人类对自身智能的认识还处在初级阶段。理解大脑产生智能的机理是脑科学的终结性问题，绝大多数脑科学专家都认为这是一个数百年乃至数千年都解决不了的问题。

3. 超人工智能

牛津哲学家、知名人工智能思想家尼克·博斯特罗姆把超级智能表述为："在几乎所有领域都比最聪明的人类大脑聪明很多,包括科学创新、通识和社交技能。”

在超人工智能阶段,人工智能已经跨过“奇点”,其计算和思维能力已经远超人脑。此时的人工智能已经不是人类可以理解和想象。人工智能将打破人脑受到的维度限制,其所观察和思考的内容,人脑已经无法理解,人工智能将形成一个新的社会。

现在,人类已经在弱人工智能领域取得巨大突破,它的每一步都是在向强人工智能迈进。而超人工智能超出了人类现有的认知范围,甚至引发了人类“永生”或“灭绝”的哲学思考。

7.2.3 人工智能发展要素

人们普遍认识的人工智能三要素是数据、算力、算法。数据是整个互联网世界和物联网发展的基础;算力将数据进行计算;算法针对不同行业建立了对应的模型。所以人工智能高速发展主要取决于三个方面:计算力的增长,海量数据的积累,算法的进步和优化。

1.计算力的增长

计算能力的限制曾是人工智能研究跌入低谷的原因。随着摩尔定律的发展,计算能力逐步得到解放。CPU性能飞速提升,最先被用来训练深度学习。但不久发现的拥有出色浮点计算性能的GPU更适合深度学习训练,提高了深度学习两大关键活动:分类和卷积的性能,同时又达到所需的精准度。目前,在文本处理、语音和图像识别上,CPU+GPU并行不仅被Google、Facebook、百度、微软等巨头采用,也成为旷世科技这类初创公司训练人工智能深度神经网络的选择。

未来人工智能芯片的应用大体有两个方向:一是用于云端服务器的芯片,对于云端的高运算需求来说,预计将以CPU+GPU搭配为主,主要特点是高功耗、高计算能力以及通用性,云端人工智能运算对于具体应用场景的要求减少,通用芯片即可满足要求;二是用于智能终端的人工智能芯片,由于终端运算空间有限,所以对于芯片的要求主要在于其低耗,并针对不同场景有所区分,因此订制及半订制化的FPGA、ASIC及类脑芯片将成为主流。智能芯片是人工智能时代的战略制高点,将助推人工智能的飞速发展。

2.海量数据的积累

数据是限制人工智能爆发的又一因素。人工智能是用大量的数据作导向,让需要机器来做判别的问题最终转化为数据问题。

从计算机发明之初,科学家就想计算机的智能化之路怎么走,直到20世纪70年代才找到了通过数据来产生智能的方向。由于过去的数据量,相对于计算机时代数据大爆炸来说,实在是太过于微薄,所以一直以来没有实质性的进展。直到20世纪90年代之后,才开始渐渐有了网络数据的积累。这个时候的智能领域,无论是语音识别还是图像识别等,才开始有所突破。

随着移动互联网的爆发,数据量呈现出指数级的增长,大数据的积累为人工智能提供了基础支撑。IDC、希捷科技曾发布了《数据时代2025》白皮书。书中显示,到2025年全球数据总量将达到163 ZB,其中,属于数据分析的数据总量比2016年增加50倍,达到5.

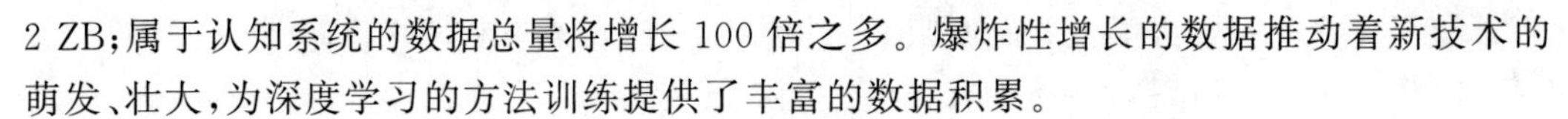

2 ZB;属于认知系统的数据总量将增长100倍之多。爆炸性增长的数据推动着新技术的萌发、壮大,为深度学习的方法训练提供了丰富的数据积累。

3. 算法的进步和优化

近20年来,人工智能学家们试图用神经网络建模来模拟大脑,用生物进化机制来提升机器的智能。他们将自治体的方法论与神经网络的模型结合起来,形成了当代人工智能研究中最令人兴奋的、最具开拓性的研究成果——深度学习。深度学习成为人工智能最为主流的算法。

深度学习是对不同模式进行建模的一种方式,其结构具有较多层数的隐层节点以保证模型的深度;同时,深度学习明确突出了特征学习的重要性,通过逐层特征变换,将样本在原空间的特征表示变换到一个新特征空间,从而使识别或预测更加准确。有了深度学习的技术支持,人工智能在机器翻译、问答游戏、阅读理解、图像识别等领域取得了革命性的发展。

在计算力指数级增长及高价值数据的驱动下,以人工智能为核心的智能化正不断延伸技术应用广度,拓展技术突破深度,并不断增强技术落地速度。同时,在技术层面,大数据技术已经基本成熟,并且推动人工智能技术以惊人的速度进步;在产业层面,智能安防、自动驾驶、医疗影像等都在加速落地。

7.2.4 人工智能主流学派

由于人们对人工智能本质的不同理解和认识,形成了人工智能研究的多种不同途径。在不同的研究途径下,其研究方法、学术观点和研究重点有所不同,进而形成不同的学派。这里主要介绍认知学派、符号主义学派、行为主义学派和连接主义学派。

1. 认知学派

以明斯基、西蒙和纽厄尔等人为代表,从人的思维活动出发,利用计算机进行宏观功能模拟。该学派认为认知的基元是符号,智能行为通过符号操作来实现。它以美国人鲁滨逊提出的消解法(即归结原理)为基础,以LISP和Prolog语言为代表,着重于问题求解中的启发式搜索和推理过程。该学派在逻辑思维的模拟方面取得了成功,如自动定理证明。

明斯基从心理学的研究出发,认为人们在日常的认识活动中,使用了大批从以前的经验中获取并经过整理的知识,这些知识是以一种类似框架的结构记存在人脑中。由此,他提出了框架知识表示方法。明斯基认为人的智能根本不存在统一的理论。1985年,他出版了《The Society of Mind》(心智的社会)一书,书中指出思维社会是由大量具有某种思维能力的单元组成的复杂社会。

2. 符号主义学派

符号主义又称为逻辑主义,心理学派或计算机学派,其原理主要为物理符号系统假设和有限合理性原理。这一派认为实现人工智能必须用逻辑和符号系统。自动定理证明起源于逻辑,初衷就是把逻辑演算自动化。符号派的思想源头和理论基础就是定理证明。

逻辑学家马丁·戴维斯在 1954 年完成了第一个定理证明程序。

符号学派认为人的物理能力和心智能力是分开的，而人工智能就是要用计算机程序来模拟心智能力，而不是物理能力。正因此，智能应该是一种特殊的软件，与实现它的硬件并没有太大关系。专家系统是符号主义的主要成就。20 世纪 80 年代初到 20 世纪 90 年代初，专家系统经历了十年的黄金期。

符号主义学派认为：首先，智能机器必须有关于自身环境的知识；其次，通用智能机器要能陈述性地表达关于自身环境的大部分知识；再次，通用智能机器表示陈述性知识的语言至少要有一阶逻辑的表达能力。

符号主义学派在人工智能研究中，强调的是概念化知识表示、模型论语义、演绎推理等。约翰·麦卡锡主张任何事物都可以用统一的逻辑框架来表示，在常识推理中以非单调逻辑为中心。

3. 行为主义学派

行为主义，又称进化主义或控制论学派，其原理为控制论及感知动作型控制系统。

20 世纪 80 年代以前，行为主义和连接主义一样，都被符号主义的光芒所掩盖。行为主义的贡献主要是在机器人控制系统方面，希望从模拟动物的“感知——动作”开始，最终复制出人类的智能。20 世纪末，行为主义正式提出智能取决于感知与行为，以及智能取决于对外界环境的自适应能力的观点。至此，行为主义成为一个新的学派，在人工智能的舞台拥有了一席之地。

行为主义以布鲁克斯等人为代表，认为智能行为只能在实现世界由系统与周围环境的交互过程中表现出来。1991 年，布鲁克斯提出了无须知识表示的智能和无须推理的智能。他还以其观点为基础，研制了一种机器虫。该机器用一些相对独立的功能单元，分别实现避让、前进、平衡等功能，组成分层异步分布式网络。该学派为机器人研究开创了一种新方法。

该学派的主要观点可以概括如下：首先，智能系统与环境进行交互，即从运行环境中获取信息，并通过自己的动作对环境施加影响；其次，指出智能取决于感知和行为，提出了智能行为“感知——行为”模型，认为智能系统可以不需要知识、表示和推理，像人类智能一样可以逐步进化；再次，强调直觉和反馈的重要性，智能行为体现在系统与环境的交互之中，功能、结构和智能行为是不可分割的。

4. 连接主义学派

连接主义又称为仿生学派和生理学派，其主要原理为神经网络及神经网络间的连接机制与学习算法。

以鲁姆哈特、麦克莱兰和霍普菲尔德等人为代表，从人的大脑神经系统结构出发，研究非程序的、适应性的、类似大脑风格的信息处理的本质和能力，人们也称它为神经计算。这种方法一般通过人工神经网络的“自学”获得知识，再利用知识解决问题。由于它近年来的迅速发展，大量的人工神经网络的机理、模型、算法不断地涌现出来。人工神经网络具有高度的并行分布性、很强的容错性，使其在图像、声音等信息的识别和处理中广泛应用。

除了上述四个学派，还有知识工程学派和分布式学派等。知识工程学派以费根鲍姆为代表，研究知识在人工智能中的作用和地位。分布式学派以休伊特为代表，研究智能系统中知识的分布行为。

人工智能各学派的研究方法各有长短，既有擅长的处理能力，又有一定的局限性。未来人工智能的各个学派，一方面要密切合作，取长补短，把一种学派无法理解的问题转化为另一学派能够解决的问题；另一方面要逐步建立统一的人工智能理论体系和方法论，在一个统一系统中集成逻辑思维、形象思维和进化思想，创造更先进的人工智能研究方法。

7.2.5 人工智能的意义

时代总是在前进，社会不断在发展，每一次技术革命都对人类的发展产生了巨大且不可替代的作用。以蒸汽机为代表的第一次工业革命开创了蒸汽时代，以电力大规模应用为代表的第二次工业革命开创了电力时代，以计算机技术为代表的第三次工业革命开创了信息时代，也就是以网络为手段的信息交互系统广泛应用的e时代。刚刚熟悉了e时代的网上订餐、网上订票、人脸识别、语音助手、智能导航、无人驾驶等智能应用又开始进入我们的生活，标志着以人工智能为代表的第四次工业革命的到来。

同时，人工智能对自然科学、经济、社会产生着巨大影响：

1. 人工智能对自然科学的影响

在需要使用数学计算机工具解决问题的学科，AI带来的帮助不言而喻。更重要的是，AI反过来有助于人类最终认识自身智能的形成。

2. 人工智能对经济的影响

专家系统更深入各行各业，带来巨大的宏观效益。AI也促进了计算机工业网络工业的发展。但同时，也带来了劳务就业问题。由于AI在科技和工程中的应用，能够代替人类进行各种技术工作和脑力劳动，会造成社会结构的剧烈变化。

3. 人工智能对社会的影响

AI也为人类文化生活提供了新的模式。现有的游戏将逐步发展为更高智能的交互式文化娱乐手段，今天，游戏中的人工智能应用已经深入到各大游戏制造商的开发中。

人工智能现在各行业广泛应用，主要优点：

1. 提高效率

人工智能不会像人一样，受心情、体力、精力、注意力、环境等各方面的影响而导致产量忽高忽低。在同样生产周期内，人工智能生产加工产品的产量是固定不变的，效率高，成品率也高。

2. 节省成本

人工智能可以24小时进行操作，并且一台人工智能可以替代多人同时工作。比如，制鞋业使用的“六轴机器人”，可替代6人同时工作。特别是对于简单的、重复性生产过程，采用人工智能代替人工，可有效降低人工成本。

3. 提高质量

人工智能的使用，使企业的产品质量更有保障。比如，美的空调工厂的生产线，工业

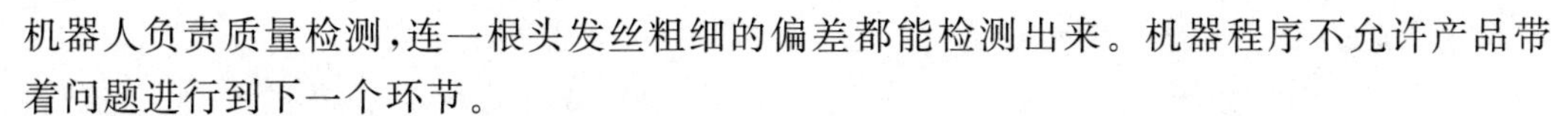

机器人负责质量检测，连一根头发丝粗细的偏差都能检测出来。机器程序不允许产品带着问题进行到下一个环节。

4.保障安全

在危险的工作环境中，如高温、辐射、有毒等，采用人工智能替代人工操作，可避免环境对人造成伤害。人工智能不会出现由于工作疏忽或者疲劳造成的认为事故，使用人工智能可确保安全生产。

总之，人工智能代替人劳动，提升了工作效率和质量，增强了企业的发展活力，改善了人们工作环境，使人类的生活更加美好，推动了社会的发展。

2019年3月4日，十三届全国人大二次会议举行新闻发布会，大会发言人张业遂表示，已将与人工智能密切相关的立法项目列入立法规划。

7.3 人工智能关键技术

人工智能的研究包括自然语言处理、程序语言、机器学习以及人工智能方法等。在过去的几十年中，经过世界各国大量的研究与生产，加快了人工智能的发展步伐。依靠强大的科学技术，人工智能的研究已经与具体的应用领域结合起来了，其研究成果在社会上各个领域得到广泛的应用。

7.3.1 人机交互

人机交互指人与计算机之间使用某种对话语言，以一定的交互方式，为完成确定任务的人与计算机之间的信息交换过程。用户通过人机交互界面与系统交流。小如收音机的播放按键，大至飞机上的仪表板或是发电厂的控制室。为了系统的可用性和用户友好性，人机交互界面的设计包含用户对系统的理解。面部识别、语音命令、眼球追踪和手势控制等技术正在缓慢发展，语音命令和面部识别已得到广泛应用，而眼球追踪和非接触式手势控制技术，带来了全新的输入方式。通过眼球追踪技术，只要盯着想要点击的图标，就可以打开需要的软件。

1.计算机视觉

计算机视觉研究如何使机器“看”，指用摄影机和电脑代替人眼对目标进行识别、跟踪和测量等机器视觉，并进一步做图形处理，使电脑处理成为更适合人眼观察或传送给仪器检测的图像。计算机视觉试图建立能够从图像或者多维数据中获取“信息”的人工智能系统。感知可以看作是从感官信号中提取信息，计算机视觉可以看作是使人了解系统从图像或多带数据中“感知”的科学，未来图形识别引擎不仅能够识别出照片的对象，还能够对整个场景进行简短而准确的描述。

2.自然语言理解

自然语言处理是计算机科学领域与人工智能领域中的一个重要方向，研究能实现人与计算机之间用自然语言进行有效通信的各种理论和方法，俗称人机交互，是人工智能的分支学科。研究用电子计算机模拟人的语言交际过程，使计算机能理解和运用人类社会的自然语言，如汉语、英语等，实现人机之间的自然语言通信，以代替人的部分脑力劳动，包括查询资料、解答问题、摘录文献、汇编资料以及一切有关自然语言信息的加工处理。

3. 语音识别

语音识别研究与机器进行语音交流，让机器明白你说什么，是“机器的听觉系统”。语音识别技术是让机器通过识别和理解，把语音信号转变为相应的文本或命令，主要包括特征提取技术、模式匹配准则及模型训练技术三个方面。语音识别技术在车联网得到了充分的引用，只需按一键通，客服人员口述即可设置目的地，直接导航，安全、便捷。利用可订制的语音命令帮助用户打开应用，向社交媒体网站发送消息，在网络上进行搜索，或使计算机在休眠和唤醒状态之间切换。

4. 非接触式手势控制

非接触式手势控制需要使用多个传感器，记录用户手臂在三维空间中的运动轨迹，利用这样的信息来实现控制。在这类系统中，用户没有必要触摸屏幕表面，进行扫动或转动，只要挥舞一下手臂即可完成操作。

5. 触摸式显示屏

触摸屏显示器(Touch Screen)技术是一种新型的人机交互输入方式，可以让使用者用手指轻轻地碰计算机显示屏上的图符或文字，实现对主机的操作，摆脱键盘和鼠标，使人机交互更为直截了当。触摸式显示屏，主要应用于公共场所大厅信息查询、电子游戏、点歌、点菜、多媒体教学、机票/火车票预售等，产品主要分为电容式触控屏、电阻式触控屏和表面声波触摸屏三类。为满足市场客户的需求，已经开发出多点触摸屏显示器，配合识别软件，触摸屏还可以实现手写输入。

6. 动作识别

动作识别在很多方面得到应用，如可穿戴式计算机、隐身技术、浸入式游戏以及情感计算(一种可对人类的情感进行侦测、分类、组织和回应的系统或应用，帮助使用者获得高效而又亲切的感觉)等。过去大部分动作识别系统重点分析的是脸部和手部动作，现在，研发人员也开始将关注点转移到身体姿势、步态和其他行为举止。一些具有动作识别能力的控制设备已经达到了消费者水平，如一些游戏主机配备了运动传感器，可以对移动和倾斜动作做出判断，将玩家手臂、手腕以及手的动作真实地反映在游戏中，从而与电视荧幕上的虚拟物件产生互动。动作识别系统也开始进入医疗领域，医生不用触碰键盘或者屏幕就可以操控数字影像。

7. 眼动跟踪

眼动跟踪又称视线跟踪系统，是智能人机接口的关键技术之一，在军事领域和非军事领域都有着广阔的发展前景，成为近年来备受关注的前沿方向。眼动跟踪的基本工作原理是利用图像处理技术，使用能锁定眼睛的特殊摄像机，连续地记录视线变化，追踪视觉注视频率以及注视持续时间，根据这些信息来分析被跟踪者。越来越多的门户网站和广告商开始追捧眼动跟踪技术，根据跟踪结果，了解用户的浏览习惯，合理安排网页布局，以期达到更好的投放效果。德国 Eye Square 公司发明的遥控眼动跟踪仪，可摆放在电脑屏

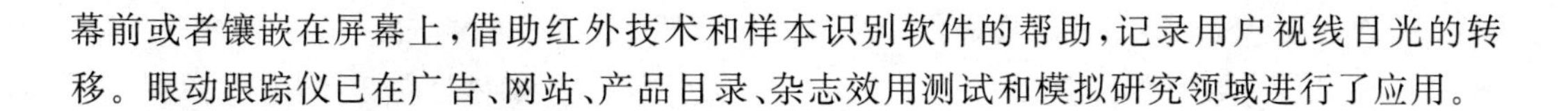

幕前或者镶嵌在屏幕上，借助红外技术和样本识别软件的帮助，记录用户视线目光的转移。眼动跟踪仪已在广告、网站、产品目录、杂志效用测试和模拟研究领域进行了应用。

7.3.2　知识推理

知识推理是指在计算机或智能系统中，模拟人类的智能推理方式，依据推理控制策略，利用形式化的知识进行机器思维和求解问题的过程。

1. 贝叶斯理论

人们根据不确定性信息做出推理和决策需要对各种结论的概率做出估计，这类推理称为概率推理。概率推理既是概率学和逻辑学的研究对象，也是心理学的研究对象，但研究的角度是不同的。概率学和逻辑学研究的是客观概率推算公式或规则；而心理学研究人们主观概率估计的认知加工过程规律。贝叶斯推理是条件概率推理，对揭示人们对概率信息的认知加工过程与规律、指导人们进行有效的学习和判断决策具有十分重要的意义。

2. 证据理论

证据理论是 Dempster 于 1967 年首先提出，由他的学生 Saier 于 1976 年进一步发展起来的一种不精确推理理论，也称为 Dempster/Shafer 证据理论(D-S 证据理论)，最早应用于专家系统，具有处理不确定信息的能力。作为一种不确定推理方法，证据理论的主要特点是：满足比贝叶斯概率论更弱的条件；具有直接表达“不确定”和“不知道”的能力。在医学诊断、目标识别、军事指挥等许多需要综合考虑来自多源不确定信息，如多个传感器的信息、多位专家的意见等，以完成问题的求解方面，证据理论的组合规则发挥了重要作用。

7.3.3　智能计算

1. 神经网络

神经网络包括生物神经网络和人工神经网络。生物神经网络一般指生物的大脑神经元、细胞、触点等组成的网络，用于产生生物意识，帮助生物进行思考和行动。人工神经网络(Artificial Neural Networks，ANNs)简称为神经网络(NNs)或连接模型(Connection Model)，是一种模仿动物神经网络行为特征，进行分布式并行信息处理的算法数学模型。这种网络依靠系统的复杂程度，通过调整内部大量节点之间相互连接的关系，达到处理信息的目的。神经网络利用人工神经网络组成实际的应用系统，完成某种信号处理或模式识别功能、构建专家系统、制成机器人、完成复杂系统控制等，在模式识别、信号处理、知识工程、专家系统、优化组合、机器人控制等领域中有广泛的应用。

2. 模糊计算

模糊理论(Fuzzy Logic)是在美国加州大学伯克利分校电气工程系扎德(L. A.

Zadch)教授于1965年创立的模糊集合理论基础上发展起来的，主要包括模糊集合理论、模糊逻辑、模糊推理和模糊控制等，其中应用最有效、最广泛的领域是模糊控制，模糊控制在各个领域出人意料地解决了传统控制理论无法解决或难以解决的问题，取得了一些令人信服的成效。

3. 粗糙集理论

粗糙集理论作为智能计算的科学研究，不仅为信息科学和认知科学提供了新的科学逻辑和研究方法，而且为智能信息处理提供了有效的处理技术。1982年，以波兰数学家Pawlak为代表的研究者首次提出了粗糙集理论，并于1991年出版了第一本关于粗糙集的专著，接着，1992年Slowinski R主编的论文集出版，推动了国际上对粗糙集理论与应用的深入研究。1992年，在波兰Kiekaz召开了第一届国际粗糙集合研讨会，着重讨论集合近似定义的基本思想及其应用和粗糙集合环境下的机器学习基础研究，从此每年都会召开一次以粗糙集理论为主题的国际研讨会，从而推动了粗糙集理论的拓展和应用，粗糙集理论已成为国内外人工智能领域中一个较新的学术热点。

4. 遗传算法

遗传算法(Genetic Algorithm)是一类借鉴生物界的进化规律(适者生存、优胜劣汰遗传机制)演化而来的随机化搜索方法。由美国的J. Holland教授于1975年首先提出，其主要特点是直接对结构对象进行操作，不存在求导和函数连续性的限定；具有内在的隐性并行性和更好的全局寻优能力；采用概率化的寻优方法，自动获取和指导优化搜索空间，自适应地调整搜索方向，不需要确定的规则。遗传算法的这些性质，已被人们广泛地应用于组合优化、机器学习、信号处理、自适应控制和人工生命等领域。

5. 认知计算

认知计算的目标是让计算机系统能够像人的大脑一样学习、思考，并做出正确的决策。人脑与电脑各有所长，认知计算系统可以成为一一个很好的辅助性工具，配合人类进行工作，解决人脑所不擅长解决的一些问题。这种全新的计算模式，包含信息分析、自然语言处理和机器学习领域的大量技术创新，能够助力决策者从大量非结构化数据中揭示非凡的洞察。认知系统能够以对人类而言更加自然的方式与人类交互，获取海量的不同类型的数据，根据信息进行推论；从自身与数据、与人们的交互中学习。

7.4 人工智能的应用

7.4.1 应用领域

人工智能应用面很广，可以应用于机器翻译、智能控制、专家系统、机器人学、语言和图像理解、遗传编程机器人工厂、自动程序设计、航天应用、庞大的信息处理、储存与管理、执行化合生命体无法执行的或复杂或规模庞大的任务等。根据应用频度，人工智能的应用集中在以下领域：深度学习、计算机视觉、语音识别、虚拟个人助理、自然语言处理—通用、智能机器人、引擎推荐、实时语音翻译、情境感知计算、手势控制、视觉内容自动识别等。

1. 深度学习

深度学习是人工智能领域的一个重要应用领域。说到深度学习，大家第一个想到的肯定是 AlphaGo，通过一次又一次的学习、更新算法，最终在人机大战中打败围棋大师。

对于一个智能系统来讲，深度学习的能力大小，决定着它在多大程度上能达到用户对它的期待。

深度学习的技术原理有：

(1)构建一个网络并且随机初始化所有连接的权重。

(2)将大量的数据情况输出到这个网络中。

(3)网络处理这些动作并且进行学习。

(4)如果这个动作符合指定的动作，将会增强权重，如果不符合，将会降低权重。

(5)系统通过如上过程调整权重。

(6)在成千上万次的学习之后，超过人类的表现。

2. 计算机视觉

计算机视觉是指计算机从图像中识别出物体、场景和活动的能力。计算机视觉有着广泛的细分应用，其中包括，医疗领域成像分析、人脸识别、公关安全、安防监控等。计算机视觉如图 7-1 所示。

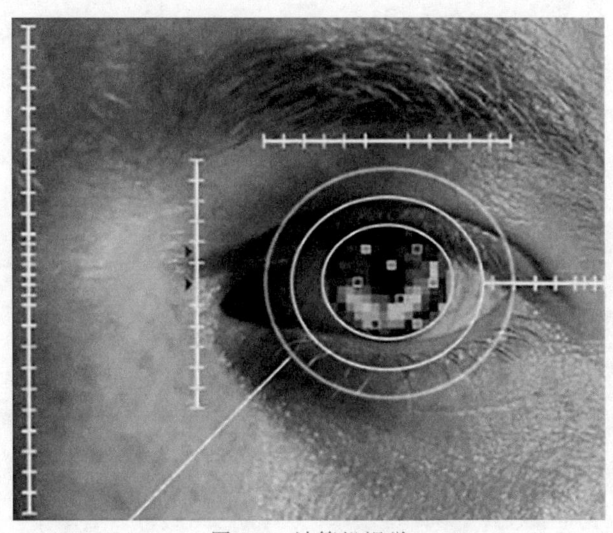

图 7-1　计算机视觉

计算机视觉的技术原理：计算机视觉技术运用由图像处理操作及其他技术所组成的序列来将图像分析任务分解为便于管理的小块任务。

3. 语音识别

语音识别，是把语音转化为文字，并对其进行识别、认知和处理。语音识别的主要应用包括电话外呼、医疗领域听写、语音书写、电脑系统声控、电话客服等。

语音识别技术原理：

(1)对声音进行处理，使用移动函数对声音进行分帧。

(2)声音被分帧后，变为很多波形，需要将波形做声学体征提取。

(3)声音特征提取之后，声音就变成了一个矩阵。然后通过音素组合成单词。

4. 虚拟个人助理

苹果手机的 Siri，以及小米手机上的小爱，都算是虚拟个人助理的应用。

虚拟个人助理技术原理：(以小爱为例)

(1)用户对着小爱说话后，语音将立即被编码，并转换成一个压缩数字文件，该文件包含了用户语音的相关信息。

(2)由于用户手机处于开机状态，语音信号将被转入用户所使用移动运营商的基站当中，然后再通过一系列固定电线发送至用户的互联网服务供应商(ISP)，该 ISP 拥有云计算服务器。

(3)该服务器中的内置系列模块，将通过技术手段来识别用户刚才说过的内容。

5. 自然语言处理

自然语言处理(NLP)，像计算机视觉技术一样，将各种有助于实现目标的多种技术进行了融合，实现人机间自然语言的通信。自然语言处理(NLP)如图 7-2 所示。

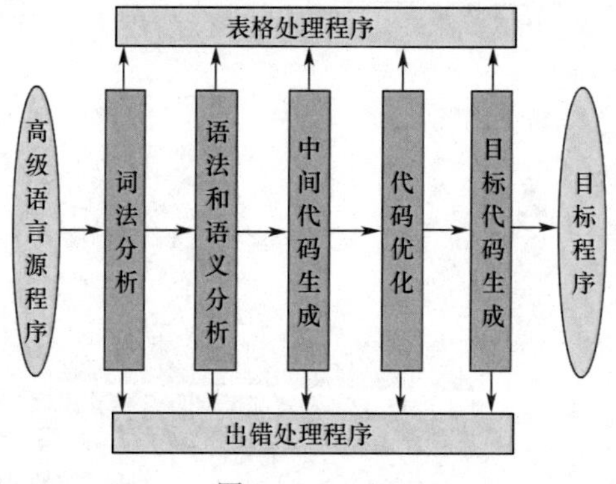

图 7-2　NLP

自然语言处理技术原理：

(1)汉字编码词法分析；

(2)句法分析；

(3)语义分析；

(4)文本生成；

(5)语音识别。

6. 智能机器人

智能机器人在生活中随处可见，扫地机器人、陪伴机器人……这些机器人不管是跟人语音聊天，还是自主定位导航行走、安防监控等，都离不开人工智能技术的支持。

智能机器人技术原理：人工智能技术把机器视觉、自动规划等认知技术、各种传感器

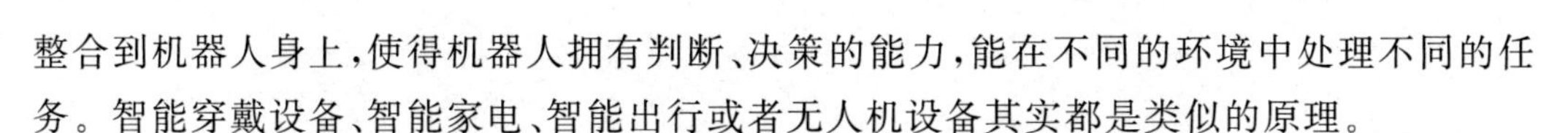

整合到机器人身上，使得机器人拥有判断、决策的能力，能在不同的环境中处理不同的任务。智能穿戴设备、智能家电、智能出行或者无人机设备其实都是类似的原理。

7. 引擎推荐

淘宝、京东等商城，以及 36 氪等资讯网站，会根据你之前浏览过的商品、页面、搜索过的关键字推送给你一些相关的产品或网站内容。这其实就是引擎推荐技术的一种表现。

Google 为什么会做免费搜索引擎，目的就是搜集大量的自然搜索数据，丰富它的大数据数据库，为后面的人工智能数据库做准备。

引擎推荐技术原理：推荐引擎是基于用户的行为、属性（用户浏览行为产生的数据），通过算法分析和处理，主动发现用户当前或潜在需求，并主动推送信息给用户的浏览页面。

7.4.2　运用范围

发展至今，人工智能已经趋于成熟，人工智能主要运用范围如图 7-3 所示。

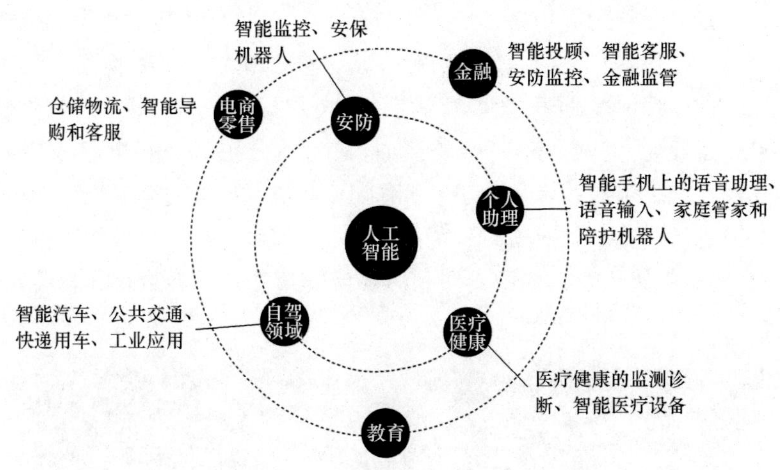

图 7-3　人工智能主要运用范围

下面是人工智能应用最多的几大场景：

1. 家居

智能家居主要是基于物联网技术，通过智能硬件、软件系统、云计算平台构成一套完整的家居生态圈。用户可以进行远程控制设备，设备间可以互联互通，并进行自我学习等，来整体优化家居环境的安全性、节能性、便捷性等。值得一提的是，近两年随着智能语音技术的发展，智能音箱成为一个爆发点。小米、天猫、Rokid 等企业纷纷推出自身的智能音箱如图 7-4 所示，不仅成功打开家居市场，也为未来更多的智能家居用品培养了用户习惯。但目前家居市场智能产品种类繁杂，如何打通这些产品之间的沟通壁垒，以及建立安全可靠的智能家居服务环境，是该行业下一步的发力点。

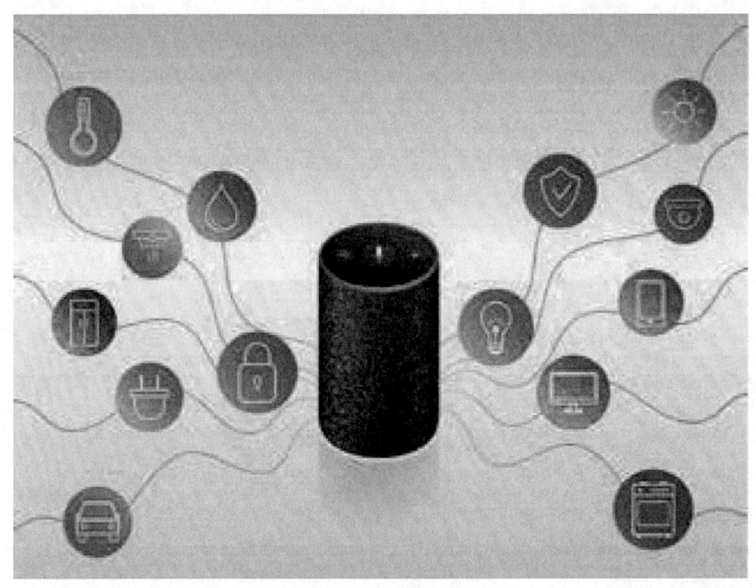

图 7-4　智能音箱

2. 零售

人工智能在零售领域的应用已经十分广泛，无人便利店、智慧供应链、客流统计、无人仓/无人车等都是热门方向。京东自主研发的无人仓采用大量智能物流机器人进行协同与配合，通过人工智能、深度学习、图像智能识别、大数据应用等技术，让工业机器人可以进行自主的判断和行为，完成各种复杂的任务，在商品分拣、运输、出库等环节实现自动化。图普科技则将人工智能技术应用于客流统计，通过人脸识别客流统计功能，门店可以从性别、年龄、表情、新老顾客、滞留时长等维度建立到店客流用户画像，为调整运营策略提供数据基础，帮助门店运营从匹配真实到店客流的角度提升转换率。货架扫描机器人，如图 7-5 所示。

图 7-5　货架扫描机器人

3. 交通

智能交通系统是通信、信息和控制技术在交通系统中集成应用的产物。ITS 应用最广泛的地区是日本，其次是美国、欧洲等地区。目前，我国在 ITS 方面的应用主要是通过对交通中的车辆流量、行车速度进行采集和分析，可以对交通实施监控和调度，有效提高通行能力、简化交通管理、降低环境污染等。智能交通检测系统，如图 7-6 所示。

图 7-6 智能交通检测系统

无人驾驶汽车是一种通过电脑系统实现无人驾驶的智能汽车。无人驾驶汽车依靠人工智能、视觉计算、雷达、监控装置和全球定位系统协同合作，让电脑可以自动安全地操作汽车。为了掌握这项技术，全球众多汽车企业、互联网公司、软件公司等纷纷展开追逐。如：特斯拉已经在其量产的商用车中集成了部分自动驾驶功能；Google 还在进行旷日持久的模拟试验，想让计算机来当司机；百度是全球自动驾驶领域的一匹黑马，有望凭借开放合作的思路在全球无人驾驶领域前沿占据一席之地。无人驾驶还有很长的路要走，随着人工智能和 5G 的发展，或许在不久的将来，全自动无人驾驶就会到来。百度的"Apollo"无人驾驶汽车，如图 7-7 所示。

图 7-7 百度"Apollo"无人驾驶汽车

4. 医疗

机器人逐渐进入各大医院手术室，达芬奇手术机器人在医疗行业赫赫有名，代表着当今手术机器人最高水平。手术机器人切割比专业外科医生更精确，并且对周围肌肉伤害更少，患者术后恢复更快。目前，人工智能在医疗界中的应用主要集中在外科手术机器人、康复机器人、护理机器人和服务机器人等方面。另外，人工智能在辅助诊疗、疾病预测、医疗影像辅助诊断、药物开发等方面也发挥着重要作用。手术机器人，如图 7-8 所示。

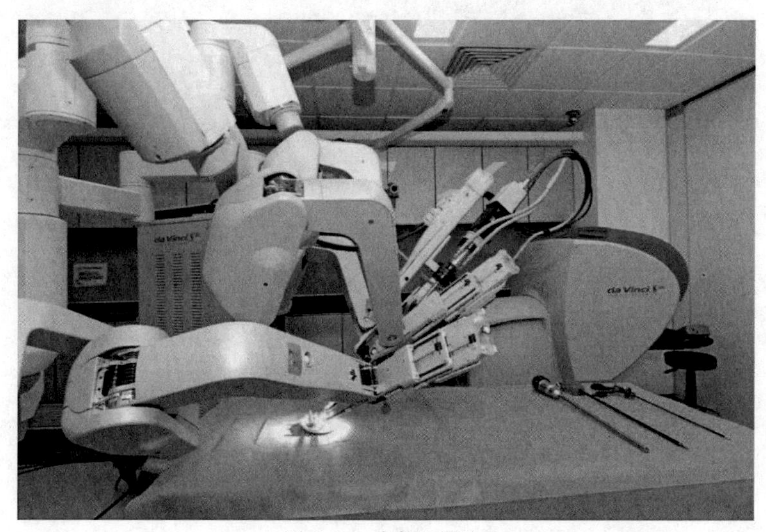

图 7-8　手术机器人

5. 教育

科大讯飞、乂学教育等企业早已开始探索人工智能在教育领域的应用。通过图像识别，可以进行机器批改试卷、识题答题等；通过语音识别可以纠正、改进发音；而人机交互可以进行在线答疑解惑等。AI 和教育的结合一定程度上可以改善教育行业师资分布不均衡、费用高昂等问题，从工具层面给师生提供更有效率的学习方式，但还不能对教育内容产生较多实质性的影响。

6. 物流

物流行业通过利用智能搜索、推理规划、计算机视觉以及智能机器人等技术在运输、仓储、配送装卸等流程上已经进行了自动化改造，能够基本实现无人操作。比如利用大数据对商品进行智能配送规划，优化配置物流供给、需求匹配、物流资源等。目前物流行业大部分人力分布在“最后一公里”的配送环节，京东、苏宁、菜鸟裹裹争先研发无人车、无人机，力求抢占市场机会。

2017 年 5 月 11 日，一座全球领先、亚洲首个真正意义的全自动化集装箱码头在青岛港正式启用，如图 7-9 所示。

图 7-9 青岛港

7. 安防

近些年来,中国安防监控行业发展迅速,视频监控数量不断增长,在公共和个人场景监控摄像头安装总数已经超过了1.75亿个。而且,在部分一线城市,视频监控已经实现了全覆盖。不过,相对于国外而言,我国安防监控领域仍然有很大成长空间。

截至当前,安防监控行业的发展经历了四个发展阶段,分别为模拟监控、数字监控、网络高清和智能监控时代。每一次行业变革,都得益于算法、芯片和零组件的技术创新,以及由此带动的成本下降。因而,产业链上游的技术创新与成本控制成为安防监控系统功能升级、产业规模增长的关键,也成为产业可持续发展的重要基础。

7.4.3 主要成果

1. 人机对弈

1996年2月10～17日,GARRY KASPAROV以4∶2战胜"深蓝"(DEEP BLUE)。

1997年5月3～11日,GARRY KASPAROV以2.5∶3.5输给改进后的"深蓝"。

2003年2月,GARRY KASPAROV 3∶3战平"小深"(DEEP JUNIOR)。

2003年11月,GARRY KASPAROV 2∶2战平"X3D德国人"(X3D-FRITZ)。

2016年3月李世石1∶4输于AlphaGo。

2017年AlphaGo战胜5名世界级职业围棋高手。

2. 模式识别

采用$模式识别引擎,分支有2D识别引擎、3D识别引擎、驻波识别引擎以及多维识别引擎。2D识别引擎已推出指纹识别、人像识别、文字识别、图像识别、车牌识别;驻波识别引擎已推出语音识别;3D识别引擎已推出指纹识别玉带林中挂(玩游智能版1.25)。

3. 自动工程

其主要成果体现在:自动驾驶(OSO系统)、印钞工厂(¥流水线)、猎鹰系统(YOD绘图)。

4. 知识工程

以知识本身为处理对象，研究如何运用人工智能和软件技术，设计、构造和维护知识系统，如专家系统、智能搜索引擎、计算机视觉和图像处理、机器翻译和自然语言理解、数据挖掘和知识发现。

7.5 人工智能的发展趋势

7.5.1 人工智能现状与影响

对于人工智能的发展现状，社会上存在一些“炒作”。比如说，认为人工智能系统的智能水平即将全面超越人类水平、30 年内机器人将统治世界、人类将成为人工智能的奴隶等。这些有意无意的“炒作”和错误认识会给人工智能的发展带来不利影响。因此，制定人工智能发展的战略、方针和政策，首先要准确把握人工智能技术和产业发展的现状。

专用人工智能取得重要突破。从可应用性看，人工智能大体可分为专用人工智能和通用人工智能。面向特定任务(比如下围棋)的专用人工智能系统由于任务单一、需求明确、应用边界清晰、领域知识丰富、建模相对简单，形成了人工智能领域的单点突破，在局部智能水平的单项测试中可以超越人类智能。人工智能的近期进展主要集中在专用智能领域。例如，阿尔法狗(AlphaGo)在围棋比赛中战胜人类冠军，人工智能程序在大规模图像识别和人脸识别中达到了超越人类的水平，人工智能系统诊断皮肤癌达到专业医生水平。

通用人工智能尚处于起步阶段。人的大脑是一个通用的智能系统，能举一反三、融会贯通，可处理视觉、听觉、判断、推理、学习、思考、规划、设计等各类问题，可谓“一脑万用”。真正意义上完备的人工智能系统应该是一个通用的智能系统。目前，虽然专用人工智能领域已取得突破性进展，但是通用人工智能领域的研究与应用仍然任重而道远，人工智能总体发展水平仍处于起步阶段。当前的人工智能系统在信息感知、机器学习等“浅层智能”方面进步显著，但是在概念抽象和推理决策等“深层智能”方面的能力还很薄弱。总体上看，目前的人工智能系统可谓有智能没智慧、有智商没情商、会计算不会“算计”、有专才而无通才。因此，人工智能依旧存在明显的局限性，依然还有很多“不能”，与人类智慧还相差甚远。

人工智能创新创业如火如荼。全球产业界充分认识到人工智能技术引领新一轮产业变革的重大意义，纷纷调整发展战略。比如，谷歌在其 2017 年年度开发者大会上明确提出发展战略从“移动优先”转向“人工智能优先”；微软 2017 财年年报首次将人工智能作为公司发展愿景。人工智能领域处于创新创业的前沿。麦肯锡公司报告指出，2016 年全球人工智能研发投入超 300 亿美元并处于高速增长阶段；全球知名风投调研机构 CB Insights 报告显示，2017 年全球新成立人工智能创业公司 1 100 家，人工智能领域共获得投资152亿美元，同比增长141％。

创新生态布局成为人工智能产业发展的战略高地。信息技术和产业的发展史，就是新老信息产业巨头抢滩布局信息产业创新生态的更替史。例如，传统信息产业代表企业有微软、英特尔、IBM、甲骨文等，互联网和移动互联网时代信息产业代表企业有谷歌、苹果、Facebook、亚马逊、阿里巴巴、腾讯、百度等。人工智能创新生态包括纵向的数据平台、开源算法、计算芯片、基础软件、图形处理器等技术生态系统和横向的智能制造、智能医疗、智能安防、智能零售、智能家居等商业和应用生态系统。目前智能科技时代的信息产业格局还没有形成垄断，因此全球科技产业巨头都在积极推动人工智能技术生态的研发布局，全力抢占人工智能相关产业的制高点。

人工智能的社会影响日益凸显。一方面，人工智能作为新一轮科技革命和产业变革的核心力量，正在推动传统产业升级换代，驱动"无人经济"快速发展，在智能交通、智能家居、智能医疗等民生领域产生积极正面影响。另一方面，个人信息和隐私保护、人工智能创作内容的知识产权、人工智能系统可能存在的歧视和偏见、无人驾驶系统的交通法规、脑机接口和人机共生的科技伦理等问题已经显现出来，需要抓紧提供解决方案。

7.5.2　人工智能趋势与展望

经过60多年的发展，人工智能在算法、算力（计算能力）和算料（数据）"三算"方面取得了重要突破，正处于从"不能用"到"可以用"的技术拐点，但是距离"很好用"还有诸多瓶颈。那么在可以预见的未来，人工智能发展将会出现怎样的趋势与特征呢？

从专用智能向通用智能发展。如何实现从专用人工智能向通用人工智能的跨越式发展，既是下一代人工智能发展的必然趋势，也是研究与应用领域的重大挑战。2016年10月，美国国家科学技术委员会发布《国家人工智能研究与发展战略计划》，提出在美国的人工智能长期发展策略中要着重研究通用人工智能。阿尔法狗系统开发团队创始人戴密斯·哈萨比斯提出朝着"创造解决世界上一切问题的通用人工智能"这一目标前进。微软在2017年成立了通用人工智能实验室，众多感知、学习、推理、自然语言理解等方面的科学家参与其中。

从人工智能向人机混合智能发展。借鉴脑科学和认知科学的研究成果是人工智能的一个重要研究方向。人机混合智能旨在将人的作用或认知模型引入人工智能系统中，提升人工智能系统的性能，使人工智能成为人类智能的自然延伸和拓展，通过人机协同更加高效地解决复杂问题。在我国新一代人工智能规划和美国脑计划中，人机混合智能都是重要的研发方向。

从"人工＋智能"向自主智能系统发展。当前人工智能领域的大量研究集中在深度学习，但是深度学习的局限是需要大量人工干预，比如人工设计深度神经网络模型、人工设定应用场景、人工采集和标注大量训练数据、用户需要人工适配智能系统等，非常费时费力。因此，科研人员开始关注减少人工干预的自主智能方法，提高机器智能对环境的自主学习能力。例如阿尔法狗系统的后续版本阿尔法元从零开始，通过自我对弈强化学习实现围棋、国际象棋、日本将棋的"通用棋类人工智能"。在人工智能系统的自动化设计方面,2017年谷歌提出的自动化学习系统(AutoML)试图通过自动创建机器学习系统降低人员成本。

人工智能将加速与其他学科领域交叉渗透。人工智能本身是一门综合性的前沿学科和高度交叉的复合型学科,研究范畴广泛而又异常复杂,其发展需要与计算机科学、数学、认知科学、神经科学和社会科学等学科深度融合。随着超分辨率光学成像、光遗传学调控、透明脑、体细胞克隆等技术的突破,脑与认知科学的发展开启了新时代,能够大规模、更精细解析智力的神经环路基础和机制,人工智能将进入生物启发的智能阶段,依赖于生物学、脑科学、生命科学和心理学等学科的发现,将机理变为可计算的模型,同时人工智能也会促进脑科学、认知科学、生命科学甚至化学、物理、天文学等传统科学的发展。

人工智能产业将蓬勃发展。随着人工智能技术的进一步成熟以及政府和产业界投入的日益增长,人工智能应用的云端化将不断加速,全球人工智能产业规模在未来10年将进入高速增长期。例如,2016年9月,咨询公司埃森哲发布报告,人工智能技术的应用将为经济发展注入新动力,可在现有基础上将劳动生产率提高40%;到2035年,美、日、英、德、法等12个发达国家的年均经济增长率可以翻一番。2018年麦肯锡公司的研究报告预测,到2030年,约70%的公司将采用至少一种形式的人工智能,人工智能新增经济规模将达到13万亿美元。

人工智能将推动人类进入普惠型智能社会。"人工智能+X"的创新模式将随着技术和产业的发展日趋成熟,对生产力和产业结构产生革命性影响,并推动人类进入普惠型智能社会。2017年国际数据公司IDC在《信息流引领人工智能新时代》白皮书中指出,未来5年人工智能将提升各行业运转效率。我国经济社会转型升级对人工智能有重大需求,在消费场景和行业应用的需求牵引下,需要打破人工智能的感知瓶颈、交互瓶颈和决策瓶颈,促进人工智能技术与社会各行各业的融合提升,建设若干标杆性的应用场景创新,实现低成本、高效益、广范围的普惠型智能社会。

人工智能领域的国际竞争将日益激烈。当前,人工智能领域的国际竞赛已经拉开帷幕,并且将日趋白热化。2018年4月,欧盟委员会计划2018—2020年在人工智能领域投资240亿美元;法国总统在2018年5月宣布《法国人工智能战略》,目的是迎接人工智能发展的新时代,使法国成为人工智能强国;2018年6月,日本《未来投资战略2018》重点推动物联网建设和人工智能的应用。世界军事强国也已逐步形成以加速发展智能化武器装备为核心的竞争态势,例如美国发布的首份《国防战略》报告即谋求通过人工智能等技术创新保持军事优势,确保美国打赢未来战争;俄罗斯2017年提出军工拥抱"智能化",让导弹和无人机这样的"传统"兵器威力倍增。

人工智能的社会学将提上议程。为了确保人工智能的健康可持续发展,使其发展成果造福于民,需要从社会学的角度系统全面地研究人工智能对人类社会的影响,制定完善人工智能法律法规,规避可能的风险。2017年9月,联合国犯罪和司法研究所(UNICRI)决定在海牙成立第一个联合国人工智能和机器人中心,规范人工智能的发展。美国白宫多次组织人工智能领域法律法规问题的研讨会、咨询会。特斯拉等产业巨头牵头成立OpenAI等机构,旨在"以有利于整个人类的方式促进和发展友好的人工智能"。

7.5.3 态势与思考

当前，我国人工智能发展的总体态势良好。但是我们也要清醒看到，我国人工智能发展存在过热和泡沫化风险，特别在基础研究、技术体系、应用生态、创新人才、法律规范等方面仍然存在不少值得重视的问题。总体而言，我国人工智能发展现状可以用“高度重视，态势喜人，差距不小，前景看好”来概括，现具体描述如下。

1. 高度重视。党中央、国务院高度重视并大力支持发展人工智能。习近平总书记在党的十九大、2018年两院院士大会、全国网络安全和信息化工作会议、十九届中央政治局第九次集体学习等场合多次强调要加快推进新一代人工智能的发展。2017年7月，国务院发布《新一代人工智能发展规划》，将新一代人工智能放在国家战略层面进行部署，描绘了面向2030年的我国人工智能发展路线图，旨在构筑人工智能先发优势，把握新一轮科技革命战略主动。国家发改委、工信部、科技部、教育部等国家部委和北京、上海、广东、江苏、浙江等地方政府都推出了发展人工智能的鼓励政策。

2. 态势喜人。据清华大学发布的《中国人工智能发展报告2018》统计，我国已成为全球人工智能投融资规模最大的国家，我国人工智能企业在人脸识别、语音识别、安防监控、智能音箱、智能家居等人工智能应用领域处于国际前列。根据2017年爱思唯尔文献数据库统计结果，我国在人工智能领域发表的论文数量已居世界第一。近两年，中国科学院大学、清华大学、北京大学等高校纷纷成立人工智能学院，2015年开始的中国人工智能大会已连续成功召开四届并且规模不断扩大。总体来说，我国人工智能领域的创新创业、教育科研活动非常活跃。

3. 差距不小。目前我国在人工智能前沿理论创新方面总体上尚处于“跟跑”地位，大部分创新偏重于技术应用，在基础研究、原创成果、顶尖人才、技术生态、基础平台、标准规范等方面距离世界领先水平还存在明显差距。在全球人工智能人才700强中，中国虽然入选人数名列第二，但远远低于约占总量一半的美国。2018年市场研究顾问公司Compass Intelligence对全球100多家人工智能计算芯片企业进行了排名，我国没有一家企业进入前十。另外，我国人工智能开源社区和技术生态布局相对滞后，技术平台建设力度有待加强，国际影响力有待提高。我国参与制定人工智能国际标准的积极性和力度不够，国内标准制定和实施也较为滞后。我国对人工智能可能产生的社会影响还缺少深度分析，制定完善人工智能相关法律法规的进程需要加快。

4. 前景看好。我国发展人工智能具有市场规模、应用场景、数据资源、人力资源、智能手机普及、资金投入、国家政策支持等多方面的综合优势，人工智能发展前景看好。全球顶尖管理咨询公司埃森哲于2017年发布的《人工智能：助力中国经济增长》报告显示，到2035年人工智能有望推动中国劳动生产率提高27%。我国发布的《新一代人工智能发展规划》提出，到2030年人工智能核心产业规模超过1万亿元，带动相关产业规模超过10万亿元。在我国未来的发展征程中，“智能红利”将有望弥补人口红利的不足。

总之，当前是我国加强人工智能布局、收获人工智能红利、引领智能时代的重大历史机遇期，如何在人工智能蓬勃发展的浪潮中选择好中国路径、抢抓中国机遇、展现中国智慧等，需要深入思考。同时我们也应该树立理性务实的发展理念，任何事物的发展不可能一直处于高位，有高潮必有低谷，这是客观规律。实现机器在任意现实环境的自主智能和通用智能，仍然需要中长期理论和技术积累，并且人工智能对工业、交通、医疗等传统领域的渗透和融合是个长期过程，很难一蹴而就。因此，发展人工智能要充分考虑到人工智能技术的局限性，充分认识到人工智能重塑传统产业的长期性和艰巨性，理性分析人工智能发展需求，理性设定人工智能发展目标，理性选择人工智能发展路径，务实推进人工智能发展举措，只有这样才能确保人工智能健康可持续发展。

思考题

1. 人工智能的概念是什么？
2. 人工智能发展经历了哪些阶段？
3. 人工智能研究范畴有哪些？
4. 人工智能重点应用领域有哪些？
5. 人工智能往哪些方向发展？

第8章 信息安全

2018年国内外信息安全相关的几个大事件：

1. Memcache DDoS攻击

2018年3月1日，最大代码分发平台Github遭受了一系列大规模分布式拒绝服务(DDoS)攻击。在攻击的第一阶段，Github的网站遭受了惊人的每秒1.35太比特(Tbps)的高峰，而在第二阶段，Github的网络监控系统检测到了400 Gbps的峰值。攻击持续了8分钟以上，这是迄今为止见过的最大的DDoS攻击。之前法国电信OVH和Dyn DNS遭遇了1 Tbps流量的DDoS攻击。两起攻击都是黑客利用Mirai进行的，Mirai是一种感染物联网设备进行大规模DDoS攻击的病毒。

2. "驱动人生"供应链事件

2018年12月14日下午，一款通过"驱动人生"升级通道进行传播的木马突然爆发，在短短两个小时内就感染了十万台电脑。通过后续调查发现，这是一起精心策划的供应链入侵事件。

3. 数据泄漏事件

2018年6月12日，知道创宇暗网雷达监控到国内某视频网站数据库在暗网出售。2018年8月28日，暗网雷达再次监控到国内某酒店开房数据在暗网出售。2018年12月，一推特用户发文称国内超2亿用户的简历信息遭到泄漏。除此之外，Facebook向第三方机构泄漏个人信息数据也引起了极大的关注。

4. "应用克隆"攻击

2018年1月9日，腾讯安全玄武实验室和知道创宇404实验室联合披露攻击威胁模型"应用克隆"。值得一提的是，几乎所有的移动应用都适用该攻击威胁模型。在该攻击威胁模型下，攻击者可以"克隆"用户帐户，实现窃取隐私信息、盗取帐号和资金等操作。

5. 虚拟货币交易所被攻击等事件

2018年上半年是区块链行业飞速发展的时期。区块链行业发展速度与安全建设速度的不对等造成安全事件频发。除区块链本身的问题外，虚拟货币交易所等也是黑客攻击的主要目标之一。入侵交易所、通过交易所漏洞间接影响币价等攻击方式都是黑客常用的攻击手法。在这些攻击背后，往往都会造成巨大的损失。

以上仅仅是若干个国内外信息安全事件之中的冰山一角，信息安全问题已经渗透进了我们日常生活，为保障我们信息的安全性，治理信息安全问题已经刻不容缓。

8.1 信息安全概述

信息作为一种资源,它的普遍性、共享性、增值性、可处理性和多效用性,对于人类具有特别重要的意义。信息安全学科可分为狭义安全与广义安全两个层次,狭义的安全是建立在以密码论为基础的计算机安全领域,早期中国信息安全专业通常以此为基准,辅以计算机技术、通信网络技术与编程等方面的内容;广义的信息安全,是一门以人为主,涉及技术、管理和法律的综合学科,同时还与个人道德、意识等方面紧密相关。从传统的计算机安全到信息安全,不但是名称的变更,也是对安全发展的延伸,安全不再是单纯的技术问题,而是将管理、技术、法律等问题相结合的产物。

8.1.1 信息安全概念

从信息角度看信息安全是指信息网络的硬件、软件及其系统中的数据受到保护,不受偶然的或者恶意的原因而遭到破坏、更改、泄露,系统连续、可靠、正常地运行,信息服务不中断。它是一门涉及计算机科学、网络技术、通信技术、密码技术、信息安全技术、信息论等多种学科的综合性学科。

国际标准化组织已明确将信息安全定义为"信息的完整性、可用性、保密性和可靠性。"

完整性:保护数据免受未授权的修改,包括数据的未授权创建和删除。

可用性:指保证信息确实能为授权使用者所用,即保证合法用户在需要时可以使用所需信息。

保密性:网络信息不被泄露给非授权的用户、实体或过程。即信息只为授权用户使用。

信息安全从技术上具体反映在物理安全、运行安全、数据安全、内容安全四个层面上。其目标是力保信息与信息系统在传输、存储、处理、显示等各个环节中其机密性、完整性、可用性、抗抵赖性及可控性不受破坏。信息安全技术框架如图 8-1 所示。

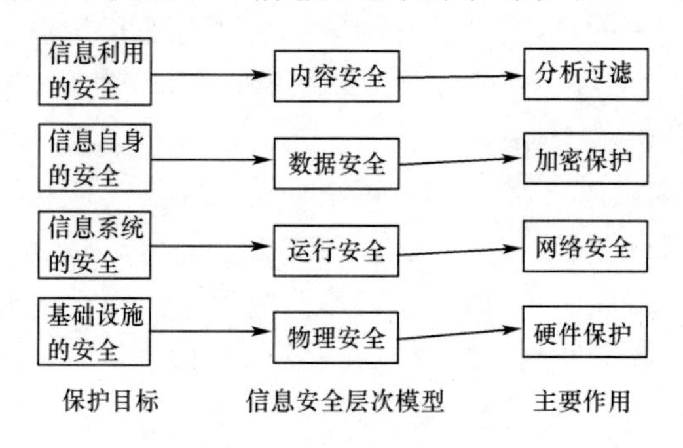

图 8-1 信息安全技术框架

8.1.2 信息安全可能面临的威胁和风险

信息安全所面临的威胁来自很多方面，这些威胁大致可分为自然威胁和人为威胁。自然威胁指那些来自自然灾害、恶劣的场地环境、电磁辐射和电磁干扰、网络设备自然老化等的威胁。自然威胁往往带有不可抗拒性。人为威胁相对来说比较多一些，以下给出了几种较为常见的威胁。

1. 物理威胁

(1)偷窃

偷窃包括偷窃设备、偷窃信息和偷窃服务等内容。

(2)废物搜寻

废物搜寻是指在废物(如一些打印出来的材料或者废弃的硬盘)中搜寻需要的信息。在计算机上，废物搜寻可能包括从未删除有用东西的硬盘上获得有用的资料。

(3)间谍行为

间谍行为是一种为了省钱或获得有价值的机密采用一些不道德的行为的商业过程。

2. 人为攻击

人为攻击是指通过攻击系统的弱点，以达到破坏、欺骗、窃取数据等目的，使得网络信息的保密性、完整性、可靠性、可控性、可用性等受到伤害，造成经济上和政治上不可估量的损失。

人为攻击又分为偶然事故和恶意攻击两种。偶然事故虽然没有明显的恶意企图和目的，但它仍会使信息受到严重破坏。恶意攻击是有目的的破坏。恶意攻击又分为被动攻击和主动攻击两种。

3. 安全缺陷

如果网络信息系统本身没有任何安全缺陷，那么人为攻击者即使本事再大也不会对网络信息安全构成威胁。但遗憾的是，现在所有的网络信息系统都不可避免地存在着一些安全缺陷。有些安全缺陷可以通过努力加以避免或者改进，但有些安全缺陷是必须付出的代价。

4. 操作系统和应用软件的安全漏洞

由于软件程序的复杂性和编程的多样性，在网络信息系统的软件中很容易有意或无意地留下一些不易被发现的安全漏洞。软件漏洞同样会影响网络信息的安全。

5. 结构隐患

结构隐患一般指网络拓扑结构的隐患和网络硬件的安全缺陷。网络拓扑结构本身有可能给网络的安全带来问题。作为网络信息系统的躯体，网络硬件的安全隐患也是网络结构隐患的重要方面。

6. 网络通信协议的不安全

在网络中，为了使用方便，有些协议是必须要开放的，在方便的同时，开放性的协议也使得网络通信协议的有了不安全的因素。

7. 计算机病毒的入侵

计算机病毒的入侵可以使计算机存储的信息遭到破坏，也可以导致网络的瘫痪，甚至是金融系统的坍塌，造成巨大的经济损失。

除以上的因素外，还有很多导致信息不安全的因素存在，比如黑客的攻击、防火墙自身带来的安全漏洞、非授权访问、信息法律法规不完善等。

8.1.3 网络道德

随着网络全面进入千家万户，形成了所谓“网络社会”或“虚拟世界”。在这个虚拟世界中，该如何“生活”，遵循什么样的道德规范？这些都是我们需要认真研究的课题。

1. 网络道德概念及涉及内容

计算机网络道德是用来约束网络从业人员的言行，指导他们思想的一整套道德规范。计算机网络道德可涉及计算机工作人员的思想意识、服务态度、业务钻研意识、安全意识、待遇得失及其公共道德等方面。

2. 网络的发展对道德的影响

(1)淡化了人们的道德意识。

(2)冲击了现实的道德规范。

(3)导致道德行为的失范。

3. 网络信息安全对网络道德提出新的要求

(1)要求人们的道德意识更加强烈，道德行为更加自主自觉。

(2)要求网络道德既要立足于本国，又要面向世界。

(3)要求网络道德既要着力于当前，又要面向未来。

4. 加强网络道德建设对维护网络信息安全有着积极的作用

(1)网络道德可以规范人们的信息行为。

(2)加强网络道德建设，有利于加快信息安全立法的进程。

(3)加强网络道德建设，有利于发挥信息安全技术的作用。

8.1.4 信息安全意识

在以互联网为代表的信息网络技术迅猛发展的同时，由计算机犯罪造成的损害飞速增长，因此，加强信息安全管理，提高全民安全意识刻不容缓。

1. 建立对信息安全的正确认识

随着信息产业越来越大，网络基础设施越来越深入社会的各个方面、各个领域，信息技术应用成为我们工作、生活、学习、国家治理和其他方面必不可少的关键组件，信息安全的地位日益突出。它不仅是企业、政府的业务持续、稳定运行的保证，也可成为关系到个人安全的保证，甚至成为关系到我们国家安全的保证。所以，信息安全是我国信息化战略

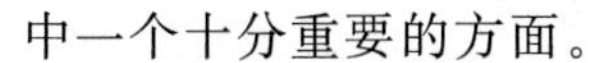

中一个十分重要的方面。

2. 掌握信息安全的基本要素和惯例

信息安全包括四大要素：技术、制度、流程和人。合适的标准、完善的程序和优秀的执行团队，是一个企业单位信息化安全的重要保障。技术只是基础保障，技术不等于全部，很多问题不是装一个防火墙或者杀毒软件就能解决的。制定完善的安全制度很重要，而如何执行这个制度更为重要。如下信息安全公式能清楚地描述出其关系：

信息安全＝先进技术＋防患意识＋完美流程＋严格制度＋优秀执行团队＋法律保障

3. 养成良好的安全习惯

现在，所有的信息系统都不可避免地存在这样或那样的安全缺陷，其中，有很大一部分是人们的不良习惯造成的。良好的安全习惯和安全意识有利于避免和减少不必要的损失。

(1)良好的密码设置习惯。

(2)网络和个人计算机安全。

(3)电子邮件安全。

(4)打印机和其他媒介安全。

(5)物理安全。

8.2 计算机病毒

计算机病毒(Virus)是一组人为设计的程序，这些程序侵入计算机系统，通过自我复制来传播，满足一定条件即被激活，从而给计算机系统造成一定损害甚至严重破坏。这种程序的活动方式与生物学上的病毒相似，所以被称为计算机病毒。现在的计算机病毒已经不单单是计算机学术问题，而成为一个严重的社会问题。

8.2.1 病毒的定义与特点

1. 计算机病毒的定义

计算机病毒是一个程序，一段可执行码。就像生物病毒一样，具有自我繁殖、互相传染以及激活再生等生物病毒特征。计算机病毒有独特的复制能力，它们能够快速蔓延，又常常难以根除。它们能把自身附着在各种类型的文件上，当文件被复制或从一个用户传送到另一个用户时，它们就随同文件一起蔓延开来。1994 年出台的《中华人民共和国计算机安全保护条例》对病毒的定义是：计算机病毒，是指编制或者在计算机程序中插入的破坏计算机功能或者毁坏数据，影响计算机使用，并能自我复制的一组计算机指令或者程序代码。

2. 计算机病毒的特点

计算机病毒的特点表现为可执行性、破坏性、繁殖性、传染性、潜伏性、隐蔽性、可触发性、针对性、衍生性和抗反病毒软件性等。

- 可执行性

计算机病毒计算机病毒隐藏在合法的程序或数据中，当用户运行正常程序时，病毒伺机窃取到系统的控制权，得以抢先运行，然而此时用户还认为在执行正常程序。

- 破坏性

计算机中毒后，可能会导致正常的程序无法运行，把计算机内的文件删除或使文件受到不同程度的损坏。破坏引导扇区及 BIOS 等硬件环境。

- 繁殖性

计算机病毒可以像生物病毒一样进行繁殖，当正常程序运行时，它也进行运行并自身复制，是否具有繁殖、感染的特征是判断某段程序是否为计算机病毒的首要条件。

- 传染性

计算机病毒传染性是指计算机病毒通过修改别的程序将自身的复制品或其变体传染到其他无毒的对象上，这些对象可以是一个程序，也可以是系统中的某一个部件。

- 潜伏性

计算机病毒潜伏性是指计算机病毒可以依附于其他媒体寄生的能力，侵入后的病毒潜伏到条件成熟才“发作”，会使电脑变慢。

- 隐蔽性

计算机病毒具有很强的隐蔽性，可以通过病毒软件检查出来少数，隐蔽性计算机病毒时隐时现、变化无常，这类病毒处理起来非常困难。

- 可触发性

编制计算机病毒的人，一般都为病毒程序设定了一些触发条件，例如，系统时钟的某个时间或日期、系统运行了某些程序等。一旦条件满足，计算机病毒就会“发作”，使系统遭到破坏。

8.2.2 病毒的传播途径

1. 通过计算机网络进行传播

现代网络技术的巨大发展已使空间距离不再遥远，“相隔天涯，如在咫尺”，但也为计算机病毒的传播提供了新的“高速公路”。传统的计算机病毒可以随着正常文件通过网络进入一个又一个系统，而新型的病毒不需要通过宿主程序便可以独立存在而传播千里。毫无疑问，网络是目前病毒传播的首要途径，从网上下载文件、浏览网页、查看电子邮件等，都有可能会中毒。

2. 通过不可移动的计算机硬件设备进行传播

这些设备通常有计算机的专用 ASIC 芯片和硬盘等。这种病毒虽然极少，但破坏力极强，目前没有较好的监测手段。

3. 通过移动存储设备进行传播

这些设备包括 U 盘、移动硬盘等。光盘使用不当，也会成为计算机病毒传播和寄生

的“温床”。

4. 通过点对点通信系统和无线通道传播

比如,QQ 连发器病毒能通过 QQ 这种点对点的聊天程序进行传播。

8.2.3 病毒的分类

计算机病毒种类繁多而且复杂,按照不同的方式以及计算机病毒的特点及特性,可以有多种分类方法。同时,根据不同的分类方法,同一种计算机病毒也可以属于不同的计算机病毒种类。

计算机病毒可以根据下面的属性进行分类:

- 根据病毒存在的媒体划分

网络病毒——通过计算机网络传播感染网络中的可执行文件。

文件病毒——感染计算机中的文件(如 COM、EXE、DOC 等)。

引导型病毒——感染启动扇区(Boot)和硬盘的系统引导扇区(MBR)。

还有这三种情况的混合型,例如:多型病毒(文件和引导型)感染文件和引导扇区两种目标,这样的病毒通常都具有复杂的算法,它们使用非常规的办法侵入系统,同时使用了加密和变形算法。

- 根据病毒传染渠道划分

驻留型病毒——这种病毒感染计算机后,把自身的内存驻留部分放在内存(RAM)中,这一部分程序挂接系统调用并合并到操作系统中去,它一直处于激活状态直到关机或重新启动。

非驻留型病毒——这种病毒在得到机会激活前并不感染计算机内存,一些病毒在内存中留有小部分,但是并不通过这一部分进行传染。

- 根据破坏能力划分

无害型——除了传染时减少磁盘的可用空间外,对系统没有其他影响。

无危险型——这类病毒仅仅是减少内存、显示图像、发出声音及同类影响。

危险型——这类病毒在计算机系统操作中造成严重的错误。

非常危险型——这类病毒删除程序、破坏数据、清除系统内存区和操作系统中重要的信息。

- 根据算法划分

伴随型病毒——这类病毒并不改变文件本身,它们根据算法产生 EXE 文件的伴随体,具有同样的名字和不同的扩展名(COM),例如:XCOPY. EXE 的伴随体是 XCOPY-COM。病毒把自身写入 COM 文件并不改变 EXE 文件,当 DOS 加载文件时,伴随体优先被执行,再由伴随体加载执行原来的 EXE 文件。

“蠕虫”型病毒——通过计算机网络传播,不改变文件和资料信息,利用网络从一台机器的内存传播到其他机器的内存,计算机将自身的病毒通过网络发送。有时它们在系统存在,一般除了内存不占用其他资源。

寄生型病毒——除了伴随和“蠕虫”型,其他病毒均可称为寄生型病毒,它们依附在系统的引导扇区或文件中,通过系统的功能进行传播,按其算法不同还可细分为以下几类。

练习型病毒,病毒自身包含错误,不能进行很好的传播,例如一些处在调试阶段的病毒。

诡秘型病毒,它们一般不直接修改 DOS 中断和扇区数据,而是通过设备技术和文件缓冲区等对 DOS 内部进行修改,不易看到资源,使用比较高级的技术。利用 DOS 空闲的数据区进行工作。

变形病毒(又称幽灵病毒),这一类病毒使用一个复杂的算法,使自己每传播一份都具有不同的内容和长度。它们一般的做法是由一段混有无关指令的解码算法和被变化过的病毒体组成。

8.2.4 常见的计算机病毒

1. 蠕虫病毒

蠕虫病毒(Worm)是一类常见的计算机病毒,是第一种在网络上传播的病毒。通过网络或者系统漏洞进行传播,很大部分的蠕虫病毒都有向外发送带毒邮件、阻塞网络的特性。如“冲击波”(阻塞网络)、“小邮差”(发带毒邮件)等。

蠕虫病毒的一般防治方法是:使用具有实时监控功能的杀毒软件,并及时更新病毒库,同时注意不要轻易打开不熟悉的邮件附件。

2. 木马病毒和黑客病毒

木马病毒因古希腊特洛伊战争中著名的“木马计”而得名,其前缀是 Trojan,黑客病毒的前缀一般为 Hack。木马病毒的公有特性是通过网络或者系统漏洞进入用户的系统并隐藏,然后向外界泄露用户的信息,而黑客病毒则有一个可视的界面,能对用户的电脑进行远程控制。木马、黑客病毒往往是成对出现的,即木马病毒负责侵入用户的电脑,而黑客病毒则会通过该木马病毒来进行控制。现在这两种类型都越来越趋向于整合了。

木马病毒的传播方式主要有两种:一种是通过 E-mail,控制端将木马程序以附件的形式夹在邮件中发送出去,收信人只要打开附件系统就会被感染木马;另一种是软件下载,一些非正规的网站以提供软件下载为名,将木马捆绑在软件安装程序上,下载后,只要一运行这些程序,木马就会自动安装。

对于木马病毒,防范措施主要有:提高警惕,不下载和运行来历不明的程序;对于不明来历的邮件附件也不要随意打开。

3. 脚本病毒

脚本病毒的前缀是 Script。脚本病毒的公有特性是使用脚本语言编写,通过网页进行传播的病毒,如“红色代码”(Script. Redlof)。脚本病毒还有前缀 VBS、JS(表明是何种脚本编写的),如“欢乐时光”(VBS. Happytime)、“十四日”(Js. Fortnight. c. s)等。

4. 宏病毒

所谓宏,就是一些命令组织在一起,作为一个单独命令完成一个特定任务(如 Word

中的宏命令)。宏病毒是一种寄存在文档或模板的宏中的计算机病毒。一旦打开这样的文档,其中的宏就会被执行,于是宏病毒就会被激活,转移到计算机上,并驻留在 Normal 模板上。从此以后,所有自动保存的文档都会“感染”上这种宏病毒,而且如果其他用户打开了感染病毒的文档,宏病毒又会转移到他的计算机上。

如果用户不希望在文档中包含宏,或者不了解文档的确切来源,例如,文档是作为电子邮件的附件收到的,或是来自网络或不安全的 Internet 节点。在这种情况下,为了防止可能发生的病毒传染,打开文档过程中出现宏警告提示时最好选择“取消宏”。

5.“熊猫烧香”病毒

“熊猫烧香”其实是一种蠕虫病毒的变种,是蠕虫和木马的结合体,而且是经过多次变种而来的。由于中毒电脑的可执行文件会出现“熊猫烧香”图标,所以被称为“熊猫烧香”病毒。“熊猫烧香”是能够自动传播、自动感染硬盘,具有强大破坏能力的病毒,它不但能感染系统中 exe、com、pif、src、html、asp 等文件,它还能中止大量的反病毒软件进程。用户电脑中毒后可能会出现蓝屏、频繁重启以及系统硬盘中数据文件被破坏、浏览器会莫名其妙地开启或关闭等现象。同时,该病毒的某些变种可以通过局域网进行传播,进而感染局域网内所有计算机系统,最终导致局域网瘫痪,无法正常使用。

对于“熊猫烧香”病毒的防范措施有:加强基本的网络安全防范知识,培养良好的上网习惯;及时更新系统补丁;为系统管理帐户设置复杂无规律的密码;关掉一些不需要却存在安全隐患(如 139、445 等)的端口;关闭非系统必需的“自动播放”功能等。

6. 比特币病毒

比特币病毒(比特币木马)“比特币敲诈者”2014 年在国外流行,2015 年初在国内陆续被发现。这类木马会加密受感染电脑中的 docx、pdf、xlsx、jpg 等 114 种格式文件,使其无法正常打开,并弹窗"敲诈"受害者,要求受害者支付 3 比特币作为"赎金",按照从网上查询到的最近比特币的比价,3 比特币差不多人民币要五六千元。这种木马一般通过全英文邮件传播,木马程序的名字通常为英文,意为"订单""产品详情"等,并使用传真或表格图标,极具迷惑性,收件人容易误认为是工作文件而点击运行木马程序。

2017 年 5 月,计算机网络病毒攻击已经扩散到 74 个国家,包括美国、英国、中国、俄罗斯、西班牙、意大利等。

对此类病毒我们的应对方法主要有以下几点:

(1)数据备份和恢复措施是发生被勒索事件挽回损失的重要工作。建议各位老师及时对重要文件数据做好异地备份或云备份,以防感染病毒造成损失。

(2)确保所使用电脑防火墙处于打开状态。

(3)不要轻易打开不明邮件或链接。

7. WannaCry

WannaCry(又叫 Wanna Decryptor),一种“蠕虫式”的勒索病毒软件,大小 3.3 MB,由不法分子利用 NSA(National Security Agency,美国国家安全局)泄露的危险漏洞“EternalBlue”(永恒之蓝)进行传播。

该恶意软件会扫描电脑上的 TCP 445 端口(Server Message Block/SMB),以类似于蠕虫病毒的方式传播,攻击主机并加密主机上存储的文件,然后要求以比特币的形式支付赎金。勒索金额为 300 至 600 美元。

2017 年 5 月 14 日，WannaCry 勒索病毒出现了变种：WannaCry 2.0，取消 Kill Switch 传播速度或更快。截止 2017 年 5 月 15 日，WannaCry 造成至少有 150 个国家受到网络攻击，已经影响到金融，能源，医疗等行业，造成严重的危机管理问题。中国部分 Windows 操作系统用户遭受感染，校园网用户首当其冲，受害严重，大量实验室数据和毕业设计被锁定加密。

图 8-2　Wanna Decryptor2.0

8.2.5　病毒的预防

预防计算机病毒，应该从管理和技术两方面进行：

1. 从管理上预防病毒

计算机病毒的传染是通过一定途径来实现的，为此，必须重视制定措施、法规，加强职业道德教育，不得传播，更不能制造病毒。另外，还应采取一些有效方法来预防和抑制病毒的传染。

(1)谨慎地使用公用软件或硬件。

(2)任何新使用的软件或硬件(如磁盘)必须先检查。

(3)定期检测计算机上的磁盘和文件并及时清除病毒。

(4)对系统中的数据和文件要定期进行备份。

(5)对所有系统盘和文件等关键数据要进行写保护。

针对网络上的病毒可采取以下措施：

(1)正确使用电脑及网络资源

首先要掌握一定计算机网络知识，并了解实时的病毒信息，定时检测电脑硬盘，正确使用互联网中的软件，掌握正确的搜索引擎使用方法，就能减少感染病毒的概率。在使用互联网时，经常会收到很多具有诱惑信息的网络链接，如中奖信息、另心激动的那种视频、免费最新电影等等，很多不知真相的用户点击后便会感染了病毒。

(2)安装合适的杀毒软件及防火墙

杀毒软件可以在系统中了病毒后查杀病毒。防火墙会对可疑的活动(包括病毒的运行)向用户发出警告并提示相应的防范措施。它可以阻止病毒将潜在的有害程序复制到电脑上。但是杀毒软件只能清除已知病毒特征，所以要及时把杀毒软件及防火墙更新，用最新的杀毒软件进行系统漏洞扫描，然后升级系统补丁，减小被病毒侵害的可能。

(3)用户用网络休闲娱乐的方式以听音乐、看电影、玩游戏最常见，因此这也成为最容易使计算机感染病毒的方式。许多音乐、电影、游戏网站都被黑客挂上了病毒，一旦用户打开了这些网站就会感染病毒。所以要想获取所需资源的用户尽量到知名的大网站，或是使用客户端的方式进行获取这些资源。

通过以上措施，不能完全避免中病毒，只能减小受病毒感染的概率，要使互联网成为一个安全的网络，要靠自己文明上网和小心防范。所以我们能做的事就是增强安全防范的意识，加强安全教育和培训，采取安全防范技术措施提高网络安全水平和防范能力。

2. 从技术上预防病毒

从技术上对病毒的预防有硬件保护和软件预防两种方法。

任何计算机病毒对系统的入侵都是利用 RAM 提供的自由空间及操作系统所提供的相应的中断功能来达到传染的目的，因此，可以通过增加硬件设备来保护系统，此硬件设备既能监视 RAM 中的常驻程序，又能阻止对外存储器的异常写操作，从而达到预防计算机病毒的目的。

软件预防方法是使用计算机病毒疫苗。计算机病毒疫苗是一种可执行程序，它能够监视系统的运行，当发现某些病毒入侵时可防止病毒入侵，当发现非法操作时及时警告用户或直接拒绝这种操作，使病毒无法传播。

8.2.6　病毒的清除

如果发现计算机感染了病毒，应立即清除。通常用人工处理或反病毒软件方式进行清除。

人工处理的方法有：用正常的文件覆盖被病毒感染的文件；删除被病毒感染的文件；重新格式化磁盘等。这种方法有一定的危险性，容易造成对文件的破坏。

用反病毒软件对病毒进行清除是一种较好的方法。常用的反病毒软件有 360 杀毒、瑞星、卡巴斯基、NOD32、NORTON、BitDefender 等。特别需要注意的是，要及时对反病毒软件进行升级更新，才能保持软件的良好杀毒性能。

局域网作为连接到 Internet 上的基本网络，有时候也会中病毒，现在局域网中感染 ARP 病毒的情况比较多，清理和防范都比较困难，给不少的网络管理员造成了很多的困扰。针对局域网病毒可以有以下预防措施：

(1)及时升级客户端的操作系统和应用程式补丁。

(2)安装和更新杀毒软件。

(3)如果网络规模较少,尽量使用手动指定 IP 设置,而不是使用 DHCP 来分配 IP 地址。

(4)文件服务器断开网络后定时查杀。

(5)对压缩文件进行强制查杀。

若确定局域网已经感染了 arp 病毒,可采用以下方法进行查杀和清除:

首先保证网络正常运行,编辑一个注册表问题,键值如下:

```
WindowsRegistryEditorVersion5.00
[HKEY_LOCAL_MACHINE/SOFTWARE/Microsoft/Windows/CurrentVersion/Run]"MAC"="arps 网关 IP 地址网关 MAC 地址"
```

然后保存成 Reg 文件以后在每个客户端上点击导入注册表。其次使用 MAC 地址扫描工具或者使用抓包工具,分析所得到的 ARP 数据报,找到感染 ARP 病毒的机器,使用杀毒软件进行病毒的查杀。

8.3 黑客

8.3.1 黑客的定义

1. 黑客的起源和定义

“黑客”一词是英文 Hacker 的音译。这个词早在莎士比亚时代就已存在了,但是人们第一次真正理解它时,却是在计算机问世之后。根据《牛津英语词典》解释,“hack”一词最早的意思是劈砍,黑客原意是指用斧头砍柴的工人,而这个词意很容易使人联想到计算机遭到别人的非法入侵。因此《牛津英语词典》解释“Hacker”一词涉及计算机的义项是:“利用自己在计算机方面的技术,设法在未经授权的情况下访问计算机文件或网络的人。”

最早的计算机于 1946 年在宾夕法尼亚大学诞生,而最早的“黑客”出现于美国麻省理工学院,贝尔实验室也有。最初的“黑客”一般都是一些高级的技术人员,他们热衷于挑战、崇尚自由并主张信息的共享。

1994 年以来,因特网在中国乃至世界的迅猛发展,为人们提供了方便、自由和无限的财富。政治、军事、经济、科技、教育、文化等各个方面都越来越网络化,并且逐渐成为人们生活、娱乐的一部分。可以说,信息时代已经到来,信息已成为物质和能量以外维持人类社会的第三资源,它是未来生活中的重要介质。而随着计算机的普及和因特网技术的迅速发展,“黑客”也随之出现了。

“黑客”基本含义曾指热心于计算机技术、水平高超的电脑专家,尤其是程序设计人员,随着“灰鸽子”的出现,成了很多假借“黑客”名义控制他人电脑的黑客技术,于是出现了“骇客”与“黑客”分家。

一般我们认为，“黑客”是指一个拥有熟练电脑技术的人，但大部分的媒体习惯将“黑客”指作电脑侵入者，由于翻译问题，黑客（或骇客）与英文原文 Hacker(Cracker)含义不能够达到完全对译，这是中英文语言词汇各自发展中形成的差异。Hacker 一词，最初曾指具有高超的计算机技术的人员，后逐渐区分为白帽、灰帽、黑帽等，其中黑帽（Black Hat)实际就是 Cracker。在媒体报道中，“黑客”一词常指那些软件骇客（Software Cracker)，而与“黑客”（黑帽子）相对的则是白帽子。“白帽黑客”是有能力破坏电脑安全但不具恶意目的的“黑客”。白帽子一般定义有清楚的道德规范并常常试图同企业合作去改善被发现的安全弱点。“灰帽黑客”是对于伦理和法律暧昧不清的黑客。

从不同的角度理解“黑客”，它也可以指：

● 在信息安全里，“黑客”指研究智取计算机安全系统的人员。利用公共通信网路，如互联网和电话系统，在未经许可的情况下，载入对方系统的被称为“黑帽黑客”；调试和分析计算机安全系统的称为“白帽黑客”。“黑客”一词最早用来称呼研究盗用电话系统的人士。

● 在业余计算机方面，“黑客”指研究修改计算机产品的业余爱好者。20 世纪 70 年代，很多的这些群落聚焦在硬件研究方面，80 年代和 90 年代，很多的群落聚焦在软件更改（如编写游戏模组、攻克软件版权限制）方面。

● “黑客”是“一种热衷于研究系统和计算机（特别是网络）内部运作的人”。

2. 骇客、红客、蓝客、飞客

(1)骇客：是“Cracker”的音译，就是“破解者”的意思。从事恶意破解商业软件、恶意入侵别人的网站等事务。与“黑客”近义，也是闯入计算机系统/软件者。两者有些区分，如果说把“黑客”比作炸弹制造专家，那么“骇客”就是恐怖分子。但是在公众视线里“黑客”和“骇客”并没有一个十分明显的界限，随着两者含义越来越模糊，公众对待两者含义的区别已经显得不那么重要了。因此从某种意义上讲“黑客”一词一般有以下四种意义：

● 一个对（某领域内的）编程语言有足够了解，可以不经长时间思考就能创造出有用的软件的人。

● 一个恶意（一般是非法地）试图破解或破坏某个程序、系统及网络安全的人。这个意义常常对那些符合条件(1)的“黑客”造成严重困扰，他们建议媒体将这群人称为“骇客”。有时这群人也被叫作“黑帽黑客”。

● 一个试图破解某系统或网络以提醒该系统所有者的系统安全漏洞。这群人往往被称作“白帽黑客”或“匿名客”(Sneaker)或“红客”。这样的人很多是电脑安全公司的雇员，并在完全合法的情况下攻击某系统。

● 一个通过知识或猜测而对某段程序做出（往往是好的）修改，并改变（或增强）该程序用途的人。

“脚本小孩”则指那些完全没有或仅有一点点“骇客”技巧，只是按照指示或运行某种骇客程序来达到破解目的的人。

(2)红客：可以说是给中国“黑客”起的名字。英文“Honker”是“红客”的译音。“红客”是指维护国家利益，不利用网络技术入侵自己国家电脑，而是“维护正义，为自己国家争光的黑客”，“红客”通常会利用自己掌握的技术去维护国内网络的安全，并对外来的进攻进行还击。

“红客”起源于1999年的“五八事件”，在美国炸中国驻贝尔格莱德大使馆后，“红客”建立了一个联盟，名为红客大联盟。组织成员利用联合的黑客技能，为表达爱国主义和民族主义，向一些美国网站，特别是美国政府网站，发出了几批攻击。2001年5月，轰动全球的中美“黑客”大战，而当时中国一方的“主力军”就是名噪一时的“红客”。在中国，红色有着特定的价值含义，正义、道德、进步、强大等，那“红客”到底是什么？“红客”是一种精神，它是趋于技术能力之前的。它是一种热爱祖国、坚持正义、开拓进取的精神，所以只要具备这种精神并热爱着计算机技术的都可称为“红客”。

(3)蓝客：是指一些利用或发掘系统漏洞，D. o. S(Denial Of Service)系统，或者令个人操作系统(Windows)蓝屏。“蓝客”一词由中国蓝客联盟在2001年9月提出。当初的蓝客联盟(中国蓝客联盟)是一个非商业性的民间网络技术机构，联盟进行有组织、有计划的计算机与网络安全技术方面的研究、交流、整理与推广工作，提倡自由、开放、平等、互助的原则。同时还是一个民间的爱国团体，蓝盟的行动将时刻紧密结合时政，蓝盟的一切言论和行动都建立在爱国和维护中国尊严、主权与领土完整的基础上。

(4)飞客：经常利用程控交换机的漏洞，进入并研究电信网络。虽然他们不出名，但对电信系统做出了很大的贡献。

8.3.2 常见的黑客技术

使用简单的黑客攻击，“黑客”可以了解用户可能不想透露的未经授权的个人信息。了解这些常见的黑客技术，如网络钓鱼、DDoS、点击劫持等，可以为用户的信息安全提供便利。

Ethical黑客可以称为非法活动通过修改系统的功能，并利用其漏洞获得未经授权的信息。在这个大多数事情发生在网上的世界里，“黑客”为“黑客”提供了更广泛的机会，可以未经授权访问非机密信息，如信用卡详细信息、电子邮件帐户详细信息和其他个人信息。

1. 键盘记录

Keylogger是一个简单的软件，可将键盘的按键顺序和笔画记录到机器的日志文件中。这些日志文件甚至可能包含用户的个人电子邮件ID和密码，也称为键盘捕获，它可以是软件或硬件。基于软件的键盘记录器针对安装在计算机上的程序，硬件设备面向键盘、电磁辐射、智能手机传感器等。

Keylogger是网上银行网站为用户提供使用虚拟键盘选项的主要原因之一。因此，无论何时在公共环境中操作计算机，都要格外小心。

2. 拒绝服务(DDoS)

拒绝服务攻击是一种黑客攻击技术，通过充斥大量流量使服务器无法实时处理所有请求，最终使站点或服务器崩溃，来关闭站点或服务器。

对于DDoS攻击，黑客经常部署僵尸网络或僵尸计算机，这些计算机只能通过请求数据包充斥用户的系统。随着时间的推移，随着恶意软件和黑客类型不断发展，DDoS攻击的规模不断增加。

3. 暴力密码攻击

拥有安全密码是用户对在线隐私做的最重要的事情之一，但这却是大多数人忽视的事情。Splash Data 的 2017 年调查显示，最常见的密码仍然是“123456”和“密码”。“黑客”很清楚这一点，猜测密码是他们访问用户帐户和数据最简单的方法。

4. WiFi 欺骗(假 WAP)

即使只是为了好玩，“黑客”也可以使用软件伪造无线接入点。这个 WAP 连接到官方公共场所 WAP。一旦你连接了假的 WAP，“黑客”就可以访问你的数据，这是最容易实现的攻击之一，只需要一个简单的软件和无线网络。任何人都可以将他们的 WAP 命名为“Heathrow Airport WiFi”或“Starbucks WiFi”等合法名称，然后开始监视他人的数据。保护自己免受此类攻击的最佳方法之一是使用高质量的 VPN 服务。

5. 窃听(被动攻击)

与使用被动攻击的自然活动的其他攻击不同，“黑客”只是监视计算机系统和网络以获取一些不需要的信息。

窃听背后的动机不是要损害系统，而是要在不被识别的情况下获取一些信息。这些类型的黑客可以针对电子邮件、即时消息服务、电话、Web 浏览和其他通信方法。

6. 网络钓鱼

网络钓鱼是一种黑客攻击技术，“黑客”通过该技术复制访问最多的网站，并通过发送欺骗性链接来捕获受害者。结合社会工程，它成为最常用和最致命的攻击媒介之一。

一旦受害者试图登录或输入一些数据，“黑客”就会使用假网站上运行的木马获取目标受害者的私人信息。如通过 iCloud 和 Gmail 帐户进行的网络钓鱼是针对“Fappening”漏洞的“黑客”所采取的攻击途径，该漏洞涉及众多好莱坞名人。

7. 病毒、特洛伊木马等

病毒或特洛伊木马是恶意软件程序，它们被安装到受害者的系统中并不断将受害者数据发送给“黑客”。它们还可以锁定用户的文件，提供欺诈广告，转移流量，嗅探用户的数据或传播到连接用户网络的所有计算机上。

8. 后门程序

由于程序员设计一些功能复杂的程序时，一般采用模块化的程序设计思想，将整个项目分割为多个功能模块，分别进行设计、调试，这时的“后门”就是一个模块的秘密入口。在程序开发阶段，“后门”便于测试、更改和增强模块功能。正常情况下，完成设计之后需要去掉各个模块的后门，不过有时由于疏忽或者其他原因(如将其留在程序中，便于日后访问、测试或维护)没有去掉，一些别有用心的人会利用穷举搜索法发现并利用这些后门，然后进入系统并发动攻击。

9. Cookie 被盗

浏览器的 Cookie 保留我们的个人数据，例如我们访问的不同站点的浏览历史记录、用户名和密码。一旦“黑客”获得了对 cookie 的访问权限，他甚至可以在浏览器上验证自己。执行此攻击的一种流行方法是鼓励用户的 IP 数据包通过攻击者的计算机。

10. 信息炸弹

信息炸弹是指使用一些特殊工具软件，短时间内向目标服务器发送大量超出系统负荷的信息，造成目标服务器超负荷、网络堵塞、系统崩溃的攻击手段。比如向未打补丁的Windows 95 系统发送特定组合的 UDP 数据包，会导致目标系统“死机”或重启；向某型号的路由器发送特定数据包致使路由器“死机”；向某人的电子邮件发送大量的垃圾邮件将此邮箱“撑爆”等。目前常见的信息炸弹有邮件炸弹、逻辑炸弹等。

8.3.3　防范黑客的主要措施

1. 屏蔽可疑 IP 地址

这种方式见效最快，一旦网络管理员发现了可疑的 IP 地址申请，可以通过防火墙屏蔽相对应的 IP 地址，这样“黑客”就无法再连接到服务器上了。但是这种方法有很多缺点，例如很多“黑客”都使用动态 IP，也就是说他们的 IP 地址会变化，一个地址被屏蔽，只要更换为其他 IP 仍然可以进攻服务器，而且高级“黑客”有可能会伪造 IP 地址，屏蔽的也许是正常用户的地址。

2. 过滤信息包

通过编写防火墙规则，可以让系统知道什么样的信息包可以进入、什么样的应该放弃，如此一来，当“黑客”发送有攻击性信息包的时候，在经过防火墙时，信息就会被丢弃掉，从而防止了“黑客”的进攻。但是这种做法仍然有它不足的地方，例如“黑客”可以改变攻击性代码的形态，让防火墙分辨不出信息包的真假；或者“黑客”干脆无休止地、大量地发送信息包，直到服务器不堪重负而造成系统崩溃。

3. 修改系统协议

对于漏洞扫描，系统管理员可以修改服务器的相应协议，例如漏洞扫描是根据对文件的申请返回值对文件存在进行判断的，这个数值如果是 200 则表示文件存在于服务器上，如果是 404 则表明服务器没有找到相应的文件，但是管理员如果修改了返回数值，或者屏蔽 404 数值，那么漏洞扫描器就毫无用处了。

4. 经常升级系统版本

任何一个版本的系统发布之后，在短时间内都不会受到攻击，一旦其中的问题暴露出来，“黑客”就会蜂拥而至。因此管理员在维护系统的时候，可以经常浏览著名的安全站点，找到系统的新版本或者补丁程序进行安装，这样就可以保证系统中的漏洞在没有被“黑客”发现之前，就已经修补上了，从而保证了服务器的安全。

5. 及时备份重要数据

如果数据备份及时，即便系统遭到“黑客”进攻，也可以在短时间内修复，挽回不必要的经济损失。国外很多商务网站，都会在每天晚上对系统数据进行备份，在第二天清晨，无论系统是否受到攻击，都会重新恢复数据，保证每天系统中的数据库都不会出现损坏。数据的备份最好放在其他电脑或者驱动器上，这样“黑客”进入服务器之后，破坏的数据只是一部分，因为无法找到数据的备份，对于服务器的损失也不会太严重。

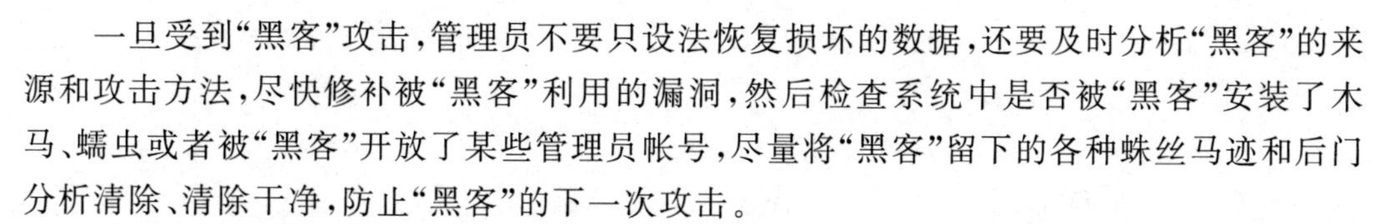

一旦受到"黑客"攻击，管理员不要只设法恢复损坏的数据，还要及时分析"黑客"的来源和攻击方法，尽快修补被"黑客"利用的漏洞，然后检查系统中是否被"黑客"安装了木马、蠕虫或者被"黑客"开放了某些管理员帐号，尽量将"黑客"留下的各种蛛丝马迹和后门分析清除、清除干净，防止"黑客"的下一次攻击。

6. 使用加密机制传输数据

对于个人信用卡、密码等重要数据，在客户端与服务器之间的传送，应该先经过加密处理再进行发送，这样做的目的是防止"黑客"监听、截获。对于现在网络上流行的各种加密机制，都已经出现了不同的破解方法，因此在加密的选择上应该寻找破解困难的，例如DES加密方法，这是一套没有逆向破解的加密算法，因此"黑客"得到这种加密处理后的文件时，只能采取暴力破解法。个人用户只要选择了一个优秀的密码，那么"黑客"的破解工作将会在无休止的尝试后终止。

8.4 常见信息安全技术

目前信息安全技术主要有：密码技术、防火墙技术、数字证书和数字签名技术、入侵检测技术、虚拟专用网(VPN)技术、反病毒技术以及其他安全与保密技术。

8.4.1 密码技术

1. 密码技术的概述

密码技术是网络信息安全与保密的核心和关键。密码技术在古代就已经得到应用，但仅限于外交和军事等重要领域。随着现代计算机技术的飞速发展，密码技术正在不断向更多其他领域渗透。它是集数学、计算机科学、电子与通信等诸多学科于一身的交叉学科。通过密码技术的变换或编码，可以将机密、敏感的消息变换成难以读懂的乱码型文字，以此达到两个目的：其一，使不知道如何解密的"黑客"不可能从其截获的乱码中得到任何有意义的信息；其二，使"黑客"不可能伪造或篡改任何乱码型的信息。

密码技术有四个特点。

机密性：外人不能读取自己发送给别人的信息，主要的手段就是加密和解密算法。

数据的完整性：信息数据在传输过程可能产生错误，也有可能被攻击者截获，并在到达目的地之前修改过。密码学领域有许多原始的方法，如散列函数，它提供了检测数据是否被攻击者有意或无意地修改过的方法。

鉴别：当需要确认接收到的信息是不是对方发送时，在密码学中实际上提出了两种类型的鉴别——实体鉴别和数据源发鉴别。在此前提下，也包括身份识别和口令确认。所说的实体识别常用来表示实体鉴别，它主要关注的是传输中所涉及的人员身份的鉴别，数据源发鉴别集中关注数据最初所涉及的信息，如数据的创造者和生成时间等。

反拒绝：反拒绝在电子商务应用中是特别重要的，因为消费者不能否认他对商品的实际消费行为。

2. 数据加密技术的相关术语

明文：没有进行加密，能够直接代表原文含义的信息。

密文：经过加密处理，隐藏原文含义的信息。

加密：将明文转换成密文的实施过程。

解密：将密文转换成明文的实施过程。

密钥：分为加密密钥和解密密钥。

密码算法：密码系统采用的加密方法和解密方法，随着基于数学密码技术的发展，加密方法一般称为加密算法，解密方法一般称为解密算法。

3. 对称加密与非对称加密

根据密钥类型不同将现代密码技术分为两类：一类是对称加密（秘密钥匙加密）系统，另一类是非对称加密（公开密钥加密）系统。

传统密码体制所用的加密密钥和解密密钥相同，或从一个可以推出另一个，被称为单钥密码机制或对称密码机制。密钥是控制加密及解密过程的指令。算法是一组规则，规定如何进行加密和解密，通信双方都必须获得这把钥匙，并保持钥匙的秘密。对称密码机制如图 8-3 所示。

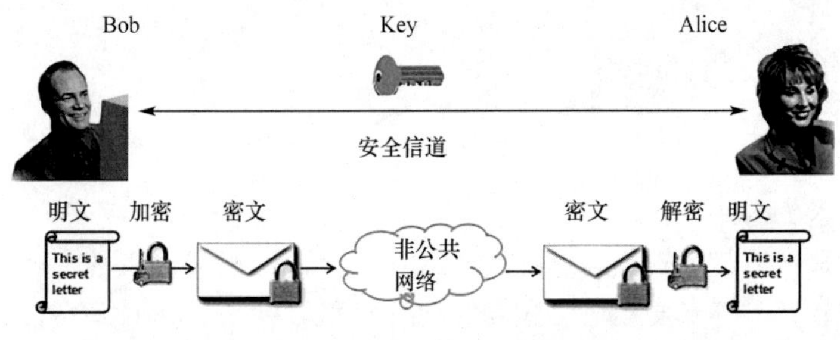

图 8-3　对称密码机制

对称加密算法的优点是加、解密速度快，缺点是在数据传送前，发送方和接收方必须商定好密钥，并且双方都能保存好密钥。其次如果一方的密钥泄露，那么加密信息也就不安全了。另外，每对用户每次使用对称加密算法时，都需要使用其他人不知道的独一密钥，这会使得收、发双方所拥有的钥匙数量巨大，密钥管理成为双方的负担。

若加密密钥和解密密钥不相同，从一个难以推出另一个，则称为双钥密码机制或非对称密码机制。每个通信方均需要两个密钥，即公钥和私钥，这两把密钥可以互为加、解密。公钥是公开的，不需要保密，而私钥是由个人自己持有，并且必须妥善保管和注意保密。公钥密码机制的核心思想是：加密和解密采用不同的密钥。这是非对称密码机制和传统的对称密码机制最大的区别。对于传统对称密码而言，密文的安全性完全依赖于密钥的保密性，一旦密钥泄漏，将毫无保密性可言。但是非对称密码体制彻底改变了这一状况。在非对称密码机制中，公钥是公开的，只有私钥是需要保密的。即使知道公钥和密码算法，也无法在计算上推测出私钥。所以，只要私钥是安全的，那么加密就是可信的。非对称密码机制如图 8-4 所示。

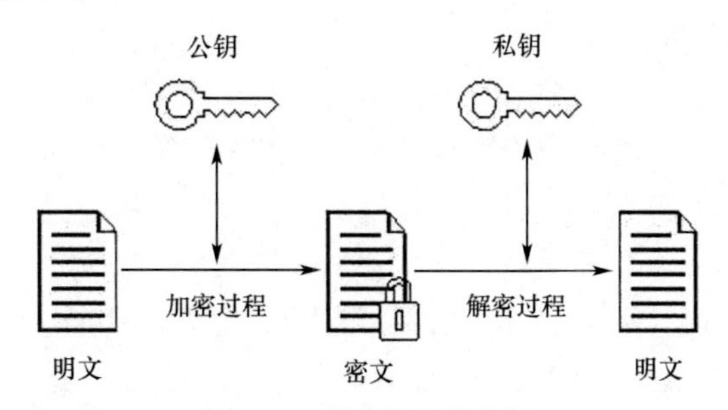

图 8-4 非对称密码机制

非对称密码机制的原则：

- 一个公钥对应一个私钥。
- 密钥对中，让大家都知道的是公钥，不告诉大家，只有自己知道的，是私钥。
- 如果用其中一个密钥加密数据，则只有对应的那个密钥才可以解密。
- 如果用其中一个密钥可以进行解密数据，则该数据必然是对应的那个密钥进行的加密。

非对称密钥密码的主要应用就是公钥加密和公钥认证，而公钥加密的过程和公钥认证的过程是不一样的，下面举例说明。非对称密码加密、解密如图 8-5 所示。

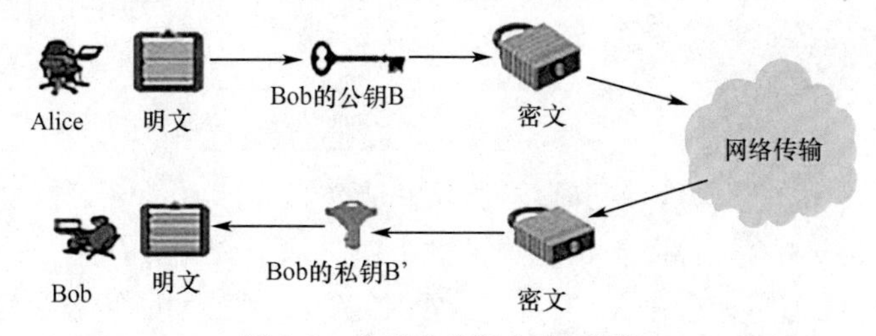

图 8-5 非对称密码加密、解密

例如，有两个用户 Alice 和 Bob，Alice 想把一段明文通过双钥加密的技术发送给 Bob，Bob 有一对公钥和私钥，那么加密、解密的过程如下：

Bob 将他的公开密钥传送给 Alice。

Alice 用 Bob 的公开密钥加密她的消息，然后传送给 Bob。

Bob 用他的私人密钥解密 Alice 的消息。

那么 Bob 怎么可以辨认 Alice 是本人还是冒充的呢？

Alice 用她的私人密钥对文件加密，从而对文件签名。

Alice 将签名的文件传送给 Bob。

Bob 用 Alice 的公钥解密文件，从而验证签名。

由于双钥密码体制仅需保密解密密钥，所以双钥密码不存在密钥管理问题。双钥密码还有一个优点是可以拥有数字签名等新功能，缺点是算法一般比较复杂，加、解密速度慢。

4. 著名密码算法简介

数据加密标准(DES)是迄今为止世界上最为广泛使用和流行的一种分组密码算法。它的产生被认为是 20 世纪 70 年代信息加密技术发展史上的两大里程碑之一。DES 是一种单钥密码算法，是一种典型的按分组方式工作的密码。其他的分组密码算法还有IDEA密码算法、LOKI算法等。

最著名的公钥密码体制是RSA算法。RSA是第一个既能用于数据加密也能用于数字签名的算法。RSA算法是一种用数论构造的，也是迄今为止理论上最为成熟完善的公钥密码体制，该体制已得到广泛的应用。

MD5的全称是Message-Digest Algorithm 5，在20世纪90年代初由MIT的计算机科学实验室和RSA Data Security Inc发明，经MD2、MD3和MD4发展而来。MD5将任意长度的"字节串"变换成一个128 bit的大整数，并且它是一个不可逆的字符串变换算法，换句话说，即使你看到源程序和算法描述，也无法将一个MD5的值变换回原始的字符串，MD5的典型应用是对一段字节串产生"指纹"，以防止被篡改。举个例子，你将一段话写在一个叫readme.txt的文件中，对这个文件产生一个MD5的值并记录在案，然后你可以传播这个文件给别人，别人如果修改了文件中的任何内容，你对这个文件重新计算MD5时就会发现文件被修改过。如果再有一个第三方的认证机构，用MD5还可以防止文件作者的"抵赖"，这就是所谓的数字签名应用。

MD5还广泛用于加密和解密技术上，在很多操作系统中，用户的密码是以MD5值(或类似的其他算法)的方式保存的。

8.4.2 防火墙技术

当构筑和使用木质结构房屋的时候，为防止火灾的发生和蔓延，人们将坚固的石块堆砌在房屋周围作为屏障，这种防护构筑物被称为防火墙。在当今的电子信息世界里，人们借助了这个概念，使用防火墙来保护计算机网络免受非授权人员的骚扰与黑客的入侵。

1. 防火墙的概念

防火墙是位于内部网和外部网之间的屏障，它按照系统管理员预先定义好的规则来控制数据包的进出。它实际上是一种隔离技术。防火墙示意图如图8-6所示。

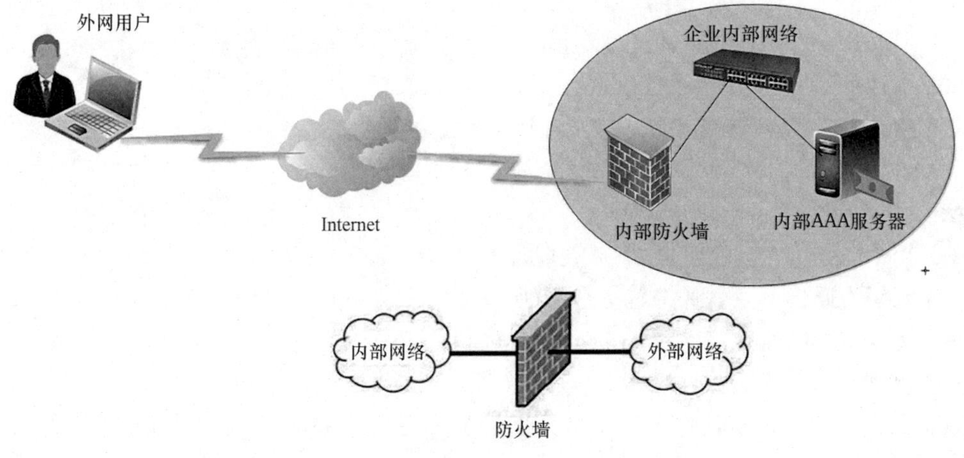

图8-6 防火墙示意图

防火墙是一个由软件和硬件设备组合而成、在内部网和外部网之间、专用网与公共网之间的边界上构造的保护屏障，是一种获取安全性方法的形象说法，它是一种计算机硬件和软件的结合，使 Internet 与 Intranet 之间建立起一个安全网关(Security Gateway)，从而保护内部网免受非法用户的侵入，防火墙主要由服务访问规则、验证工具、包过滤和应用网关四个部分组成，计算机流入流出的所有网络通信和数据包均要经过此防火墙。

防火墙的优点包括强化安全策略、有效地记录 Internet 上的活动、限制暴露用户点和是一个安全策略的检查站；但防火墙也有不足之处，包括不能防范恶意的知情者、不能防范不通过它的连接、不能防备全部的威胁、不能防范病毒。

2. 防火墙的种类

防火墙从诞生开始，已经历了四个发展阶段：基于路由器的防火墙、用户化的防火墙工具套、建立在通用操作系统上的防火墙、具有安全操作系统的防火墙。常见的防火墙属于具有安全操作系统的防火墙，例如 NetEye、NetScreen、Talent IT 等。

从实现原理上分，防火墙的技术包括四大类：网络级防火墙(也叫包过滤型防火墙)、应用级网关、电路级网关和规则检查防火墙。它们之间各有所长，具体使用哪一种或是否混合使用，要看具体需要，安全性能高的防火墙系统都是组合运用多种类型防火墙，构筑多道防火墙“防御工事”。

(1)网络级防火墙

网络级防火墙可视为一种 IP 封包过滤器，运作在底层的 TCP/IP 协议堆栈上。我们可以以枚举的方式，只允许符合特定规则的封包通过，其余的一概禁止穿越防火墙(病毒除外，防火墙不能防止病毒侵入)。这些规则通常可以经由管理员定义或修改，不过某些防火墙设备可能只能套用内置的规则。

我们也能以另一种较宽松的角度来制定防火墙规则，只要封包不符合任何一项“否定规则”就予以放行。操作系统及网络设备大多已内置防火墙功能。

较新的防火墙能利用封包的多样属性来进行过滤，例如：来源 IP 地址、来源端口号、目的 IP 地址或端口号、服务类型(如 HTTP 或是 FTP)。也能经由通信协议、TTL 值、来源的网域名称或网段等属性来进行过滤。

(2)应用级网关

应用级网关能够检查进出的数据包，通过网关复制传递数据，防止在受信任服务器和客户机与不受信任的主机间直接建立联系。应用层防火墙是在 TCP/IP 堆栈的“应用层”上运作，用户使用浏览器时所产生的数据流或是使用 FTP 时的数据流都是属于这一层。应用层防火墙可以拦截进出某应用程序的所有封包，并且封锁其他的封包(通常是直接将封包丢弃)。理论上，这一类的防火墙可以完全阻绝外部的数据流进到受保护的机器里。

防火墙借由监测所有的封包并找出不符合规则的内容，可以防范电脑蠕虫或是木马程序的快速蔓延。不过就实现而言，这个方法繁杂，所以大部分的防火墙都不会考虑用这种方法设计。

(3)电路级网关

电路级网关防火墙监视两主机建立连接时的握手信息，如 SYN、ACK 和序列号是否合乎逻辑，判定该会话请求是否合法。在有效会话建立后，电路级网关仅复制、传递数据，而不进行过滤。电路级网关仅用来中继 TCP 连接，为了增强安全性，电路级网关可以采取强认证措施。在整个过程中，IP 数据包不会实现端到端的流动，这是因为中继主机工作在 IP 层以上。

(4)规则检查防火墙

该防火墙结合了包过滤防火墙、电路级网关和应用级网关的特点。它同包过滤防火墙一样，规则检查防火墙能够在 OSI 网络层上通过 IP 地址和端口号，过滤进出的数据包。它也像电路级网关一样，能够检查 SYN 和 ACK 标记和序列数字是否逻辑有序。当然它也像应用级网关一样，可以在 OSI 应用层上检查数据包的内容，查看这些内容是否符合企业网络的安全规则。

3. 防火墙的功能

防火墙对流经它的网络通信进行扫描，这样能够过滤掉一些攻击，以免其在目标计算机上被执行。防火墙还可以关闭不使用的端口，而且它还能禁止特定端口的流出通信，封锁“特洛伊”木马。最后，它可以禁止来自特殊站点的访问，从而防止来自不明入侵者的所有通信。防火墙的具体功能如下：

(1)网络安全的屏障

一个防火墙能极大地提高一个内部网络的安全性，并通过过滤不安全的服务而降低风险。由于只有经过精心选择的应用协议才能通过防火墙，所以网络环境变得更安全。防火墙同时可以保护网络免受基于路由的攻击，如 IP 选项中的源路由攻击和 ICMP 重定向中的重定向路径。防火墙应该可以拒绝所有以上类型攻击的报文并通知防火墙管理员。

(2)防火墙技术强化网络安全策略

通过以防火墙为中心的安全方案配置，能将所有安全软件(如口令、加密、身份认证、审计等)配置在防火墙上。与将网络安全问题分散到各个主机上相比，防火墙的集中安全管理更经济。

(3)防火墙技术监控审计

如果所有的访问都经过防火墙，那么，防火墙就能记录下这些访问并做出日志记录，同时也能提供网络使用情况的统计数据。当发生可疑动作时，防火墙能进行适当的报警，并提供网络是否受到监测和攻击的详细信息。

(4)防火墙技术防止内部信息的外泄

通过利用防火墙对内部网络的划分，可实现内部网重点网段的隔离，从而限制了局部重点或敏感网络安全问题对全局网络造成的影响。使用防火墙可以隐蔽那些透漏内部细节，如 Finger、DNS 等服务。Finger 显示了主机的所有用户的注册名、真名，最后登录时间和使用 shell 类型等。但是 Finger 显示的信息非常容易被攻击者所获悉。攻击者可以知道一个系统使用的频繁程度，这个系统是否有用户正在连线上网，这个系统是否在被攻击时引起注意等。防火墙可以同样阻塞有关内部网络中的 DNS 信息，这样一台主机的域名和 IP 地址就不会被外界所了解。除了安全作用，防火墙还支持具有 Internet 服务性的企业内部网络技术体系 VPN(虚拟专用网)。

(5)防火墙技术日志记录与事件通知

进出网络的数据都必须经过防火墙，防火墙通过日志对其进行记录，能提供网络使用的详细统计信息。当发生可疑事件时，防火墙更能根据机制进行报警和通知，提供网络是否受到威胁的信息。

8.4.3 数字证书和数字签名技术

1. 数字证书

数字证书是能提供在 Internet 上进行身份验证的一种权威性电子文档，人们可以在互联网交往中用它来证明自己的身份和识别对方的身份。数字证书不是数字身份证，而是身份认证机构盖在数字身份证上的一个章或印(或者说加在数字身份证上的一个签名)。

最简单的证书包含一个公开密钥、名称以及证书授权中心的数字签名。数字证书里存有很多数字和英文，当使用数字证书进行身份认证时，它将随机生成 128 位的身份码，每份数字证书都能生成相应但每次都不可能相同的数码，从而保证数据传输的保密性，即相当于生成一个复杂的密码。数字证书还有一个重要的特征就是只在特定的时间段内有效。

以数字证书为核心的加密技术(加密传输、数字签名、数字信封等安全技术)可以对网络上传输的信息进行加密和解密、数字签名和签名验证，确保网上传递信息的机密性、完整性及交易的不可抵赖性。使用了数字证书，即使使用者发送的信息在网上被他人截获，甚至使用者丢失了个人的帐户、密码等信息，仍可以保证使用者的帐户、资金安全。

数字证书可用于：发送安全电子邮件、访问安全站点、网上证券交易、网上招标采购、网上办公、网上保险、网上税务、网上签约和网上银行等安全电子事务处理和安全电子交易活动。

数字证书是由权威机构——CA 机构，又称为证书授权(Certificate Authority)中心发行的，人们可以在网上用它来识别对方的身份。CA 中心为每个使用公开密钥的用户发放一个数字证书，数字证书的作用是证明证书中列出的用户合法拥有证书中列出的公开密钥。CA 机构的数字签名使得攻击者不能伪造和篡改证书。它负责产生、分配并管理所有参与网上交易的个体所需的数字证书，因此是安全电子交易的核心环节。

数字证书颁发过程一般为：用户首先产生自己的密钥对，并将公共密钥及部分个人身份信息传送给认证中心。认证中心在核实身份后，将执行一些必要的步骤，以确信请求确实由用户发送而来，然后，认证中心将发给用户一个数字证书，该证书内包含用户的个人信息和他的公钥信息，同时还附有认证中心的签名信息。用户就可以使用自己的数字证书进行相关的各种活动。数字证书由独立的证书发行机构发布。数字证书各不相同，每种证书可提供不同级别的可信度。可以从证书发行机构获得您自己的数字证书。

2. 数字签名

数字签名(又称公钥数字签名、电子签章)，简单地说，就是只有信息的发送者才能产生的、别人无法伪造的一段数字串，这段数字串是对信息的发送者所发送信息真实性的一个有效证明，因此，所谓数字签名，就是附加在数据单元上的一些数据，或者是对数据单元所做的密码变换，通过使用这些数据或变换，数据单元的接收者能够确认数据单元的来源、数据单元的完整性，并且(这些数据或变换)保护数据、防止被人(例如接收者)进行伪造。

数字签名是一种类似写在纸上的、普通的物理签名，只不过数字签名使用了公钥加密领域的技术实现，数字签名属于鉴别数字信息的方法。数字签名是非对称密钥加密技术与数字摘要技术的应用。数字签名的应用如图 8-7 所示。

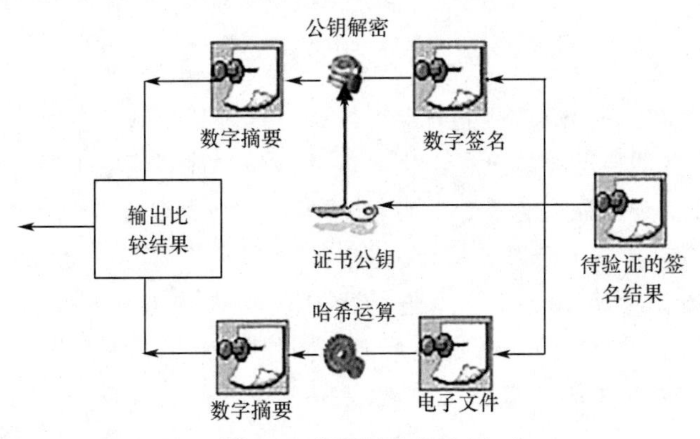

图 8-7　数字签名的应用

数字签名的目的是认证网络通信双方身份的真实性，防止相互欺骗或抵赖。

数字签名必须满足三个条件：

收方条件：接收者能够核实和确认发送者对消息的签名。

发方条件：发送者事后不能否认和抵赖对消息的签名。

公证条件：公证方能确认收方的信息，做出仲裁，但不能伪造这一过程。

目前，数字签名的实现已经有多种方法，基本可以分成两类：直接数字签名和有仲裁的数字签名。

8.4.4　入侵检测

1. 入侵检测的概念

入侵检测(Intrusion Detection)，顾名思义，就是对入侵行为的发觉。它通过对计算机网络或计算机系统中若干关键点收集信息并对其进行分析，从而发现网络或系统中是否有违反安全策略的行为和被攻击的迹象，对系统的运行状态进行监视，发现各种攻击企图、攻击行为或者攻击结果，以保证系统资源的机密性、完整性和可用性。进行入侵检测的软件与硬件的组合便是入侵检测系统。做一个形象的比喻：假如防火墙是一幢大楼的门锁，那么入侵检测系统(IDS)就是这幢大楼里的监视系统。一旦小偷爬窗进入大楼，或内部人员有越界行为，只有实时监视系统才能发现情况并发出警告。

入侵检测技术是一种主动保护自己免受攻击的网络安全技术。入侵检测是防火墙的合理补充，帮助系统对付网络攻击，扩展了系统管理员的安全管理能力(包括安全审计、监视、进攻识别和响应)，提高了信息安全基础结构的完整性。它从计算机网络系统中的若干关键点收集信息，并分析这些信息，看看网络中是否有违反安全策略的行为和遭到袭击的迹象。入侵检测被认为是防火墙之后的第二道安全闸门，在不影响网络性能的情况下能对网络进行监测，从而提供对内部攻击、外部攻击和误操作的实时保护。

2. 入侵检测系统模型及组成

将入侵检测的软件与硬件的组合称为入侵检测系统（Intrusion Detection System，IDS）。

入侵检测系统模型一般都是由三部分组成：信息收集模块、信息分析模块和告警与响应模块。模型构成如图 8-8 所示。

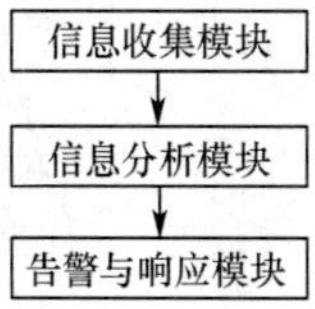

信息收集模块
信息分析模块
告警与响应模块

图 8-8　入侵检测系统模型

信息收集模块：对信息进行收集，内容包括系统、网络、数据以及用户活动的状态和行为。

信息分析模块：通过模式匹配、统计分析和完整性分析等手段对收集的信息进行分析。

告警与响应模块：完成系统安全状况分析并确定系统所出问题之后，以报告的形式让系统管理员知道这些问题的存在，做出响应并及时处理。

通常入侵检测系统有以下四个部件组成。

事件发生器：提供事件记录流的信息源，从网络中获取所有的数据包，然后将所有的数据包传送给分析引擎进行数据分析和处理。

事件分析器：接收信息源的数据，进行数据分析和协议分析，通过这些分析发现入侵现象，从而进行下一步的操作。

响应单元：对基于分析引擎的数据结果产生反应，包括切断网络连接、发出报警信息或发动对攻击者的反击等。

事件数据库：存放各种中间和最终数据的地方，它可以是复杂的数据库，也可以是简单的文本文件。

入侵检测系统的组成如图 8-9 所示。

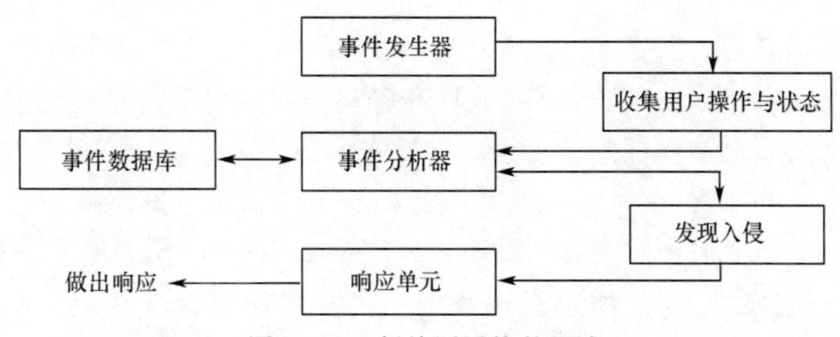

图 8-9　入侵检测系统的组成

入侵检测系统不但可以使网络管理员及时了解网络的变化，而且能够给网络安全策略的制定提供指南，它在发现入侵后会及时做出响应，包括切断网络连接、记录事件、报警等。具体来说，入侵检测系统的基本功能有以下几点：

- 监视、分析用户及系统活动。
- 系统构造和弱点的审计。
- 识别反映已知进攻的活动模式并向相关人士报警。
- 异常行为模式的统计分析。

- 评估重要系统和数据文件的完整性。
- 操作系统的审计跟踪管理，并识别用户违反安全策略的行为。

对一个成功的入侵检测系统来讲它应该管理、配置简单，从而使非专业人员非常容易地获得网络安全。而且，入侵检测的规模还应根据网络威胁、系统构造和安全需求的改变而改变。

8.4.5 虚拟专用网（VPN）技术

虚拟专用网是虚拟私有网络（Virtual Private Network，VPN）的简称，它属于一种远程访问，被定义为通过一个公用网络（通常是因特网）建立一个临时的、安全的连接，是一条穿过混乱的公用网络的安全、稳定的隧道。简单地说，就是利用公用网络架设专用网络。例如某公司员工出差到外地，他想访问企业内网的服务器资源，这种访问就属于远程访问。虚拟专用网是对企业内部网的扩展。VPN 示意图如图 8-10 所示。

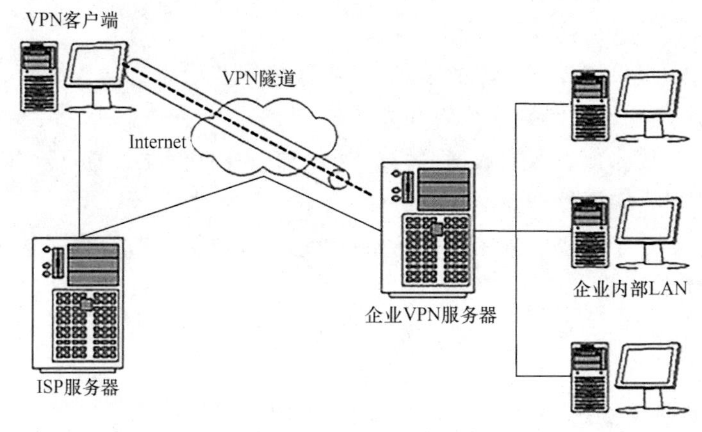

图 8-10　VPN 示意图

让外地员工访问到内网资源，利用 VPN 的解决方法就是在内网中架设一台 VPN 服务器。外地员工在当地连上互联网后，通过互联网连接 VPN 服务器，然后通过 VPN 服务器进入企业内网。为了保证数据安全，VPN 服务器和客户机之间的通信数据都进行了加密处理。有了数据加密，就可以认为数据是在一条专用的数据链路上进行安全传输，就如同专门架设了一个专用网络一样，但实际上 VPN 使用的是互联网上的公用链路，因此 VPN 称为虚拟专用网络，其实质上就是利用加密技术在公网上封装出一个数据通信隧道。有了 VPN 技术，用户无论是在外地出差还是在家中办公，只要能上互联网就能利用 VPN 访问内网资源，这就是 VPN 在企业中应用得如此广泛的原因。

VPN 主要采用四项技术来保证安全，分别是隧道技术（Tunneling）、加解密技术（Encryption & Decryption）、密钥管理技术（Key Management）、使用者与设备身份认证技术（Authentication）。

VPN 的实现有很多种方法，常用的有以下四种：

1. VPN 服务器：在大型局域网中，可以通过在网络中心搭建 VPN 服务器的方法实现 VPN。

2. 软件 VPN:可以通过专用的软件实现 VPN。

3. 硬件 VPN:可以通过专用的硬件实现 VPN。

4. 集成 VPN:某些硬件设备,如路由器、防火墙等,都含有 VPN 功能,但是一般拥有 VPN 功能的硬件设备通常都比没有这一功能的要贵。

目前,能够用于构建 VPN 的公共网络包括 Internet 和服务提供商(ISP)所提供的 DDN 专线(Digital Data Network Leased Line)、帧中继(Frame Relay)、ATM 等,构建在这些公共网络上的 VPN 将给企业提供集安全性、可靠性和可管理性于一身的私有专用网络。

8.4.6 反病毒技术

计算机病毒自 20 世纪 80 年代中后期开始广泛传播,其危害由来已久。计算机病毒具有自我复制能力,它能影响计算机软件、硬件的正常运行,破坏数据的正确性与完整性,造成计算机或计算机网络瘫痪,给人们的经济和社会生活造成巨大的损失并且呈上升的趋势。

从反病毒产品对计算机病毒的作用来讲,反病毒技术可以直观地分为:病毒预防技术、病毒检测技术及病毒清除技术。

1. 病毒预防技术

计算机病毒的预防技术就是通过一定的技术手段防止计算机病毒对系统的传染和破坏。计算机病毒的预防是采用对病毒的规则进行分类处理,而后在程序运作中凡有类似的规则出现则认定是计算机病毒。具体来说,计算机病毒的预防是通过阻止计算机病毒进入系统内存或阻止计算机病毒对磁盘的操作,尤其是写操作。预防病毒技术包括:磁盘引导区保护、加密可执行程序、读写控制技术、系统监控技术等。例如,大家所熟悉的防病毒卡,其主要功能是对磁盘提供写保护,监视在计算机和驱动器之间产生的信号,以及可能造成危害的写命令,并且判断磁盘当前所处的状态:哪一个磁盘将要进行写操作,是否正在进行写操作,磁盘是否处于写保护等,来确定病毒是否将要发作。计算机病毒的预防应用包括对已知病毒的预防和对未知病毒的预防两个部分。目前,对已知病毒的预防可以采用特征判定技术或静态判定技术,而对未知病毒的预防则是一种行为规则的判定技术,即动态判定技术。

2. 检测病毒技术

计算机病毒的检测技术是指通过一定的技术手段判定出特定计算机病毒的一种技术。它有两种:一种是根据计算机病毒的关键字、特征程序段内容、病毒特征及传染方式、文件长度的变化,在特征分类的基础上建立的病毒检测技术。另一种是不针对具体病毒程序的自身校验技术。即对某个文件或数据段进行检验和计算并保存其结果,以后定期或不定期地以保存的结果对该文件或数据段进行检验,若出现差异,即表示该文件或数据段完整性已遭到破坏,感染上了病毒,从而检测到病毒的存在。

3. 清除病毒技术

计算机病毒的清除技术是计算机病毒检测技术发展的必然结果,是计算机病毒传染程序的一种逆过程。目前,清除病毒大都是在某种病毒出现后,通过对其进行分析研究而研制出来的具有相应解毒功能的软件。这类软件技术发展往往是被动的，带有滞后性。而且由于计算机软件所要求的精确性，解毒软件有其局限性，对有些变种病毒的清除无能为力。

计算机病毒的危害不言而喻，人类面临这一世界性的公害采取了许多行之有效的措施，如，加强教育和立法，从产生病毒的源头上杜绝病毒；加强反病毒技术的研究，从技术上解决病毒传播和发作。

8.4.7 其他安全与保密技术

1. 实体及硬件安全技术

实体及硬件安全是指保护计算机设备、设施（含网络）以及其他媒体免遭地震、水灾、火灾、有害气体和其他环境事故（包括电磁污染等）破坏的措施和过程。实体安全是整个计算机系统安全的前提，如果实体安全得不到保证，则整个系统就失去了正常工作的基本环境。另外，在计算机系统的故障现象中，硬件的故障也占到了很大的比例。正确分析故障原因，快速排除故障，可以避免不必要的故障检测工作，使系统得以正常运行。

2. 数据库安全技术

数据库系统作为信息的聚集体，是计算机信息系统的核心部件，其安全性至关重要，关系到企业兴衰、国家安全。因此，如何有效地保证数据库系统的安全，实现数据的保密性、完整性和有效性，已经成为业界人士探索研究的重要课题之一。

3. 控制访问技术

访问控制（Access Control）指系统对用户身份及其所属的预先定义的策略组限制其使用数据资源能力的手段。通常用于系统管理员控制用户对服务器、目录、文件等网络资源的访问。访问控制是系统保密性、完整性、可用性和合法使用性的重要基础，是网络安全防范和资源保护的关键策略之一，也是主体依据某些控制策略或权限对客体本身或其资源进行的不同授权访问。

访问控制的主要功能包括：保证合法用户访问受权保护的网络资源，防止非法的主体进入受保护的网络资源，或防止合法用户对受保护的网络资源进行非授权的访问。访问控制首先需要对用户身份的合法性进行验证，同时利用控制策略进行选用和管理工作。当用户身份和访问权限验证之后，还需要对越权操作进行监控。

8.5 Windows 7 操作系统安全

网络环境中，网络系统的安全性依赖于网络中各主机系统的安全性，而主机系统的安全性正是由操作系统的安全性所决定的，没有安全的操作系统的支持，网络安全也毫无根基可言，因此操作系统的安全是整个计算机系统安全的基础，没有安全的操作系统，就不可能真正地解决数据库安全、网络安全和其他应用软件的安全问题。

操作系统安全的主要目标为：

- 按照系统安全策略对用户的操作进行访问控制，防止用户对计算机资源的非法使用(窃取、篡改和破坏等)。
- 标识系统中的用户，并对身份进行鉴别。
- 监督系统运行的安全性。
- 保证系统自身的安全和完整性。

微软公司的 Windows 7 操作系统因其操作方便、功能强大而受到广大用户的认可，越来越多的应用系统运行在 Windows 7 操作系统下。在日常工作中，有的用户在安装和配置操作系统时不注意做好安全防范工作，导致系统安装结束了，计算机病毒也入侵到操作系统里了。如何才能搭建一个安全的操作系统是计算机用户所关心的问题。

8.5.1　Windows 7 系统安装的安全

操作系统的安全从开始安装操作系统时就应该考虑到，以下是应注意的几点：

1. 不要选择从网络上安装。
2. 选择 NTFS 文件格式来分区。
3. 组件的定制。
4. 分区和逻辑盘的分配。

8.5.2　系统帐户的安全

1. Administrator 帐户安全

在安装系统以后，应合理设置 Administrator 用户登录密码，甚至修改 Administrator 用户名。

2. Guest 帐户安全

Guest 帐户也是安装系统时默认添加的帐户，对于没有特殊要求的计算机用户，最好禁用 Guest 帐户。此外，对于使用的其他用户帐户，一般不要将其加进 Administrators 用户组中，如果非要加入，一定也要设置一个足够安全的密码。

3. 密码设置安全

在设置帐户密码时，为了保证密码的安全性，一方面要注意将密码设置为 8 位以上的字母、数字、符号的混合组合，另一方面还要对密码策略进行必要的设置。

8.5.3　应用安全策略

1. 在本地计算机上安装杀毒软件。

2. 安装、使用防火墙。

3. 更新和安装系统补丁。

4. 停止不必要的服务。

8.5.4 网络安全策略

1. IE 浏览器的安全

我们最常用的 IE 浏览器并非安全可靠,时常暴露出各种漏洞,而且往往会成为网络黑手伸向电脑的大门。IE 浏览器常见的安全设置包括把 IE 浏览器升级到最新版本、设置 IE 的安全级别,屏蔽插件、脚本和清除临时文件。

2. 网络共享设置的安全

局域网内使用文件和文件夹共享为用户提供了很大的方便,但同时也存在着安全隐患,一些非法用户通过这些共享获得访问权限,病毒也容易通过这些共享入侵计算机。因此,在设置共享时要注意设置相应的权限来提高安全性,同时,在使用完共享后及时关闭共享。可以通过"控制面板"→"管理工具"→"计算机管理"→"共享文件夹"→"共享"来查看本机所有开启的共享,对于不再使用的共享,要及时取消。

3. 使用 Web 格式的电子邮件系统

在使用 Outlook Express、Foxmail 等客户端接收邮件时,要注意对邮件的安全扫描,一般杀毒软件都具有邮件扫描功能。有些邮件危害性很大,一旦植入本机,就有可能造成系统的瘫痪。同时,不要查看来历不明的邮件中的附件,这些附件往往带有病毒和木马,对计算机造成损害。

思考题

1. 什么是信息安全?
2. 什么是计算机病毒? 计算机病毒的主要特点有哪些?
3. 防火墙的概念是什么? 它的主要功能有哪些?
4. 请结合实际应用,说一说如何保障操作系统的安全性。

参考文献

[1]沈江，徐曼．新一代信息技术产业[M]．济南：山东科学技术出版社，2018.

[2]张川．智能家庭网络[M]．北京：人民邮电出版社，2014.

[3]周晓龙，邸青玥，游思佳．智能可穿戴健康终端及生态环境研究[J]．电信技术，2015.

[4]宋铁成，宋晓勤．移动通信技术[M]．北京：人民邮电出版社，2018.

[5]吴大鹏．移动互联网关键技术与应用[M]．北京：电子工业出版社，2015.

[6]危光辉．移动互联网概论[M]．北京：机械工业出版社，2018.

[7]崔勇，张鹏．移动互联网原理、技术与应用[M]．北京：机械工业出版社，2017.

[8]林子雨．大数据技术原理与应用[M]．北京：人民邮电出版社，2017.

[9]赵卫东，董亮．数据挖掘实用案例分析[M]．北京：清华大学出版社，2018.

[10]郎登何，李贺华．云计算基础应用[M]．北京：电子工业出版社，2019.

[11]王良明．云计算通俗讲义．3版[M]．北京：电子工业出版社，2019.

[12]王晓红．传感器应用技术[M]．北京：清华大学出版社，2014.

[13]王佳斌，郑力新．物联网概论[M]．北京：清华大学出版社，2019.

[14]王贤坤．虚拟现实技术与应用[M]．北京：清华大学出版社，2018.

[15]刘光然．虚拟现实技术[M]．北京：清华大学出版社，2011.

[16]李德毅，于剑．人工智能导论[M]．北京：中国科学技术出版社，2018.

[17]鲁斌，刘丽．人工智能及应用[M]．北京：清华大学出版社，2017.

[18]王清贤．网络安全[M]．北京：高等教育出版社，2018.

[19]贾铁，陶卫东．网络安全技术及应用．3版[M]．机械工业出版社，2017.